# Mastercam
# 多轴编程与加工基础

马斯康（浙江）信息技术有限公司　组　编

主　编　李　杰
副主编　李海涛　董向前
参　编　王天羽　刘　楠　李　钰

U0219396

机械工业出版社

本书共10章，以Mastercam工业用户多轴编程的学习需求为导向，详细介绍了Mastercam五轴定轴加工、四轴定轴加工、替换轴加工、联动加工的编程方法和策略，并采用理论、技能和综合实践相结合的方式体现全书内容，由多轴加工基础知识、Mastercam软件应用、多轴基础编程实践和工业案例综合实践四个部分组成，多轴加工基础知识占全书篇幅的15%，在第1章、第2章和第8章，主要介绍多轴数控加工基本概念、五轴数控加工工艺系统知识和多轴编程加工的参数设置与优化方法；Mastercam软件应用占全书篇幅的35%，在第5章和第6章，全面介绍多轴加工策略和刀轴控制方式，尤其突出策略和刀轴的实际适用情况，更适合初学者学习和理解；多轴基础编程实践占全书篇幅的20%，第3章、第4章和第7章，通过展示典型五轴零件和四轴零件的编程过程，介绍替换轴加工、定轴加工、联动加工的工艺及编程方法；工业案例综合实践占全书篇幅的30%，第9章和第10章通过展示综合案例的编程过程，系统介绍五轴加工工艺和编程方法。

　　为方便读者学习，本书在每章设置了二维码，读者通过扫描二维码可以观看教学视频。为满足院校教学使用，本书配套了同步教学课件。本书内容丰富，结构合理，讲解细致，适合从事多轴制造的专业技术人员自学使用，也可作为高校多轴数控编程课程的实践教材。

## 图书在版编目（CIP）数据

Mastercam多轴编程与加工基础/李杰主编. —北京：机械工业出版社，2024.6
ISBN 978-7-111-75575-3

Ⅰ. ①M… Ⅱ. ①李… Ⅲ. ①数控机床 – 程序设计 – 教材②数控机床 – 加工 – 教材 Ⅳ. ①TG659

中国国家版本馆 CIP 数据核字（2024）第 072078 号

机械工业出版社（北京市百万庄大街22号　邮政编码100037）
策划编辑：丁昕祯　　　　　　　　　　责任编辑：丁昕祯
责任校对：王小童　李可意　景　飞　　封面设计：张　静
责任印制：邓　博
北京盛通印刷股份有限公司印刷
2024年10月第1版第1次印刷
184mm×260mm · 21.5印张 · 532千字
标准书号：ISBN 978-7-111-75575-3
定价：77.00 元

电话服务　　　　　　　　　　　　网络服务
客服电话：010-88361066　　　　机 工 官 网：www.cmpbook.com
　　　　　010-88379833　　　　机 工 官 博：weibo.com/cmp1952
　　　　　010-68326294　　　　金 书 网：www.golden-book.com
**封底无防伪标均为盗版**　　　　机工教育服务网：www.cmpedu.com

Mastercam 是美国 CNC Software 公司开发的基于 PC 平台的 CAD/CAM 软件。软件包含二维绘图、三维实体造型、曲面设计、数控编程等功能模块。Mastercam 数控编程的铣削模块提供了 2D、3D 和多轴加工等编程策略，能够有效解决多轴加工的编程问题，其可靠的刀具路径校验功能可检查出刀具、夹具和被加工零件的干涉、碰撞状态，能够真实反映加工过程中的实际情况。Mastercam 已广泛应用于通用机械、航空航天、船舶重工、军工等领域的生产制造中，是工业界和各类院校广泛采用的 CAD/CAM 软件系统。

本书在马斯康（浙江）信息技术有限公司和 Mastercam 中国服务中心的指导下完成编写，全书以工业用户需求和多轴编程加工为定位，结合院校工程实践课程的结构形式，采用理论、技能和综合实践相结合的方式体现全书内容，由多轴加工基础知识、Mastercam 软件应用、多轴基础编程实践和工业案例综合实践四个部分组成。读者在学习 Mastercam 多轴编程的同时，能够了解多轴基础知识、掌握多轴加工工艺和工业零件的编程方法。全书共 10 章，各章内容如下：

第 1 章介绍了多轴数控加工基本概念、多轴数控机床结构形式及特点、五轴数控加工典型应用、五轴加工方式分类及应用、五轴数控系统分类及编程方式和 Mastercam 多轴编程策略等内容。

第 2 章介绍了五轴数控加工工艺系统，包括五轴数控加工刀具系统及应用、五轴数控加工夹具系统及应用、五轴数控加工工艺知识和典型零件工艺案例等内容。

第 3 章介绍了典型五轴零件的入门编程方法和流程，展示了五轴定轴加工和联动加工的编程方式，讲解了三轴编程与五轴定轴编程的异同点。

第 4 章介绍了四轴典型零件的编程方法和流程，通过四轴定轴加工和四轴替换轴加工的编程展示，讲解了四轴编程的常用策略、加工工艺、刀轴控制和注意事项。

第 5 章介绍了 Mastercam 多轴编程策略和方法，结合工业案例讲解了软件中不同多轴加工策略的应用方式和参数设置技巧。

第6章介绍了 Mastercam 多轴编程刀轴控制方式，结合不同零件的结构特点讲解了刀轴控制方式的适用情况和参数设置方法。

第7章介绍了综合五轴案例的加工工艺和编程方法，结合不同的案例特征讲解了 3+2 和 4+1 定轴加工的工艺特点和编程思路。

第8章介绍了多轴编程的公共参数设置及多轴刀具路径精度和效率的优化方法。

第9章介绍了镂空足球的加工工艺和编程方法。

第10章介绍了医疗骨板的加工工艺和编程方法。

本书主要面向从事多轴制造的专业技术人员，也可作为高校多轴数控编程课程教师和学生的实践教材，或供多轴数控技能竞赛参赛选手和教练教学使用。由于编者水平有限，书中难免存在错误和不妥之处，恳请各位读者提出宝贵意见，以利完善。

编　者

# 目 录　CONTENTS

# 第 1 章

# 多轴数控加工基础知识

## 本章知识点

➤ 多轴数控加工基本概念

➤ 多轴数控机床结构形式及特点

➤ 五轴数控加工典型应用

➤ 五轴加工方式分类

➤ 五轴数控系统与编程方法

　　随着制造业的发展，数字制造技术也随之不断创新，多轴加工技术作为制造领域的高新技术，应用范围不断扩大。特别是船舶制造、模具加工、精密仪器、航空航天等领域中，多轴加工技术的优势尤为突出，其在很大程度上解决了三轴加工无法实现的特殊功能，改善了传统加工的不足和工艺难度，能够有效提高加工的精度和效率。

　　三轴数控机床通常只配置 X/Y/Z 三个线性坐标轴，坐标轴依据右手直角坐标系进行定义，刀具与工件之间的相对位置关系较为简单。机床只能实现三个方向的直线移动，根据立式机床或卧式机床的机械结构，刀具轴线处于铅垂或者水平状态。三轴数控机床的加工内容，在垂直于刀具轴线的平面上能够被加工出来，但多工序复杂零件（例如整体叶轮或多倾斜面零件），除主视角平面外，其他视角均有结构和特征需要加工，而三轴数控机床的刀具轴线无法改变，即刀具与工件加工面之间的角度始终不变，故无法加工零件侧面和倾斜面的轮廓特征。三轴数控机床通常只能采用专用夹具，进行多次定位装夹，才能完成多工序复杂零件的加工。

　　多轴数控机床的出现有效解决了上述三轴机床的局限性。多轴机床的刀具轴相对于工件具有五个自由度，体现在机床结构上即沿 X/Y/Z 三轴的直线移动和分别绕 X/Y 轴（Z/X 轴或 Y/Z 轴）两轴的回转运动。因此，多轴数控机床能够通过一次定位装夹完成除工件夹持底面以外的全部特征加工。

## 1.1　多轴数控加工基本概念

　　多轴数控加工是指在具有三个基本线性坐标轴的机床上，配置了可绕线性轴旋转的回转坐标轴，且有三个以上坐标轴可进行插补联动切削。这些运动轴可以全部联动也可以部分轴联动，另一部分轴固定在某个空间位置或间歇运动。

数控机床运动轴配置及方向的定义，根据 GB/T 19660—2005《工业自动化系统与集成 机床数值控制 坐标系和运动命名》有明确规定，数控机床坐标系采用右手直角坐标系，如图 1-1 所示。基本坐标轴为 X/Y/Z 三个线性轴，绕线性轴转动的回转轴用 A/B/C 轴来表示，图示沿三个线性轴移动的附加线性轴则用 U/V/W 表示。

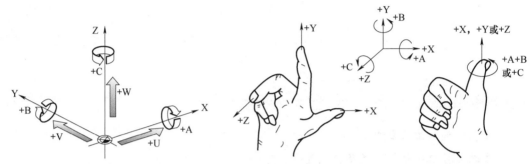

图 1-1　机床坐标轴名称及方向定义

图 1-1 展示了右手直角坐标系各个坐标轴正方向的判定方式。以右手螺旋定则来判定 A/B/C 三个回转轴的正方向，右手大拇指指向 X/Y/Z 三个线性轴正方向，四指并拢握住线性轴，此时四指指向为回转轴正方向。在直角坐标系中一般规定 Z 轴为机床主轴所在的坐标轴（即刀具轴），刀具远离工件方向为 Z 轴正方向。X/Y 轴根据图示右手定则确定，大拇指指向为 X 轴正方向，食指指向为 Y 轴正方向，中指指向为 Z 轴正方向。

对于专用机床或者有特殊功能的数控机床，除 X/Y/Z 三个直线轴和 A/B/C 三个回转轴，还可能有附加轴。对于直线运动，把平行于 X/Y/Z 轴以外的第二组直线轴，分别指定为 U/V/W 轴；如果还有第三组直线轴，则分别指定为 P/Q/R 轴。对于回转轴，如果机床同时具备第一组回转轴，还有同轴于 A/B 轴的第二组回转轴，则指定为 D 轴或 E 轴。图 1-2 展

图 1-2　程泰双主轴 GMS 车铣复合数控机床

示了一种配置了九个坐标轴的车铣复合数控机床，在机床中的坐标轴显示和定义名称与上述坐标轴理论定义方式有所区别，但坐标轴的方向判定和相对关系依然符合图 1-1 所示的直角坐标系和右手定则。

## 1.2　多轴数控机床结构形式及特点

多轴数控机床可通过不同运动轴的联动插补，实现刀具与工件间各种角度的位置关系，从而解决三轴加工无法完成的加工内容。根据不同的运动轴组合，多轴机床可以有多种不同的结构形式，如铣削类四轴数控机床、车铣类多轴数控机床、铣削类多轴数控机床等，以下将针对各类机床的结构和特点展开介绍。

### 1.2.1　铣削类四轴数控机床结构及特点

图 1-3 所示为四轴铣削机床结构原理。此类机床以铣削加工为主，结构为床身式立式数控铣床，在工作台上安装了绕 X 轴回转的 A 轴转台；图 1-4 所示为四轴铣削机床的结构实例图，该实例中四个运动轴分别为 X/Y/Z 轴和绕 X 轴回转的 A 轴。

图 1-3　四轴立式铣床结构原理

图 1-4　四轴立式铣床结构实例图

一般四轴机床是在三轴数控机床的工作台上，安装一个绕 X 轴回转的 A 轴或绕 Y 轴回转的 B 轴，再由具备同时控制四轴运动的数控系统对机床进行控制。此类机床一般用于加工非圆截面柱状零件，例如带有螺旋槽的传动轴零件，也可通过增加尾座支撑和连接弯板等夹具附件，配合通用夹具实现结构零件多面定轴加工。

### 1.2.2　车铣类多轴数控机床结构及特点

**1. 四轴车削中心结构及特点**

图 1-5 所示四轴车削中心是一种以车削加工模式为主，并在此基础上配置了铣、钻、镗及副主轴等功能装置的车铣一体机床类型。车削中心按刀塔形式可以分为栉式和刀塔式两种。在刀塔上安装带有动力装置的铣削头，将回转主轴转换为进给 C 轴，通过控制 C 轴进

行连续准确地分度回转运动，并与 X 轴或 Z 轴联动，即可对非圆回转零件的部分结构特征进行铣、钻加工。一般用于加工有部分特征需要进行铣削的非圆轴类零件，如法兰零件、连接套类、圆柱面螺旋槽、端面螺旋槽等。

图 1-6 所示的车削中心为四轴机床，即 X/Y/Z/C 轴。此类车削中心在原有结构的基础上，将主轴与刀塔增加为两个且配置了 Y 轴，因此加工范围更广，应用更加灵活。尤其用于实现同时对两个工件进行相同的加工，或在两主轴上交替夹持完成同一工件两端特征的加工。

图 1-5　车削中心机床结构

图 1-6　双主轴双刀塔车削中心

与普通数控车床相比，车削中心的加工工艺更为复合化、集中化，其在提高加工精度的同时，也提高了加工效率。车和铣工艺的复合使用使工艺周期更短，适合中小批量形状复杂车铣类零件的多品种、多规格生产。

**2. 多轴车铣复合加工中心结构及特点**

不同于四轴车削中心，多轴车铣复合加工中心以数控车床结构为基础，配置可摆动的铣削主轴，主轴多为 CAPTO 刀柄接口。如图 1-7 所示，多轴车铣复合加工中心通常以卧式车床结构为主，配备 X/Y/Z/B/C 五个进给轴，可完全实现车削功能，同时可进行零件的五轴铣削加工，摆动轴的联动使用可以在车削加工中有效提高表面质量的效率。基于机床工艺方式

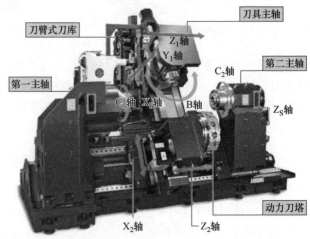

图 1-7　配置摆动轴结构车铣复合机床

的多样性，可以减少工件装夹次数和制造周期，增加单次装夹加工内容，从而提高加工精度和生产节拍。多数车铣复合机床设计一体化具有自动送料功能，能够连续送料批量加工；此外，可以对切削难度大的材料进行重切削，有效利用空间资源，缩短工艺链。

主流车铣复合加工中心一般分为日式和欧式两种。日式机床主轴转速较高，一般适用于高速、小切深的有色金属加工；欧式机床转矩大 Y 轴行程长，一般应用于中速、大切深的黑色金属加工及钛合金切削领域。

### 1.2.3　五轴数控机床常见分类

五轴数控机床一般根据其轴运动的配置形式进行分类。其轴运动的配置形式有工作台转动和主轴头摆动两类，通过不同的组合可以构成主轴倾斜型五轴数控机床、工作台倾斜型五轴数控机床以及工作台 / 主轴倾斜型五轴数控机床三大类。

**1. 主轴倾斜型五轴数控机床**

两个回转轴都在主轴头一侧的机床结构，称为主轴倾斜型五轴数控机床（或称为双摆头结构五轴数控机床）。主轴倾斜型五轴数控机床是目前应用较为广泛的五轴数控机床结构形式之一。此类五轴数控机床的结构特点为：主轴运动灵活，工作台承载能力强且尺寸可以设计得非常大。此外，该结构五轴数控机床，适用于加工舰艇推进器、飞机机身模具、汽车覆盖件模具等大型零件。但将两个回转轴都设置在主轴头一侧，使得回转轴的行程受限于机床的电路线缆，无法 360° 回转，且主轴的刚性和承载能力较低，不利于重载切削。

主轴倾斜型五轴数控机床可进一步分为以下三种形式：

1）图 1-8 所示为十字交叉型双摆头五轴数控机床结构原理图，图 1-9 所示为十字交叉型双摆头五轴数控机床实例图。一般该结构数控机床的回转轴部件 A 轴或者 B 轴与 C 轴在布局上十字交叉，且刀具轴与机床 Z 轴共线布置。

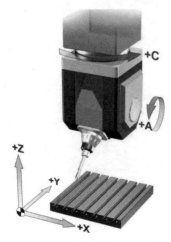

图 1-8　十字交叉型双摆头五轴数控机床结构原理

图 1-9　十字交叉型双摆头五轴数控机床实例

2）图 1-10 所示为刀轴俯垂型双摆头五轴数控机床结构原理图，图 1-11 所示为刀轴俯垂型双摆头五轴数控机床实例图。刀轴俯垂型结构又称为非正交摆头结构，即构成回转轴部件的轴线（B 轴或者 A 轴）与 Z 轴成 45°，非正交摆头型五轴数控机床通过改变摆头的承载位置和承载形式，有效提高了摆头的强度和精度，但采用非正交形式回转轴会增加操作和控制难度，且 CAM 软件后置处理定制难度有所增加。

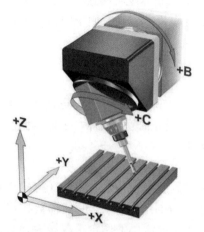

图 1-10　刀轴俯垂型双摆头五轴数控机床结构原理　　　图 1-11　刀轴俯垂型双摆头五轴数控机床实例

3）图 1-12 所示为刀轴偏移型双摆头五轴数控机床结构原理图，图 1-13 所示为刀轴偏移型双摆头五轴数控机床实例图。与刀轴俯垂型结构不同的是构成回转轴部件的轴线（B 轴或者 A 轴）与 Z 轴不共线，而是偏移一个距离。

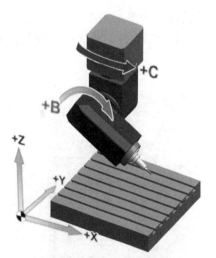

图 1-12　刀轴偏移型双摆头五轴数控机床结构原理　　　图 1-13　刀轴偏移型双摆头五轴数控机床实例

### 2. 工作台倾斜型五轴数控机床

两个回转轴都在工作台一侧的机床结构，称为工作台倾斜型五轴数控机床（或称为双转台五轴结构数控机床）。这种结构的五轴数控机床特点在于主轴结构简单，刚性较好，制造成本较低。工作台倾斜型五轴数控机床的 C 轴回转台可以无限制回转，但由于工作台为主要运动部件，尺寸受限且承载能力不大，因此不适合加工过大的零件。

工作台倾斜型五轴机床可以进一步分为以下两种形式：

1）图 1-14 所示为俯垂型双转台五轴数控机床结构原理图，图 1-15 所示为 DMG 公司生产的典型 B 轴俯垂工作台五轴数控机床实例，其 B 轴为非正交 45° 回转轴，C 轴为绕 Z 轴回转的工作台。该结构五轴机床能够有效减小机床的体积，使机床的结构更加紧凑，但由于摆动轴为单侧支撑，因此在一定程度上降低了转台的承载能力和精度。

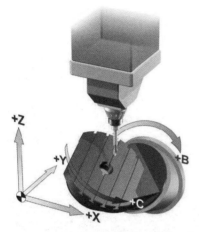

图 1-14　俯垂型双转台五轴数控机床结构原理　　图 1-15　DMG 俯垂型双转台五轴数控机床实例

2）图 1-16 所示为双转台（摇篮式）五轴数控机床结构原理图，图 1-17 所示为 MIKRON 公司生产的典型 AC 轴摇篮结构五轴数控机床，A 轴绕 X 轴摆动，C 轴为绕 Z 轴回转工作台，该结构是目前最常见的五轴数控机床结构。图 1-18 所示同样为 MIKRON 公司生产的摇篮式五轴数控机床，该型号为 BC 轴结构五轴数控机床。此类机床转台的承载能力和精度均能控制在用户期望的使用范围内，且根据不同的精度需求，可以选择摆动轴单侧驱动或双侧驱动两种形式，从而更加有效地改善回转轴的机械精度。但由于床身铸造及制造的工艺限制，目前加工范围最大的摇篮式五轴数控机床的工作直径，只能限制在 1600mm 之内。

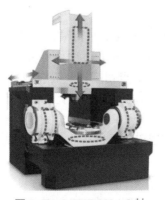

图 1-16　双转台（摇篮式）五轴数控机床结构原理　　图 1-17　MIKRON AC 轴摇篮结构五轴数控机床　　图 1-18　MIKRON BC 轴摇篮结构五轴数控机床

### 3. 工作台/主轴倾斜型五轴数控机床

如图1-19所示，该类型机床结构为两个回转轴中的主轴头设置在刀轴一侧，另一个回转轴在工作台一侧，该结构称为工作台/主轴倾斜型五轴结构（或称为摆头转台式）。此类机床的特点在于，回转轴的结构布局较为灵活，可以是A/B/C三轴中的任意两轴组合，其结合了主轴倾斜和工作台倾斜的特点，加工灵活性和承载能力均有所改善。图1-20所示即为最有代表性的摆头转台式五轴数控机床，该数控机床是MIKRON公司生产的HPM 1850U五轴数控机床。

图1-19　工作台/主轴倾斜型五轴数控机床结构原理　图1-20　MIKRON HPM 1850U五轴数控机床实例

## 1.3　五轴数控加工典型应用

五轴加工数控机床的经济性和技术复杂性限制了其大范围应用，但在部分高端制造领域中，已经普遍采用了五轴数控机床进行产品制造，尤其是在航空航天、船舶、汽车制造、精密机械、模具、医疗等领域的应用越来越普遍。

### 1.3.1　复杂曲面及整体模型加工

五轴数控机床具有三个线性轴和两个回转轴，刀具可以到达3轴和4轴机床无法切削的位置。因此，五轴数控机床能够进行负角度曲面和大尺寸复杂曲面的铣削加工，且刀轴矢量的自由控制可以避免球头铣刀的静点切削，从而有效提高曲面铣削效率和曲面加工质量。图1-21所示为复杂曲面和维纳斯模型加工。由于五轴数控机床的刀轴矢量可根据被加工曲面和构造数据同步调整，能够以干涉和碰撞规避方式在模型的窄小空间内进行加工，也可以通过设置，使用球头刀的最佳切削刃位置进行曲面切削，避免静点切削的情况出现，提高复杂曲面的表面质量和加工效率。

实际生产中除加工工艺品和复杂曲面模型外，为验证设计合理性，部分未形成批量的产品原型或整体样品在研发初期有试制需求。五轴数控机床能够高效准确地实现产品打样试制，以辅助产品设计研发。此外对于轮船模型、飞机模型、汽车模型、模具泡沫模型等，需要直接加工出产品原型的需求，使用五轴数控机床能够有效降低成本，快速完成原型制作。

图 1-21　复杂曲面及工艺品加工

## 1.3.2　模具制造领域中的应用

五轴加工在模具制造中的应用较广，如模具曲面、肋板、清角、深腔、陡峭侧壁、深孔等。模具中过高的型芯和过深的型腔等加工内容，尤其是如图 1-22a 所示的大型汽车覆盖件模具，一般型腔和型芯的深度远大于刀具悬伸长度，传统三四轴加工方式无法对全部特征和结构进行加工，只能采用延长杆使刀具到达加工深度，或者拆分结构将零件分块加工，对于刀具无法达到的位置还需使用电加工方式完成。上述方法能够解决模具加工的难点，但是会在一定程度上影响质量、降低效率，且成本提高较多。而五轴数控机床依靠刀轴矢量的自由控制，可以改变刀轴的空间姿态角，避开加工过程中的干涉位置，从而以标准长度的刀具加工大于刀具长度几倍的深型芯，可以显著提高加工质量和效率。图 1-22b 所示为汽车轮胎模具的五轴加工实例，通过改变加工过程中刀具轴的姿态角度，可以有效避开刀具的静点切削位置，有效改善曲面的加工质量。

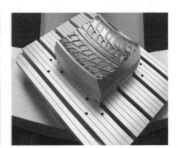

a) 大型汽车覆盖件模具加工　　　　　　　b) 汽车轮胎模具加工

图 1-22　模具制造领域加工应用

## 1.3.3　结构壳体及箱体加工

发动机减速器壳体和箱体类零件在传统三轴加工中工艺复杂，由于零件中的孔、腔特征

9

较多，特征之间具有严格的位置精度要求，且大多数箱体零件的每个面都有待加工内容，此类零件一般需制作专用夹具进行多工序加工，以满足尺寸精度和批量一致性等要求。传统加工工艺中工序的分散和专用夹具的使用，在一定程度上提高了生产成本，且增加了精度保证的难度，而五轴数控机床的应用能够降低夹具的复杂性，通过简单的装夹方案将工序集中，能有效降低成本，提高加工精度。图 1-23 所示为结构壳体和发动机箱体的加工实例，如采用传统加工方式加工壳体和箱体零件，需多工序多次装夹完成加工，辅助时间长，零件的几何精度受夹具的精度影响较大，零件精度较高时不易保证；而采用五轴数控机床则可以做到一次装夹、多工序集中加工，零件的几何精度依靠机床的定位精度和重复定位精度保证，更容易达到理想的加工效果。

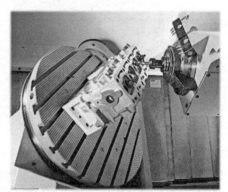

图 1-23　发动机箱体及结构壳体加工

### 1.3.4　整体叶轮加工

整体叶轮是涡轮增压器、航空发动机、船舶推进器等关键装置的核心零部件。叶轮、涡轮、螺旋桨等零件的叶片为空间自由曲面，精度和曲面质量要求较高，依靠传统加工方式无法加工整体叶轮。五轴数控机床能够控制刀轴空间姿态，且五轴联动加工能够使刀具上某一最佳切削位置始终参与加工，实现曲面跟随切削，极大提高了整体叶轮的曲面精度和工作效率。整体叶轮是标志性的五轴联动加工产品，加工过程中刀具依照叶片和流道的曲面构造线改变刀轴矢量，避开刀具与叶片干涉的同时提高曲面的加工质量。图 1-24 所示为半开放式叶轮和开放式叶轮的五轴加工实例。

a) 半开放式叶轮五轴加工　　　　　　　　b) 开放式叶轮五轴加工

图 1-24　整体叶轮五轴加工

### 1.3.5　航空航天制造领域应用

五轴加工在航空航天领域的应用呈逐步上升趋势,从早期的复杂曲面零件的加工到当今结构件和连接件的加工,五轴应用越来越广。航空结构件变斜面整体加工的实现,需要依靠五轴联动配合刀具的侧刃进行切削,以保证斜面的连续性和完整性,且能够提高精度和效率。此外,结构件连接肋板和强度肋板的负角度侧壁,以及大深度型腔的加工,均需五轴数控机床控制刀轴矢量角度,以实现有效切削。图 1-25 为航空航天结构件的五轴加工实例。

图 1-25　航空航天结构件及复杂连接件加工

### 1.3.6　汽车及医疗领域应用

加工汽车发动机关键部位时,由于发动机气缸结构复杂,且气缸孔是一个弯曲孔腔,故采用三轴数控机床,无法完成加工。然而五轴联动配合管道加工方式,可以实现弯曲气缸孔道的铣削加工,铣削加工的气缸孔道精度和质量会显著提高,能够有效改善气缸整体性能和寿命。图 1-26a 所示为汽车发动机箱体制造应用。

此外,医疗行业中器械、骨板和牙模等空间异型零件的加工具有较高的难度,采用三轴数控机床很难实现复杂空间曲面加工。尤其对于异型骨板植入体零件,为满足使用要求,其锁紧孔和加压孔多为不同矢量,需刀轴多次变化才能完成定轴加工。传统三轴加工工艺实施成本很高且精度不易保证,若采用五轴数控机床可以简化此类零件的工艺难度和加工难度,且能够有效提高生产效率。图 1-26b 所示为骨骼关节板制造应用。

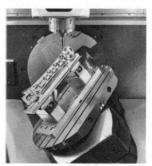

a) 汽车发动机箱体加工　　　　　　　　　　　b) 医疗骨板加工

图 1-26　汽车发动机箱体及医疗骨板制造

### 1.3.7 机夹刀体与齿轮加工领域应用

对于机夹刀体和特殊齿轮加工，若使用传统加工方式，工艺复杂且精度不易保证。对于三轴加工，不仅多次装夹精度难以控制，还存在特殊材料不易加工等因素，且齿轮加工啮合面精度要求较高，采用传统方式需要进行磨削加工。然而上述问题通过五轴联动，使用专用刀具配合多轴刀路策略，可以完成非标高精度齿轮加工，齿面质量控制简单，便于调整优化。图 1-27 所示为机夹刀体和齿轮制造应用实例。

a) 机夹刀体加工      b) 曲面锥齿轮加工

图 1-27　机夹刀体和齿轮制造应用

## 1.4　五轴加工方式分类

以加工过程中刀具轴线与零件间的相对位置状态进行区分，五轴加工方式可分为定轴加工和联动加工两类。定轴加工与三轴加工方式相同，刀具轴线始终垂直于零件特征底面；五轴联动加工过程中，刀具轴线与零件几何特征间的位置状态会发生变化，以获得更好的加工效果，实际生产加工中需结合定轴和联动加工的特点，进行工艺制定。

### 1.4.1　五轴定轴加工方式

五轴定轴加工分为"3+2"和"4+1"两种类型。五轴加工中近 70% 的生产内容需要由定轴加工完成。所谓定轴加工，即五轴数控机床的部分进给轴在加工动作实施过程中，仅起到刀具轴空间姿态或工件空间位置的角度变化且固定某一位置，轴固定后不做连续进给运动，不与其他轴做联动插补；同时，另一部分进给轴实施进给运动和插补联动，从而保证切削运动的有效实施。定轴加工可以实现多工序集中，一次装夹完成，工件多个面的加工内容可有效减少工件装夹的次数，从而避免多次装夹定位误差对加工精度造成的影响。

3+2 定轴加工方式需要两个回转轴（B+C 或 A+C）进行定向保持（即转动到某一角度后保持静态），其他三个线性轴（X/Y/Z）进行单动或联动，通常是 2 轴定向、其他 3 轴插补联动；而 4+1 定轴加工方式则是 1 轴定向、其他 4 轴插补联动。其实现方式有主轴回转或机床工作台回转，分别对应摆头式五轴数控机床和摇篮式五轴数控机床，实现了在倾斜平面上加工轮廓垂直于该面的特征。倾斜面的实现是因为刀轴的改变，使 Z 坐标轴垂直于倾斜面，刀轴便垂直于倾斜面。

图 1-28 为五轴定轴加工的应用案例。图 1-28a 为发动机壳体零件定轴铣削加工实例，壳体包含多个不同角度的加工面，各加工面有轮廓、腔体、孔、槽等特征，若采用传统三轴加工工艺，则需要专用工装，多次装夹才能完成不同面的轮廓特征，多次装夹会存在定位误差从而影响零件几何精度，五轴加工则可以多次采用 3+2 定轴方式，尽可能多地一次装夹完成不同面的轮廓特征，定位精度由机床的转台精度保证，能够得到更理想的加工精度。图 1-28b 为结构零件定轴钻孔加工实例，同样 3+2 定轴方式可一次装夹完成不同面的孔加工，保证各个孔之间的相对位置关系。

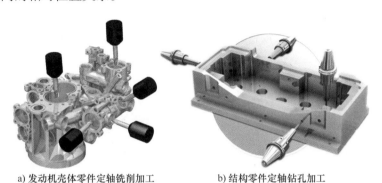

a) 发动机壳体零件定轴铣削加工　　　　　b) 结构零件定轴钻孔加工

图 1-28　五轴定轴加工应用

## 1.4.2　五轴联动加工方式

五轴联动加工又称为五轴同步加工，即机床进给轴的运动为五个进给轴同时进行，并根据需求实现五轴插补。一般五轴数控机床五轴同步加工时，需开启刀尖点跟随功能，以提高加工精度和表面质量，实现线性轴在加工过程中对回转轴进行的补偿移动。五轴联动加工主要应用于复杂曲面的加工，通过五个坐标轴的联动，保证刀具刃部切削速度最理想的位置进行切削，避免刀具制造误差和静点切削对零件尺寸和表面质量产生的影响；此外五轴联动加工可以采用刀具侧刃，切削负角度直纹面或空间变斜角直纹面，侧刃加工可以有效提高加工精度和加工效率。

随着五轴加工技术的不断发展，传统的定轴加工粗加工方式逐渐被五轴联动粗加工方式替代。五轴联动粗加工方式的核心思想是通过改变刀轴的前倾和侧倾角，将刀具与工件之间的切削运动接近自然切割剥离动作，具有角度变化和相对运动的切割剥离动作，不仅能够提升粗加工效率，还能改善动态切削性能。图 1-29a 为整体叶轮五轴联动加工，叶轮加工是经典的空间复杂曲面五轴联动加工实例，图 1-29b 为五轴联动方式采用刀具侧刃加工空间直纹面。

a) 整体叶轮五轴联动加工　　　　　　　　b) 空间直纹面五轴联动加工

图 1-29　五轴联动加工应用

### 1.4.3 定轴加工方式与联动加工方式对比

五轴定轴加工与五轴联动加工是五轴切削加工的两种主要方式。实际生产中考虑到五轴加工的经济性,当工件的几何尺寸和机床的运动特性允许时,应首先采用3轴、4+1轴和3+2轴方式进行粗加工和精加工。当上述加工方式不能满足零件要求,或者存在干涉碰撞、刀具过长振动、曲面静点切削、表面质量差、加工效率低等情况时,再考虑五轴联动对工件进行加工。

图1-30、图1-31分别展示了五轴定轴加工和五轴联动加工的应用情况,采用定轴方式进行粗加工能够更有效地去除余量;而采用五轴联动的方式进行最终精加工,可以改变加工过程中的刀轴姿态,从而有效提高加工精度和表面质量。

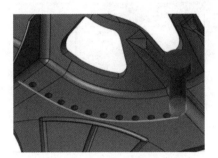

图1-30　五轴定轴加工

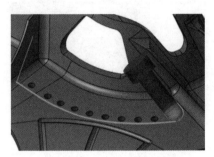

图1-31　五轴联动加工

表1-1列出了五轴定轴加工方式和五轴联动加工方式的优缺点。

表1-1　五轴定轴加工和五轴联动加工对比

| 项目 | 五轴定轴加工 | 五轴联动加工 |
|---|---|---|
| 优点 | 1)编程难度小,程序可读性高,可手工编写<br>2)只采用线性轴运动,无动态限制<br>3)工件具有较大的刚性,由此提高刀具使用寿命和工件表面质量 | 1)在固定装夹位置上可加工较深的型腔侧壁和底面<br>2)可采用紧凑装夹位置的较短刀具<br>3)工件表面质量均匀,无过渡接刀痕迹<br>4)减少特种刀具的使用,降低成本 |
| 缺点 | 1)工件几何尺寸的限制,刀具无法切削到较深的型腔侧壁和底面<br>2)采用较长的刀具铣削深的轮廓,加工质量和效率会受到影响<br>3)进刀位置较多,增加了加工的时间,且产生了明显的过渡接刀痕迹 | 1)较高的编程成本及高碰撞风险<br>2)因联动轴的补偿运动,加工时间常被延长<br>3)由于采用了更多的轴,运动误差可能会自行增加 |

## 1.5 五轴数控系统与编程方法

五轴数控系统是五轴数控机床运动与控制的核心部分,五轴数控机床除需要合理可靠的机床结构和高精度本体外,更需要使机床正确运行的控制系统。目前国内应用的数控

系统较多，除了引进国外的五轴数控系统，我国很多公司也进行了五轴数控系统的研发与生产。

## 1.5.1　五轴数控系统简介

我国五轴数控系统应用广泛，进口系统主要以海德汉、西门子、发格、哈斯等品牌为主；自主研发的国产五轴数控系统主要有武汉华中、广州数控、北京精雕等品牌。图 1-32a 所示为海德汉 TNC640 五轴数控系统操作面板，图 1-32b 为华中 848D 五轴控制系统操作面板。不同控制系统具有其各自的特色，进口控制系统品牌中，以海德汉 iTNC530 和 TNC640 五轴系统应用最为广泛，且功能和编程方式均有其自身特色；国产系统中，武汉华中的 848D 五轴控制系统的认可度较高，且有好的经济性。

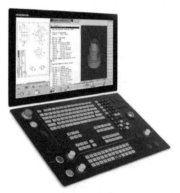

a) 海德汉TNC640五轴数控系统　　　　b) 华中848D五轴控制系统

图 1-32　常见五轴数控系统操作面板

## 1.5.2　五轴数控加工编程方法

随着五轴加工技术的发展，针对不同的行业及产品类型，在不同的时期和企业有不同的应用。五轴编程方法见表 1-2。

表 1-2　各种编程方法比对

| 方法 | 特点 |
| --- | --- |
| ISO/DIN 代码编程 | 传统 G 代码编程方式，需要学习和记忆 G 指令，语法和格式要求严格，较其他编程方式更加基础易学，但局限性强，多用于简单轮廓的基础编程，不适用于复杂的编程对象 |
| 图形化人机交互编程 | 图形化人机交互编程一般指图形化参数编程和图形化人机对话编程两种，与代码编程相比，其体系性强，编程流程更加简单。以图形演示为引导，通过定义不同的循环参数将复杂的编程操作程式化，编程流程以人机交互形式展开。更符合编程者的思维方式，更容易掌握和应用，但与 CAM 编程方式相比，有局限性 |
| CAM 软件编程 | 适用于各类零件和轮廓编程，加工策略全面，刀轴控制方式丰富，安全性强。针对复杂编程对象优势明显，尤其是多轴编程，大多编程对象只能由 CAM 编程方式解决，更难学习和掌握 |

（1）ISO/DIN 代码编程　ISO/DIN 代码编程是国际标准化组织和德国工业标准提出的一种通用型编程方式。采用了一系列具有通用功能和语法格式要求的编程方式，可以理解为 G 代码编程方式，例如："G90 G54 G40 G00 X0 Y0;"为此类编程方式的常见数控程序段。常用的五轴数控系统均支持此类编程方式，但由于多轴编程的特殊性和复杂性，高端五轴数控系统一般会推荐更加便捷高效的编程方式。

（2）图形化人机交互编程　图形化人机对话编程和图形化参数编程是当前中高端五轴数控系统提供的手工编程方式，其编程特点和适用性介于 ISO/DIN 代码编程和 CAM 软件编程方式之间，简化了五轴手工编程的复杂程度。某些固定循环能够替代 CAM 编程的简单策略，此类编程方式助于提升编程人员对 CAM 编程的认知和理解。特别是对于一些打样产品，人机对话图形编程可以帮助编程人员更多地考虑干涉碰撞，且编程周期更短、效率更高。图 1-33 为西门子 840D sl 五轴数控系统的图形化参数编程界面，主要突出图形引导和参数设置，编程直观便捷；图 1-34 为海德汉 TNC640 图形化人机对话编程界面，通过输入循环参数完成程序编写，编程过程以人机对话方式展开，更加简单易学。

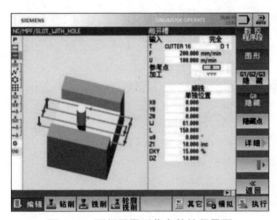 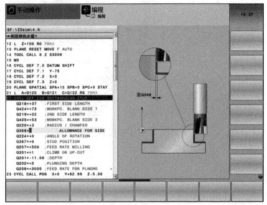

图 1-33　西门子图形化参数编程界面　　　　图 1-34　海德汉图形化人机对话编程界面

（3）CAM 软件编程　与 ISO/DIN 代码编程和图形化人机对话编程相比，CAM 编程以外部计算机为编程载体，不需要在数控机床上进行编程操作，完成程序编制后通过不同的 I/O 方式直接将程序代码传输至数控系统。需要五轴编程加工的零件一般较为复杂，采用 ISO/DIN 代码编程或人机对话形式编程难度较高，尤其是复杂曲面或异形轮廓等加工内容无法完成编程。因此，较大部分的五轴零件需采用计算机辅助制造软件（CAM 软件）进行编程，当前国内应用广泛的多轴数控加工编程软件主要有美国 CNC Software Inc 公司的 Mastercam 软件、德国 SIEMENS 公司的 Unigraphics NX 软件、德国 OpenMIND 公司的 HyperMILL 软件和美国 Autodesk 公司的 PowerMIll 软件等。

不同 CAM 软件有其各自擅长的领域，选择软件时应考虑以下几个方面：

1）软件易学易用。由于多轴编程加工内容的工艺复杂度较高，技术人员除考虑传统三轴加工的工艺难点，还需要关注五轴加工可能出现的干涉碰撞，以及定轴加工和多轴联动加工的适用性。因此，用于五轴编程加工的 CAM 软件要求操作过程简单，编程思路清晰，刀路策略和刀轴控制方式易学易用。

2）软件安全可靠。采用 CAM 软件完成刀具路径编制后，需通过后置处理才能输出五轴数控机床能够执行的 NC 程序。由于五轴数控机床价格昂贵，使用不经过仿真验证的 NC 程序，机床存在干涉和碰撞的风险，因此 CAM 软件后置处理和干涉碰撞检验功能是编程加工的安全保障。

3）软件功能模块全面。不同 CAM 软件有其自身的适用领域和特色功能，Mastercam 软件包含设计、铣削、车削、多线程加工、集成加工方案、特种加工、艺术雕刻等功能模块，基本覆盖了主流加工制造领域。在 Mastercam 铣削模块下划分 2.5 轴、3 轴、多轴三个刀路分级，为多轴编程加工提供了全面的刀路策略和编程思路，Mastercam 多轴刀路策略及解释见表 1-3 所示。

表 1-3　Mastercam 多轴刀路策略及解释

| 刀路名称 | 图标 | 具体描述 |
|---|---|---|
| 曲线 | | 加工 3D 串连图素、面或体的边 |
| 侧刃铣削 | | 保持刀具侧刃与被加工面接触完成切削，生成曲面最佳精加工路径，适合切削 UV 线规则的直纹面 |
| 沿面 | | 沿选择几何图素的 UV 构造线生成刀具路径，适合规则 UV 线几何图素 |
| 多曲面 | | 基于选择的模型、圆柱体、球形或立方体生成刀具路径 |
| 通道 | | 生成通道形状粗加工或精加工刀具路径，从通道顶部向底部加工 |
| 三角网络 | | 刀具始终与加工面接触 |
| 智能综合 | | 选择多个输入几何图形作为生成刀具路径的图素，通过算法生成最佳刀具路径。可用于创建渐变、平行、沿曲线和沿曲面轨迹 |
| 去毛刺 | | 去除几何体棱边毛刺 |
| 挖槽 | | 模型区域清除方式生成几何体侧面、底面间的粗加工刀具路径 |
| 3+2 自动粗切 | | 自动分析零件模型和特征，创建多平面粗加工刀路，高效去除余量 |
| 高级旋转 | | 创建一个四轴旋转刀具路径，通过选择壁边、轮毂和叶轮盖表面，可以更好地控制刀具运动 |

（续）

| 刀路名称 | 图标 | 具体描述 |
|---|---|---|
| 旋转 | | 沿着或绕某一选定的回转轴生成刀具路径 |
| 沿边 | | 生成使刀具侧刃与选择的几何侧壁保持接触的多轴刀具路径 |
| 通道专家 | | 针对管道、管道内腔、封闭型腔等零件特征生成刀具路径 |
| 叶片专家 | | 针对叶轮叶片、螺旋桨等零件提高的专门加工策略 |

# 第 2 章
## 五轴数控加工工艺系统及应用

**本章知识点**

- ➤ 五轴数控加工刀具系统及应用
- ➤ 五轴数控加工夹具系统及应用
- ➤ 五轴数控加工编程工艺基础
- ➤ 典型工件五轴数控加工案例

　　五轴加工工艺与三轴加工工艺基本相同，但五轴加工可以减少工件的定位装夹次数，实现一次装夹实施尽可能多的加工内容，从而将多个工序集中完成。因此，传统机械加工的基本概念、切削原理、机床与刀具、切削加工基本工艺过程、切削加工基本原则，以及工件机械加工结构工艺性等同样适用五轴加工。简单来说，除五轴机床，五轴加工工艺系统同样包括刀具系统、夹具系统和工件系统。

## 2.1　五轴数控加工刀具系统及应用

　　在五轴加工中，刀具系统的选用非常重要。刀具系统是实现五轴加工的核心要素之一，一般由刀柄和刀具两部分组成。刀柄是一种夹持工具，是机床主轴与刀具及其他附件工具连接的关键部分。合理选用刀柄不仅可以提高加工精度，还可以有效降低工艺难度。以下从刀柄接口规格和刀具夹持方式两个层面展开介绍五轴数控机床中常用的刀柄系统。

### 2.1.1　刀柄的分类与应用

　　常用的刀柄接口主要有 BT、BBT、SK、CAPTO、HSK 等几种规格型号。其中 BT、BBT 为日本标准，BT 目前应用最为广泛，多用于三轴数控机床，在一些转速不高的经济型五轴数控机床中也有应用；而 BBT 回转精度更高，一般用于配置了高速主轴的数控机床。由于五轴数控机床的工作转速普遍较高，因此多采用高速刀柄，图 2-1 所示为 SK、HSK 两种最为常用的五

图 2-1　常用五轴高速刀柄

轴高速刀柄,而 CAPTO 刀柄较多地用于车铣复合多轴加工中心。除上述常用刀柄接口,用于五轴数控机床的刀柄还有 NC5 和 KM 等规格。

**1. 刀柄接口标准**

1)HSK 高速刀柄接口。HSK 工具系统是一种短锥型高速刀柄接口,其接口采用锥面和端面同时定位的方式,刀柄为中空,锥体长度较短,锥度为 1∶10,利于实现换刀轻型化和高速化。如图 2-2 所示,由于采用空心锥体和端面定位,可以补偿高速加工时主轴孔与刀柄的径向变形差异,并能消除轴向定位误差,使高速、高精度加工更容易实现。这种刀柄接口在五轴高速加工中心上的应用越来越普遍。

2)KM 刀柄接口。KM 刀柄的结构与 HSK 刀柄相似,也是采用了空心短锥,锥度为 1∶10,且同样采用锥面和端面同时定位、夹紧的工作方式。如图 2-3 所示,主要区别在于使用的夹紧结构不同,KM 刀柄的夹紧力更大,系统刚度更高。但由于 KM 刀柄锥面上有两个对称的圆弧凹槽(夹紧时应用),相比之下强度较低且需要较大的夹紧力才能正常工作。

图 2-2　HSK 高速刀柄接口

图 2-3　KM 刀柄接口

3)NC5 刀柄接口。NC5 刀柄由日本研制,刀柄采用了空心短锥结构,锥度为 1∶10,采用锥面和端面同时定位、夹紧的工作方式。由于转矩是由 NC5 刀柄前端圆柱上的键槽传递的,刀柄尾部没有传递转矩的键槽,所以轴向尺寸比 HSK 刀柄短,图 2-4 所示为 NC5 刀柄接口。

NC5 刀柄与前面两种刀柄的最大区别在于刀柄没有采用薄壁结构,刀柄锥面处增加了一个中间锥套。KM 刀柄和 HSK 刀柄是通过薄壁的变形来补偿刀柄和主轴的制造误差,保证锥面和端面同时可靠地接触,而 NC5 刀柄是通过中间锥套的轴向位移来实现该目的,中间锥套的轴向移动动力来自刀柄端面上的碟形弹簧。由于中间锥套的误

图 2-4　NC5 刀柄接口

差补偿能力较强,因此 NC5 刀柄对主轴和刀柄本身制造精度的要求可稍低些。另外,NC5 刀柄内仅有一个安装拉钉的螺钉孔,孔壁较厚,强度高,可采用增压夹紧机构来满足重切削的要求。这种刀柄的主要缺点是刀柄和主轴锥孔之间增加了一个接触面,刀柄的定位精度和刚度有所下降。

4)CAPTO 刀柄接口(图 2-5)。CAPTO 刀柄由 Sandvik 公司设计生产,这种刀柄不是圆锥形而是三棱圆锥,其棱边为弧形,锥度为 1∶20,并且为空心短锥结构,采用锥面与端面

同时接触定位。三棱圆锥结构可实现两个方向都无滑动的转矩传递，不再需要传动键，消除了因传动键和键槽引起的动平衡问题。三棱圆锥的表面大，刀柄表面压力低、不易变形、磨损小，因而精度保持性更好。但三棱圆锥孔加工困难，加工成本高，与现有刀柄规格不兼容，安装配合会发生自锁。

图 2-5　CAPTO 刀柄接口

**2. 刀柄夹持方式分类**

五轴数控机床的主轴多为高速主轴，与之配套使用的刀柄为高速刀柄。从刀柄的外观可以看出，与主轴连接部分的柄部与传统刀柄存在不同，但高速刀柄用于夹紧刀具的夹持部分，与传统刀柄并无太大差别，但其静态精度和动态精度均高于传统数控刀柄，且高速刀柄均进行了动平衡处理。从高速刀柄夹持部分的不同夹紧形式，可将刀柄分为：ER 夹簧刀柄、强力型刀柄、侧固式刀柄、模块式刀柄、钻夹头、莫氏锥柄、液压式刀柄、热缩式刀柄、PG 冷压刀柄等。

1) ER 夹簧刀柄。ER 夹簧刀柄在数控加工中应用广泛，此类刀柄的弹簧刀套可装夹一个范围的刀具直径，主要用来装夹精加工铣刀、铰刀、钻头等切削力不大的刀具。此类刀柄夹紧力相对较小，但动态变形允许量大，夹持范围大且成本低，有较好的经济性，适用于高速动态铣削方式。一般根据弹簧刀套不同，ER 夹簧刀柄分为 ER8、ER11、ER16、ER20、ER25、ER32、ER40、ER50 等。每个规格刀柄的夹簧不能与其他规格刀柄互换使用，图 2-6a 所示为 ER 夹簧刀柄弹簧刀套，图 2-6b 所示为 ER 夹簧高速刀柄。

2) 强力型高速刀柄。强力型刀柄又称为强力铣刀柄，图 2-7a 所示为强力型高速铣刀柄，此类刀柄的夹持力大，多用于装夹粗加工铣刀，可以重切削，但刀柄的韧性较低，动态变形允许量小，进行高速动态粗加工切削时容易产生振动，更适合常规切削方式；强力刀柄的刀套为定尺寸装夹，即每个刀套只能装夹一个尺寸的铣刀，且要求铣刀的直径必须为标准值，一般强力铣刀柄的常用刀套有 $\phi2$、$\phi4$、$\phi6$、$\phi8$、$\phi10$、$\phi12$、$\phi16$、$\phi18$、$\phi20$ 等规格，图 2-7a 所示为强力型高速铣刀柄，图 2-7b 所示为强力型刀柄的刀套。

a) ER夹簧刀柄弹簧刀套

b) ER夹簧高速刀柄

图 2-6　ER 夹簧刀柄

a) 强力型高速铣刀柄

b) 强力型刀柄刀套

图 2-7　强力型高速刀柄

3) 莫氏锥度高速刀柄。莫氏锥度刀柄用于装夹直径大于 $\phi12mm$ 的锥柄钻头或铰刀等，图 2-8a 所示为莫氏锥度刀柄。根据刀具直径的不同，刀柄分为 0-6 七个型号，铣加工中常用 0-3 号莫氏锥柄。莫氏锥柄也可配合莫氏锥套使用，将小号锥套安装在大号锥套或锥柄中，通过锥套的使用可以减少不同锥号的刀柄。拆卸锥套或锥柄刀具需要使用如图 2-8b 所示的莫氏刀柄拆刀斜铁。

4) 侧固式高速刀柄。侧固式高速刀柄主要用于夹持侧固式铣刀，图 2-9a 所示为侧固式刀柄，此类刀柄侧面有 1 个或 2 个顶丝，用于顶紧刀柄内的刀具。可以采用侧固刀柄夹紧的刀杆部分有 1 个或 2 个平面，如图 2-9b 所示，装夹刀具时，利用顶丝将刀具固定在刀柄内，侧固式刀柄主要用于回转精度要求不高的加工情况。侧固式刀柄的回转精度相对较低，但刚性较好，可以承受较大的切削力，用于粗加工或重切削。

| a) 莫氏锥度刀柄 | b) 莫氏刀柄拆刀斜铁 | a) 侧固式刀柄 | b) 侧固式螺纹铣刀 |

图 2-8　莫氏锥度高速刀柄　　　　　　　图 2-9　侧固式高速刀柄

5）模块式高速刀柄。模块式高速刀柄能够快速方便地进行功能模块的调整和更换，根据刀柄的功能特点，将刀柄分解为基体、连接、切削三个部分，然后将三个部分规格和功能进行标准化设计。相同刀具基体的刀柄可根据需求更换刀柄的切削部分，以实现不同的切削内容，图 2-10 所示为模块式高速刀柄系统。

图 2-11a 所示为平面型铣刀柄的基体部分，图 2-11b 所示为平面型铣刀的刀盘（切削部分），平面型铣刀柄基体的连接部分是标准化的，可以与不同直径的平面型铣刀配合使用。铣刀柄基体连接处的两个方键与刀盘的两个方槽配合，实现刀盘的周向定位，从而传递转速和转矩。刀盘与刀柄基体同轴定位，采用基体中心的光轴和刀盘的中心孔配合，最后通过螺栓沿轴向锁紧刀盘。

| a) 模块式高速刀柄基体 | b) 模块式镗刀头 | a) 平面型铣刀柄基体 | b) 平面型铣刀刀盘 |

图 2-10　模块式高速刀柄系统　　　　　图 2-11　模块式平面型铣刀系统

6）热膨胀式高速刀柄。热缩式高速刀柄采用金属热胀冷缩的特性，图 2-12a 所示为热膨胀铣刀柄。此类刀柄在使用时需要先将刀柄的夹持部位进行加热，使其膨胀，然后插入需要夹持的刀具，刀柄冷却收缩后，刀具自然锁紧。刀柄冷却过程中金属均匀收缩，保证被夹持刀具获得最大的夹紧接触面，因此刀具有很大的夹持力，且刀具夹紧无中间机构或附件，回转精度高，动平衡效果好。但是，每支热缩式刀柄只

| a) 热膨胀铣刀柄 | b) 热缩式装刀机 |

图 2-12　热膨胀式高速刀柄

能装夹一个直径的刀具，经过多次加热和冷却后刀柄会达到金属的疲劳强度，无法实现有效夹紧，从而达到使用寿命，且热缩式刀柄在装夹和拆卸刀具时，需使用如图 2-12b 所示的热

缩式装刀机，因此热缩式刀柄系统的经济性较差。

7）液压式高速刀柄。液压式高速刀柄通过改变液压油在圆筒空腔中的压力实现刀具的
夹紧，图 2-13a 所示为液压铣刀柄工作部分
剖切图。使用时拧紧刀柄上的加压螺栓，螺
栓拧紧会推动活塞的密封块，从而改变刀柄
内的储油空间，产生一个大液压油压力，该
压力均匀地从圆周方向传递给图 2-13b 所示
的钢制膨胀套，膨胀套变形，内壁将刀具夹
紧。该刀具夹紧系统的径向跳动误差和精度

a) 液压铣刀柄　　　　　　b) 液压刀柄钢制膨胀套

图 2-13　液压式高速刀柄

控制很高，且刀柄内藏的油腔结构及高压油有效增加了刀柄的结构阻尼，可防止刀具和机床
主轴的振动。

8）高速钻夹头。高速钻夹头主要用于装夹钻头、铰刀等孔加工刀具，按锁紧方式的不
同可将钻夹头分为自锁式钻夹头、扳手锁
紧式钻夹头。自锁式钻夹头又称为手锁式
钻夹头，因其无锁紧机构，故其动态回转
精度很高，图 2-14a 所示为手自两用钻夹
头。而扳手锁紧式钻夹头需专门的锁紧机
构和扳手进行锁紧，因此其回转精度相对
较低，但其初始锁紧力较大且可控，
图 2-14b 所示为德国研制的扳手式高精密
钻夹头，其不仅能够保证可靠的初始锁紧力且具有很高的回转精度。

a) 手自两用钻夹头　　　　　b) 扳手式高精密钻夹头

图 2-14　高速钻夹头

9）PG 冷压刀柄。PG 冷压刀柄的全称是 PowerGrip 刀具系统，该刀具系统由瑞士
REGO-FIX 公司研制。该刀具系统采用
冷压变形原理使刀具获得足够大的夹紧
力，另外，为防止大切削力情况下产生
掉刀现象，刀柄一般需要刀具有一个侧
固平面。刀具系统的防掉刀装置作用于
刀具的侧固面，可以有效防止掉刀。PG
冷压刀具系统具有优越的径向跳动精度
和高减振阻尼性，且装拆刀具操作简单
速度快，刀套寿命长，特别适用于高速
高精密加工。但由于装夹操作的特殊性，
PG 冷压刀柄拆装刀具时，需使用自动夹
紧单元或手动夹紧单元。图 2-15 所示为
PG 冷压刀具系统的自动夹紧单元和 PG 冷压刀柄。

a) 自动夹紧单元　　　　　　b) PG 冷压刀柄

图 2-15　PG 冷压刀具系统

## 2.1.2　刀具几何参数测量工具介绍

刀具测量仪是获取刀具几何参数的必要手段，包括机床内部刀具测量装置和脱离机床的
外部刀具测量仪器两类。无论是哪一种刀具测量仪器，其功能都是获取刀具的长度数据和直

径数据。根据应用情况不同，外部刀具测量仪器多使用光电成像原理实现刀具测量，而置于机床内部的刀具测量装置多使用激光干涉和传感技术实现刀具测量。

### 1. 机外刀具测量仪

机外刀具测量仪又称机外对刀仪或刀具预调仪，主要用于测量铣刀、钻头、镗孔刀、螺纹铣刀等刀具的半径值和长度值。原理为：放置刀具的锥孔相当于机床主轴的锥孔，在测量仪上测得的刀具长度即等于主轴端面至刀具刀尖的长度值。因此，采用测量仪测出的刀具长度为刀具的实际几何长度。刀具测量仪采用光影成像的原理，将光束照射到刀具上，刀具置于光束发射端和阴影成像接收端之间，测量时刀具的阴影会按照规定放大数倍显示在具有坐标参考线的屏幕上，通过观察屏幕上的刀具阴影成像，沿刀具轴向和径向移动刀具或测量装置，可以测

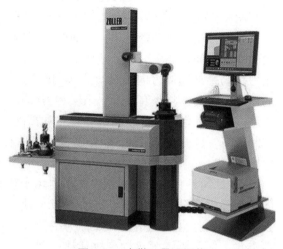

图 2-16　卓勒刀具预调仪

得刀具的半径值和长度值。图 2-16 所示为卓勒刀具预调仪。

### 2. 机内非接触式激光对刀仪

机内非接触式激光对刀仪与机外非接触式对刀仪不同，机内非接触式激光对刀仪需要将仪器安装在机床内部，一般安装在机床工作台上。机内非接触式激光对刀仪通过激光干涉原理测量刀具的长度、半径，且可以实时监测加工刀具的磨损情况，并根据机床的预设定完成刀具的补偿和更换，图 2-17a 所示为机内非接触式激光对刀仪。图 2-17b 所示为组合式机内非接触式激光对刀仪，此类对刀仪除激光测量刀具数据外，还增加了接触式测量功能，可实现刀具测量和实时监测功能，更加全面可靠。

a) 机内非接触式激光对刀仪　　b) 组合式机内非接触式激光对刀仪

图 2-17　机内非接触式激光对刀仪和组合式机内非接触式激光对刀仪

### 3. 机内接触式激光对刀仪

机内接触式激光对刀仪采用基础式触发传感技术，实现刀具的测量和刀具的有效性监测。相较于非接触式激光对刀仪，接触式对刀仪响应速度快，测量直观，且经济性好，

图 2-18a 所示为普通机内接触式激光对刀仪。图 2-18b 所示为无线型接触式激光对刀仪，该对刀仪采用了感应传输方式，用于刀具破损检测和刀长与刀径测量，其采用无线设计，结构轻巧紧凑，不妨碍工作台自由移动，适合安装在具有交换工作台或旋转工作台的机床上。

a) 普通机内接触式激光对刀仪　　　　　　　b) 无线型接触式激光对刀仪

图 2-18　机内接触式激光对刀仪

## 2.2　五轴数控加工夹具系统及应用

五轴加工中，夹具系统的选用非常重要，由于五轴加工的特殊性，其采用的装夹方式与传统加工存在不同。虽然夹具的结构形式和装夹原理相同，但是为了避免加工过程中可能产生的干涉和碰撞，五轴加工常选用一些专用的装夹方式，旨在保证加工需求的前提下，不过分降低工艺系统的刚性。图 2-19 所示为专用五轴装夹方案，加工时为了避免摆动轴大角度定向或联动时工作台与主轴立柱产生干涉，需采用专用法兰座将工件提高至工作台表面上一段距离，以避开干涉和碰撞。

a) 自制垫高座配法兰心轴装夹方案　　　　　b) 自制垫高座配异形座装夹方案

图 2-19　专用五轴装夹方案

### 2.2.1　通用夹具及应用

数控机床上加工工件时，需使用夹具装夹工件。装夹过程包含定位和夹紧两部分，首先将工件置于夹具系统中，确定其在机床中的正确位置，这一过程称为定位；定位后的工件施加作用力，使之在定好的位置上能够承受一定的切削且保持不动，这一过程称为夹紧；从定位到夹紧的全过程，称为装夹。夹具的主要功能就是完成工件的装夹，工件装夹情况的好坏，将直接影响工件的加工精度。

大多数五轴机床的工作台采用标准的 T 形槽（也可配置法兰工作台、快换工作台、吸附式工作台等），因此，宏观概念上的通用夹具和专用夹具均可应用于五轴机床。但是由于五轴机床的运动特性以及结构特点，在加工过程中，主轴部分与夹具或工件的干涉碰撞是五轴加工需要考虑的主要问题，因此选择正确的夹具以及装夹方式在五轴加工中尤为重要。图 2-20 为几类通用五轴装夹方案，与专用夹具相比，图中所示的夹具均没有直接安装在机床工作台上，夹具安装在快换盘或者垫高座上，快换盘和垫高座的使用能够解决可能出现的干涉和碰撞问题。

a) 3R System快换配ER装夹方案

b) LANG快换配台钳装夹方案

c) LANG快换配三爪装夹方案

图 2-20　通用五轴装夹方案

### 1. 台钳种类及应用

（1）常见台钳及结构形式　台钳主要由活动钳口、固定钳口、钳身、底座、丝杠等部分组成。活动钳口安装在床身上，通过梯形丝杠带动活动钳口在钳身或底座的导向槽内移动，从而使钳口开合。图 2-21a 所示为精密单动平口钳，其固定钳口、钳身和底座为一体结构，一般用于夹紧经过初加工的材料；图 2-21b 为圆形可调对中台钳，其两个钳口均为活动钳口，可同时向夹具中心移动，实现工件对中夹紧，特点在于其钳口可以拆卸调整夹持范围。和方形台钳相比，同样夹持长度的圆形台钳可以减小干涉和碰撞的空间。

a) 精密单动平口钳

b) 圆形可调对中台钳

图 2-21　常见台钳

图 2-22a 为 LANG 牌矩形基座对中台钳，其基座为矩形，两个钳口有均匀分布的牙形，可以咬嵌入工件面中，至夹持很小的距离，获得极大的夹持力，以节省毛坯材料，降低成本。图 2-22b 所示为 LANG 牌圆形基座牙形对中台钳，其能够配合自动上下料装置对夹具进行拆卸。

a) 矩形基座对中台钳　　　　　　　　　b) 圆形基座牙形对中台钳

图 2-22　LANG 牌牙形钳口台钳

（2）台钳附件及使用　使用台钳装夹工件时应保证工件的待加工部分高于钳口上表面，且加工深度要小于工件表面到钳口的最大距离。为保证伸出钳口的工件高度符合加工要求，需使用平行垫铁对工件进行定位和支撑。平行垫铁是台钳装夹方式所需的基本附件，又称为等高平行垫铁，一般成对使用。平行垫铁的作用是支撑及定位工件，保证工件沿平行垫铁工作面法向的位置是唯一的。通过成对平行垫铁的组合使用，可以有效限制工件的三个自由度（两个转动、一个平动）。

平口台钳夹持工件属于不完全定位，工件沿钳口平行方向的自由度没有限制，但夹紧力远大于切削力时，受夹紧力作用工件无法移动，这种不完全定位允许出现；当采用强力切削时，需单独限制工件的这一自由度，以保证强力铣削过程中，工件位置保持不变。图 2-23a 为套装平行垫铁，垫铁高度不同，两块为一组；图 2-23b 为台钳装夹示意图，装夹过程中，需要将同组两块等高平行垫铁分别置于固定钳口和活动钳口一侧，然后将工件置于等高平行垫铁上。

a) 套装平行垫铁　　　　　　　　　　b) 台钳装夹示意图

图 2-23　台钳装夹工件

（3）台钳拉直找正　台钳在使用时需要压紧在机床工作台上，正向安装的台钳，其固定钳口要求与 X 轴平行，并且安装后台钳的精度需进行检验，以保证其使用精度。如图 2-24a 所示，将杠杆表沿图中虚线移动，可以检验固定钳口的平行、垂直情况。

台钳安装时需找正固定钳口，拉直找正台钳的主要目的是为了建立台钳与机床的相对位置，使钳口与机床基准一致或者接近，以更好地保证加工精度。如图 2-24b 所示，通过找正操作使杠杆表 AB 两端读数一致。操作时首先在固定钳口 A 端压表，调节表盘使杠杆表读数为零，移动杠杆表到图示 B 端，观察杠杆表读数，根据表针偏摆方向判断读数加或减，敲击台钳使 B 端读数变化为原读数的 1/2。重复上述步骤直到 AB 两端读数相同，则固定钳口已经找正完成。

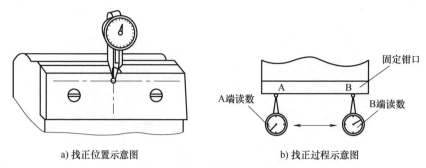

a) 找正位置示意图　　　　　　　b) 找正过程示意图

图 2-24　固定钳口找正示意图

### 2. 自定心卡盘及应用

（1）常见自定心卡盘及组成　自定心卡盘分为三爪和四爪两种，图 2-25a 所示为法兰型超薄三爪自定心卡盘，其夹紧原理与车床三爪自定心卡盘相同；图 2-25b 所示为方形四爪自定心卡盘，其多用于铣床和加工中心中，与三爪自定心卡盘相比，其能够夹持四方形工件，也适用于轴类、盘类工件装夹。由于四爪同步移动，且存在一定的移动误差，因此不适合装夹 X、Y 方向误差较大的方形毛坯材料。

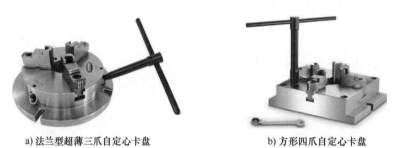

a) 法兰型超薄三爪自定心卡盘　　　　　　　b) 方形四爪自定心卡盘

图 2-25　自定心卡盘

图 2-25 所示自定心卡盘由小锥齿轮、大锥齿轮、卡爪组成，工作时小锥齿轮带动大锥齿轮旋转，而大锥齿轮靠端面螺纹带动 3 个卡爪一起向中心运动。一般卡盘配有正爪和反爪各一副，正爪装夹较小直径的工件，反爪装夹较大直径的工件。

（2）卡盘放置及预压紧　如图 2-26 所示，将卡盘用螺杆、螺母压紧在工作台上，根据卡盘压紧位置的不同，可以选择螺母、螺杆压紧卡盘，也可以使用螺杆和压板压紧卡盘。一

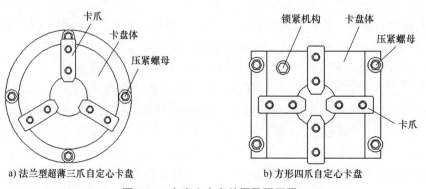

a) 法兰型超薄三爪自定心卡盘　　　　　　　b) 方形四爪自定心卡盘

图 2-26　自定心卡盘放置及预压紧

一般卡盘上的压紧开口槽与工作台 T 形槽相对应。在这个步骤需要预压紧卡盘，即四个压紧螺母有较小的锁紧力，但不能锁死，以保证下一步骤找正卡盘时有足够的调整范围。

（3）卡盘拉直找正  压紧螺母前需对卡盘进行找正，对于方形四爪自定心卡盘，需要使用杠杆表找正卡盘的水平和垂直方向，以保证四爪自定心卡盘装夹方形工件时的正确位置。如图 2-27 所示，找正时首先将杠杆表压在卡盘侧面的 A 端位置，调整刻度盘使读数值为 0，移动杠杆表到达 B 端。观察杠杆表的表针移动方向，确定 B 端读数值是加或减，并根据加减的不同敲击卡盘，使杠杆表在 B 端读数反向变化为 A 端读数的 1/2 左右。重复上述操作，使 AB 两端的读数相同，完成卡盘的正确位置确定。

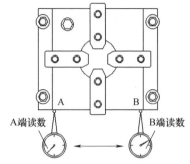

图 2-27  方形四爪自定心
卡盘拉直找正

（4）卡盘中心找正  卡盘安装完成后一般需找到卡盘的中心，即使机床主轴的回转中心与卡盘回转中心重合。如图 2-28 所示，卡盘中心的找正需用到杠杆表和找正棒，在找正过程中首先将杠杆表连接到表架上，将表架吸附到主轴端面，通过手动转动（盘动）主轴，使杠杆表与主轴同步旋转，然后沿 XY 轴移动找正棒位置，直到杠杆表在旋转过程中读数保持不变，则表明主轴回转轴线 A 与卡盘轴线 B 重合。

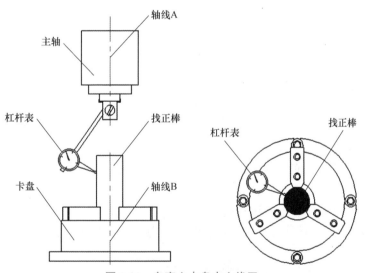

图 2-28  自定心卡盘中心找正

（5）卡盘与工作台同心找正  五轴机床上使用自定心卡盘时，安装过程中会采用上述操作使找正棒和卡盘与五轴 C 轴工作台的机械回转中心重合，以获得最佳的加工精度。与上述卡盘中心找正操作的区别在于，使卡盘中心与 C 轴工作台中心重合的操作过程，杠杆表吸附在主轴立柱上不能随着主轴转动，需要转动 C 轴，观察杠杆表度数后，移动卡盘在工作台上的位置，使找正棒和卡盘中心与 C 轴中心重合并锁紧卡盘。五轴数控机床安装夹具和工件时需要注意，应尽量靠近 C 轴机械回转中心安装，以减小机械误差和机床动态性能对加工精度的影响。

**3. 组合压板装夹**

组合压板是铸造类机床套装夹具，广泛用于压紧板类、异形、箱体等工件，其夹紧力大，结构简单并且使用方便，一直作为各类机床的附件配套使用。标准套装组合压板一般包含：T形螺母，法兰螺母，连接螺母，阶梯压板，三角支撑和双端螺栓等，长度分别为3、4、5、6、7、8寸。根据生产加工的不同需求，套装压板的规格和数量也趋于多样化，标准套装组合压板如图2-29a所示，图2-29b为常见组合压板附件，一般用于有特殊需求的装夹情况。

图2-30所示为组合压板在五轴加工中心中的应用形式，根据工件的特点以及五轴数控机床干涉碰撞的范围，将组合压板与专用工装结合使用，在五轴加工中尤为常见。

a) 套装组合压板

b) 组合压板附件

图2-29　套装组合压板及组合压板附件

图2-30　五轴专用组合压板装夹方式

## 2.2.2　专用夹具及应用

专用夹具是为某一特定工件的某一道工序专门设计制造的夹具。夹具的功能相对单一，具有针对性，用于产品相对稳定且批量较大的生产情况。专用夹具的使用能有效提高生产率，并获得较高的加工精度和尺寸一致性。专用夹具由以下六个部分组成：定位元件、夹紧装置、夹具体、连接元件、对刀元件和导向元件。

上述组成为专用夹具的整体要求和说明，就五轴加工而言，一般不需要全部的组成部分。且五轴加工采用的专用夹具非常普遍，其最大的特点是能够避免主轴与回转工作台产生干涉和碰撞，因此常见的五轴专用夹具多为法兰支撑或刚性支架，图2-31a所示为五轴加工常用的法兰座支撑类专用夹具，图2-31b为刚性支架配合燕尾夹具组成的五轴装夹方案。

a) 法兰座支撑

b) 刚性支架

图2-31　五轴专用夹具案例

## 2.2.3  五轴夹具与装夹方案

### 1. 装夹与定位方式

五轴加工是在三轴加工的基础上发展形成的，其主要特点是减少工件装夹次数，在一次常规装夹中完成尽可能多的加工内容，利用机床机械回转轴的精度保证工件的形位精度，以简化加工工艺，降低生产成本。因此，多轴加工的装夹与定位方式与三轴加工是基本相同的，且比三轴加工更为简单。

五轴加工采用常规夹具使装夹方案更为简单可靠，但需考虑切削中可能发生的干涉和碰撞情况。因此五轴加工对装夹有三方面要求：一是保证夹具在机床上安装准确，且靠近回转台中心；二是要保证工件和机床坐标系的尺寸关系稳定可靠；三是保证切削过程中主轴、刀柄、刀具、夹具、工件之间位置安全可靠，无干涉碰撞风险。

结合以上三方面要求，选择五轴装夹方案时应注意下列几点：

1）夹具结构应尽量简单，夹具的标准化、通用化和自动化能够有效提升加工效率，降低加工成本。

2）装卸工件应迅速且易操作，采用快速便捷的定位和夹紧方式，能够缩短机床的停机调整时间，提升加工效率。

3）加工部位要开阔，夹紧机构或其他元件不得影响切削动作，满足切削力的前提下，夹持部位应尽量小，以降低毛坯成本，减少夹具对切削产生的干涉影响。

4）夹具在机床上的安装要准确可靠，保证切削过程中工件在正确位置上按数控程序加工。

### 2. 常用五轴夹具应用

五轴机床属于高速高精加工设备，随着五轴加工机床的广泛应用，配合五轴加工技术的夹具也在不断创新。图 2-32 为当前五轴加工常用的装夹工具，这种夹具并不是专门用于五轴加工，但是紧凑的结构和高精度符合五轴加工技术对夹具的要求，且此类夹具已经模块化，包含夹具体、零点快换盘、转换盘、垫高座等部分，能够根据加工需要进行选择和搭配使用。

a) LANG牌自定心卡盘          b) LANG牌对中台钳

图 2-32  五轴加工常用夹具

此外，由于五轴加工机床主轴和工作台存在的干涉问题，在加工中不得不制作专用支撑，置于夹具和工作台之间。而图 2-33 所示支撑模块可用于如图 2-32 所示的夹具，在满足五轴加工需求的基础上避免了夹具精度低和刚性差等问题。

a) 盘式支撑模块                    b) 锥台式支撑模块

图 2-33    LANG 牌支撑模块

五轴加工中除了台钳和自定心卡盘两种常用的装夹结构外，还常采用燕尾夹紧方式。图 2-34a 所示为燕尾夹具，这种夹具可以减小装夹高度和夹持量，且夹具体可以小于工件，从而增大刀具的加工范围。当工件四个垂直面上包含负角度加工内容且角度较大时，刀具的仰角度数可以在 "90°~120°" 范围内运动，即可以铣削工件底面靠近四条棱边位置。图 2-34b 所示为专用夹具与燕尾夹具配合使用，可以有效避免加工干涉，且实现多工位加工。

a) 燕尾夹具                    b) 燕尾夹具应用案例

图 2-34    五轴用燕尾夹具

## 2.3    五轴数控加工编程工艺基础

五轴数控加工编程主要分为：3+2 定轴加工、4+1 定轴加工和五轴联动加工三种方式。多数情况下，4+1 定轴加工和五轴联动加工方式的应用场合较少。五轴数控加工更多采用 3+2 定轴加工，回转轴仅定位到某一固定角度，然后线性轴进行 2 轴、2.5 轴和 3 轴加工。因此，五轴数控加工工艺的基础与 2 轴、2.5 轴和 3 轴数控加工工艺基本相同。

关于五轴数控加工工艺，一般应考虑以下内容：

1）五轴数控机床结构及加工范围。

2）读图及五轴加工工艺分析。

3）加工方法与方式的选择。

4）加工工序与工步制定。

5）定位、装夹方案制定。

6）加工路线选择与规划。

7）刀具和工艺参数选定。

8）工件坐标系及对刀点确定。

数控加工工艺的基础内容在本书不再赘述，重点介绍五轴加工工艺内容。

### 2.3.1　五轴数控加工应用特点

五轴数控加工是进行异型复杂工件加工，实现多工序集中，提高效率和质量的重要手段。五轴数控机床是在 XYZ 三个线性轴上配置两个旋转轴，因此刀具相对工件可达到更大的空间范围，可使刀具相对工件的位置及角度在一定范围内任意可控。由此决定了五轴数控机床适合于下列加工场合：

1）加工有倒扣角度特征的工件，刀轴变化能够有效避免干涉碰撞，实现三轴加工难以加工的复杂工件。

2）加工直纹曲面特征工件，采用侧刃铣削方式实现周铣，加工效率和质量高。

3）加工大型平坦表面工件，刀轴的灵活控制可以选择直径更大的圆鼻刀具代替球头铣刀，减少行切次数，残留高度更小，加工效率和质量高。

4）加工不适合或不易多次定位、装夹进行加工的工件，五轴数控机床可一次装夹，对工件上的多个空间表面进行多面、多工序加工。

### 2.3.2　五轴工艺方案选择原则

一个工件往往有多种可能的加工方案。在符合工艺原则的前提下，可以采用不同的工艺和装备获得工件的形状和特征。由于五轴数控机床能够一次装夹完成多工序加工，且刀具轴可以在一定范围内改变角度，实现立式、卧式加工方式转换，使五轴数控机床的加工范围更广。因此使用五轴数控机床制定加工工艺时，需结合五轴的机床特点，使加工方案更加简单。

图 2-35 所示为工件倾斜面加工，使用不同的刀具有多种不同的加工方法，改变刀具轴与倾斜面间的角度关系，同样可以获得不同的加工效果。因此应在综合考虑工件的精度要求、倾斜角度、机床结构、刀具类型、工件装夹方式、编程难易程度等因素之后，选定一个最佳方案。

图 2-35a 所示为在三轴数控机床上使用球头铣刀逐行层切方式进行斜面加工，斜面由球刀行切拟合而成，粗糙度受行距大小影响，但这种加工方式效率较低；图 2-35b 所示为 3+2 五轴定轴加工方式，通过改变刀轴矢量，使刀具轴垂直于被加工倾斜面，使用立铣刀底刃配合平面行切方式进行倾斜面加工，这种加工方式较球头铣刀的加工效率和表面质量提高很多；图 2-35c 和图 2-35d 所示为采用刀具侧刃实现周铣切削，这种加工方式刀具轴会在加工过程中根据加工面的构造线自动调整，图 2-35d 为五轴联动加工，这种使用刀具侧刃进行五轴联动加工的方式

a）球头铣刀铣斜面　　　　b）立铣刀垂直斜面铣削

c）立铣刀侧刃铣削斜面　　d）立铣刀侧刃铣削倾斜弧面

图 2-35　倾斜面加工方法

能够极大提升加工效率和表面质量。

## 2.4 典型工件五轴数控加工案例

### 2.4.1 五轴孔加工示例

图2-36所示的工件，要求在工件两个侧面加工孔，且孔轴线与所在平面垂直。若采用三轴机床加工，则需多次装夹，且定位难度大，通常需要制作专用夹具，工艺路线长，孔之间的形位精度难以控制；然而使用五轴机床加工垂直面或倾斜面上的孔，能够保证精度，提高效率，降低成本。实施过程中只需使用常规方式夹持工件，通过机床两个回转轴（A/C或B/C）分别将刀轴倾斜90°，旋转0°和180°，就可完成图示的钻孔加工内容。

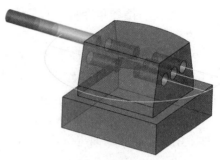

图2-36 五轴孔加工工件

### 2.4.2 深型腔加工示例

如图2-37所示的工件，要求加工图示异型深腔侧壁曲面，腔体侧壁较深且为上小下大的倒扣锥度结构。如果采用三轴机床无法进行此类倒扣深腔曲面加工，采用五轴机床通过改变刀轴在加工过程中的倾斜角度，将刀具、刀柄避开被加工工件，就可以完成加工。此类加工属于五轴联动加工内容，在切削过程中刀具会根据刀轴控制的参数设置进行自动倾斜，以避开干涉和碰撞。

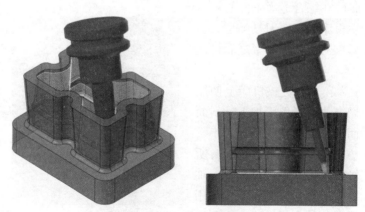

图2-37 深型腔侧壁加工

### 2.4.3 深凸台加工示例

如图2-38所示的工件，需要加工倒扣锥度深凸台曲面，如采用三轴机床加工，需使用非标刀具；且为了满足凸台加工深度，刀具伸出夹持部件的长度较大，刀具伸出夹持部件越长，刚性越差，偏摆越大，加工质量越不易保证。特别是采用小直径刀具进行清角加工时，刀具伸出夹持部件过长，容易折断，造成不必要的成本提升。使用五轴机床加工此类倒扣深凸台曲面时，可以充分利用刀轴在加工过程中空间角度变化的功能，以避让碰撞和干涉，实现使用短悬伸刀具加工深凸台的功能。

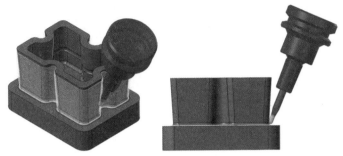

图 2-38　深凸台工件

### 2.4.4　锥台侧面加工示例

如图 2-39 所示的锥台工件，若使用三轴机床加工圆锥台侧面，则需使用球头铣刀逐行层切方式进行加工，加工效率低且锥面质量不高；使用五轴机床加工此类圆锥台侧面，则可以使用如图 2-39 所示立铣刀的侧刃，配合侧刃铣削加工策略以周铣的方式进行锥面铣削，加工过程中刀轴空间姿态角根据锥面的角度自动转变，保证刀具侧刃始终与锥面接触，加工效率和质量都有极大提高。

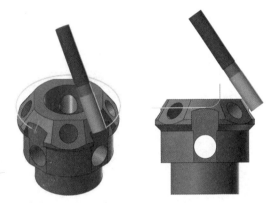

如图 2-40 所示的倒扣锥台面，三轴数控机床无法完成加工，采用五轴数控机床，刀轴可以根据锥面角度进行倾斜，采用侧刃铣削加工策略以五轴联动方式完成此类倒扣锥度面的铣削加工。

图 2-39　正锥台工件

图 2-40　倒扣锥台工件

**本章知识点**

➤ 典型五轴零件入门编程与加工

➤ 五轴定轴加工特点及策略应用

➤ 五轴联动加工特点及策略应用

➤ 三轴编程与五轴定轴编程异同点

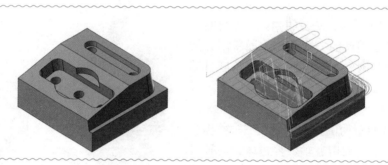

　　多轴编程加工一般包括定轴加工和联动加工两种方式。定轴加工与传统三轴加工方式基本相同，加工过程中刀具轴线始终垂直于被加工轮廓的底面，刀具侧刃与被加工轮廓接触，实现切削，图 3-1 中连接结构件的孔、腔、槽等加工内容分布在不同的平面，此类零件适用于定轴加工方式进行编程加工。

　　多轴联动加工过程中，刀具轴线会随着被加工轮廓面的变化自动调整，调整的目的是提高加工效率、改善加工质量、避免刀具干涉碰撞等，图 3-2 所示整体叶轮的叶片、流道等特征为空间曲面，刀具在切削过程中需根据曲面的变化和叶轮叶片间的干涉情况，调整刀轴姿态角，适合采用五轴联动加工方式进行编程加工。

　　当然为了通过刀轴调整更好地实现上述目的，需采用多种刀轴姿态控制方式，因此多轴联动加工的刀轴控制是多轴加工编程的核心内容。但是在实际加工过程中，由于受多轴制造装备机械精度和控制精度的影响，多轴联动加工更难达到较高的精度和效率，而多轴定轴加工方式应用范围更广、精度更高，因此多轴编程时应优先采用定轴加工方式。

图 3-1　连接结构件

图 3-2　整体叶轮

图 3-3 所示的工件为一种包含三轴加工内容、定轴加工内容和联动加工内容的典型零件，本章以该零件作为本书的引导案例，通过案例中不同加工方式的工艺分析、策略选择和参数设置等，展示采用 Mastercam 软件如何在三轴编程的基础上，实现五轴定轴编程和联动编程加工。

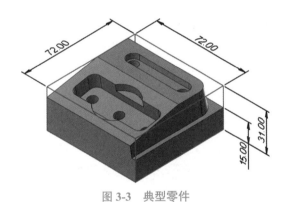

图 3-3　典型零件

## 3.1　工艺分析与加工准备

### 3.1.1　工艺分析

多轴加工在工艺分析阶段与传统三轴加工不同，由于多轴机床除三个线性轴（X/Y/Z），还配置了两个可以绕线性轴旋转的回转轴（AB 或 AC 或 BC），能够实现"工作台或刀具轴多角度倾斜定向"和"多轴联动插补运动"，因此，多轴加工可通过工作台或刀具轴角度倾斜将三轴加工中需多次装夹进行加工的工艺步骤简化，还可以采用刀具侧刃完成倾斜曲面的周铣加工，实现多工序集中，减少装夹次数，改善定位精度，降低工艺难度，提升工件的几何精度。

根据图 3-3 所示工件的特征，进行图素拆分和工艺分析，零件特征将工件划分为三部分加工内容，即三轴加工部分、3+2 定轴加工部分和五轴联动加工部分。表 3-1 列出了零件加工的基本工艺步骤，为编程加工提供参考。

表 3-1　工艺分析与流程

| 工步 | 加工方式 | 加工内容 | 刀具号 | 工艺分析 |
|---|---|---|---|---|
| 1 | 三轴加工方式 | | T01 T02 | 1）使用 D10 立铣刀粗加工上表面平面；<br>2）使用 D10 立铣刀粗加工图示外轮廓凸台，侧面留余量 0.2mm，底面留余量 0.1mm；<br>3）使用 D8 立铣刀精加工图示外轮廓凸台底面 |
| 2 | | | T02 | 1）使用 D8 立铣刀粗加工图示孔腔和键槽轮廓，侧面留余量 0.2mm，底面留余量 0.1mm；<br>2）使用 D8 立铣刀精加工图示孔腔和键槽轮廓 |
| 3 | | | T03 T04 | 1）使用 D8_C90 定心钻，定心图示孔位，深 1mm；<br>2）使用 D7 钻头，钻加工图示 D7 孔 |
| 4 | 3+2 定轴加工方式 | | T01 | 使用 D10 立铣刀粗加工图示倾斜上表面，底面留余量 0.1mm |
| 5 | | | T01 T02 | 1）使用 D10 立铣刀粗加工图示倾斜面上方腔，侧面留余量 0.2mm，底面留余量 0.1mm；<br>2）使用 D10 立铣刀粗加工图示圆腔轮廓，侧面留余量 0.2mm，底面留余量 0.1mm；<br>3）使用 D8 立铣刀精加工图示倾斜面上方腔；<br>4）使用 D8 立铣刀精加工图示圆腔轮廓 |
| 6 | | | T03 T04 | 1）使用 D8_C90 定心钻，定心图示孔位，深 1mm；<br>2）使用 D7 钻头，钻加工图示 D7 孔 |

（续）

| 工步 | 加工方式 | 加工内容 | 刀具号 | 工艺分析 |
|---|---|---|---|---|
| 7 | 五轴联动加工方式 | 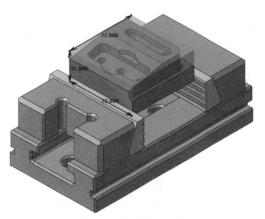 | T01 T02 | 使用 D8 立铣刀精加工图示凸台侧面 |

注：表 3-1 中部分符合常规工艺要求的内容被简写和省略，如平面铣削、定心钻、倒角等，本书后续章节的工艺分析也将对部分内容进行适当简写，重点突出软件编程功能的展示。

### 3.1.2　加工准备

加工准备一般包含机床准备、刀具准备和毛坯准备，此章案例选用的机床为配置了 AC 轴或 BC 轴结构的五轴加工中心；刀具准备需结合加工内容、加工工艺确定刀具种类和规格，同时需确定装夹刀具的刀柄规格型号，在随书电子资源的项目文件中有设置完成的刀具和刀柄信息；工件准备则需结合工艺和尺寸进行确定。

（1）刀具准备　在加工准备阶段需结合刀具材料和工件材料的性能选择刀具并设计切削参数，刀具材料的选择及合理应用十分重要，目前切削加工所用的刀具材料主要有高速钢、硬质合金、陶瓷、人造金刚石、立方氮化硼等。其中高速钢和硬质合金刀具材料应用最为广泛，本例的工件材料为 6061 铝合金，刀具则选择刃口锋利、直线度好、精度相对较高的冶金粉末类高速钢刀具，装夹不同刀具选用的刀柄种类规格在软件项目文件中设定列出。

完成刀具和刀柄的选择后，需根据工件的材质，从《金属切削手册》中查找切削速度、每齿进给量、切削深度和切削宽度，以此计算并确定刀具的转速、进给速度等，进而选择相应的刀具，Mastercam 软件有固定的刀具、刀柄库供选择使用，同时能够根据操作者提供的基本工艺参数自动计算出加工所需的主轴转速和进给速度。

（2）毛坯准备　毛坯准备需根据工件尺寸进行确定，包括毛坯尺寸、装夹方案、工件原点几个部分，此例中工件尺寸如图 3-3 所示，采用五轴机床可以一次装夹完成全部加工内容，毛坯选择 72mm×72mm×31mm 精料，装夹深度不得大于 15mm，采用自定心台虎钳夹紧毛坯，装夹方案如图 3-4 所示。

毛坯尺寸和装夹方案确定后需要确定工件在机床中的固定位置，即构建一个用于编写程序和输出 NC 代码的工件坐标原点，此例工件为近似对称图形，因此 XY 轴工件坐标原点设定在毛坯中心位置，在实际加工过程当中 Z 轴工件

图 3-4　零件装夹方案

坐标原点设置在毛坯上表面 "–0.2mm" 位置，BC 或 AC 回转轴原点为机床初始零位。

## 3.2 基本设定与过程实施

### 3.2.1 基本设定

模型输入

Mastercam 编程的基本设定操作与实际加工的准备工作相同，包含图纸模型、毛坯尺寸、刀具设定和工件坐标系设置等，正确完成基本设定的操作内容才能进行编程实施。

（1）模型输入　如图 3-5 所示项目文件打开方式，打开随书文件夹 "Mastercam 多轴编程与加工基础 / 案例资源文档 / 第三章 多轴编程与加工入门" 中的 "五轴编程与加工入门练习文档" 项目文件。

图 3-5　项目文件打开

坐标平面设置

（2）坐标平面设置　Mastercam 软件中的坐标平面包含三类，图 3-6 对话框中 "工作坐标系" 与实际加工中的工件坐标原点一致，两者与零件的位置关系相对应，多轴加工中 "工作坐标系" 一般设置为俯视图平面；"刀具平面" 一般指与刀具轴线垂直的工件表面，多轴加工中的定轴加工内容需改变刀具平面，以保证刀具轴线与被加工表面垂直；"绘图平面" 则对应图形绘制和建模过程中的不同绘图平面，编程时需要与 "刀具平面" 保持一致。

三轴加工时，一般选择俯视图对应的工件上表面中心点，即三轴加工工作坐标系与刀具平面相同，不需要特别设定，但多轴定轴加工时需要将刀具平面设定为与被加工轮廓的所在平面相同，保证零件二维轮廓所在平面的法向矢量与刀具轴线一致。通过前文 3.1.1 工艺分析可知，案例模型包含三轴加工内容、定轴加工内容和联动加工内容，无论哪种加工内容，工作坐标系只有一个，即工件上表面中心点，且与实际加工中工件坐标原点相同；定轴加工内容在 10° 的倾斜面上，需设定一个 10° 的刀具平面，用于定轴加工，在这里可以使用动态平面建立所需刀具平面。

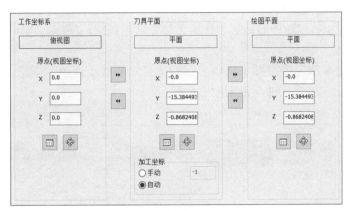

图 3-6　坐标平面设置

动态平面建立使用方法：如图 3-7 所示，单击绘图区左下角 坐标系指针图标，移动鼠标至图示 10° 倾斜加工平面，坐标系指针图标将跟随，观察坐标系指针 Z 轴正方向无误后，单击放置，完成刀具平面设定，并在左侧【新建平面】对话框中修改名称，设置完成后单击 确认平面建立。

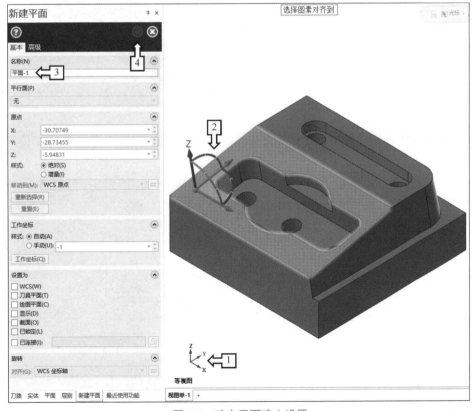

图 3-7　动态平面建立设置

### 3.2.2　三轴加工过程实施

根据前文"3.1.1 工艺分析"所述三轴加工内容，分别对工件外轮廓、键槽和孔进行加工，采用 2D 高速刀路、2D 外形铣削和孔加工等策略进行编程实施，具体操作步骤如下。

（1）平面粗加工

1）单击如图 3-8 所示【视图】选项卡中的【显示轴线】选项，确定工件的工作坐标系俯视图（WCS，C，T）在工件上表面中心位置。

平面粗加工

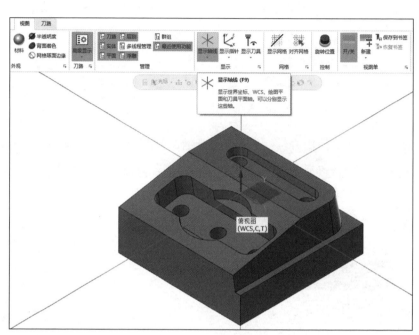

图 3-8　视图选项卡

2）在【刀路】选项卡中单击选择图 3-9 所示 2D 刀路选项中的【面铣】刀路策略选项。

图 3-9　铣削 2D 选项卡

3）如图 3-10 所示，在弹出的【实体串连】对话框中单击图标 ，如图选取模型底面，单击 完成选取。

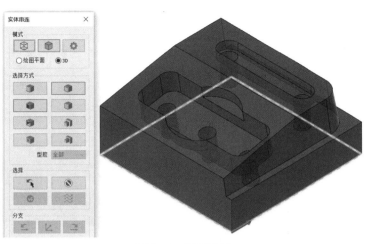

图 3-10 图素选择

4）在【2D 刀路—平面铣削】对话框中，点选【刀具】选项进行设置，单击选择"1号"刀具 $\phi$10 立铣刀。

5）在图 3-11 所示【2D 刀路—平面铣削】对话框中，对【切削参数】进行设置，【切削方式】设置为"双向"，其余参数设置如图。

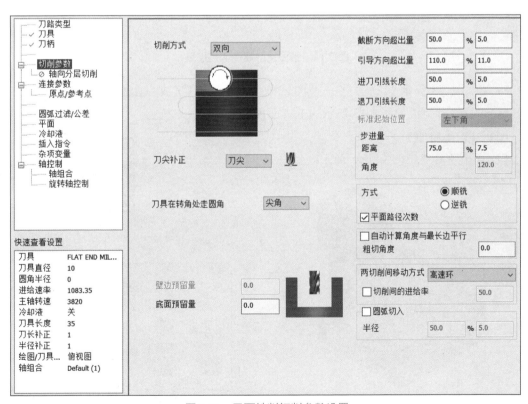

图 3-11 平面铣削切削参数设置

6）在图 3-12 所示【2D 刀路—平面铣削】对话框中，对【连接参数】选项进行参数设置，设置如图。

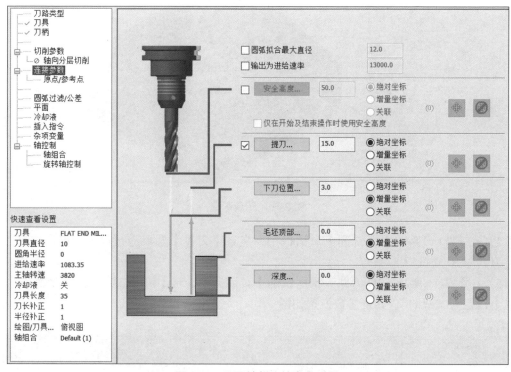

图 3-12　平面铣削连接参数设置

7）在图 3-12 所示【2D 刀路—平面铣削】对话框中完成以上设置后，单击确定图标 ，计算并生成如图 3-13 所示的上表面加工刀具路径。

（2）外轮廓粗加工

1）单击图 3-14 中的【动态铣削】选项。

外轮廓粗加工

图 3-13　平面铣削加工刀路

图 3-14　铣削 2D 选项卡

2）在弹出的【串连选项】对话框中单击选择自动范围图标 ，在弹出的【实体串连】对话框中单击实体面选取方式图标 ，如图 3-15 所示点选图示凸台轮廓底面，选取凸台轮廓线，并单击  完成选取。

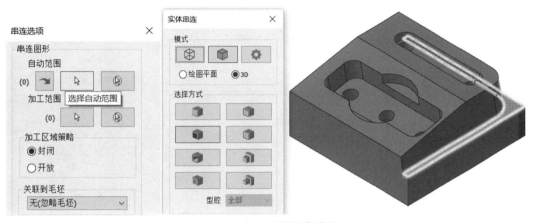

图 3-15　加工区域轮廓选取

3）在【2D 高速刀路—动态铣削】对话框中，单击选择【刀具】选项进行设置，单击选择"1 号"刀具 $\phi10$ 立铣刀。

4）在图 3-16 所示【2D 高速刀路—动态铣削】对话框中，对【切削参数】选项进行设置，分别在【壁边预留量】和【底面预留量】输入栏输入［0.2］和［0.1］。

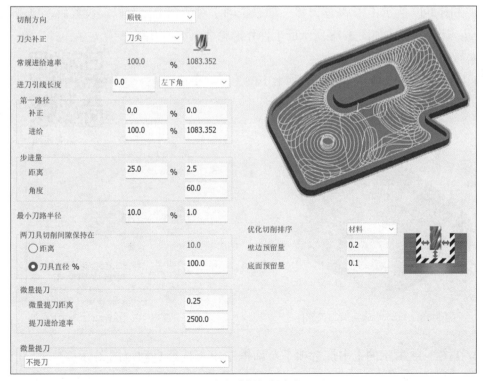

图 3-16　动态铣削切削参数设置

5）在图 3-17 所示【2D 高速刀路—动态铣削】对话框中，对【连接参数】选项进行设置，设置如图。

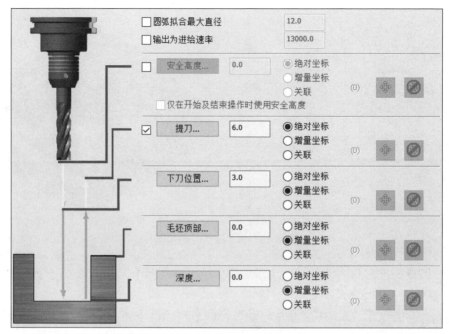

图 3-17　动态铣削连接参数设置

6）在图 3-17 所示【2D 高速刀路—动态铣削】对话框中完成以上设置后，单击确定图标 ✅，计算并生成如图 3-18 所示的工件外形轮廓粗加工刀路。

（3）外形轮廓底面精加工

1）单击如图 3-19 所示【2D】选项卡中的【区域】选项。

外形轮廓底面
精加工

图 3-18　外形轮廓粗加工刀路

图 3-19　铣削 2D 选项卡

2）在图 3-15 所示的【串连选项】对话框中单击选择自动范围图标 ⌕，在弹出的【实体串连】对话框中单击实体面选取方式图标 ▣，如图所示单击选择图示凸台轮廓底面，选取凸台轮廓线，并单击  完成选取。

3）在【2D 高速刀路—区域】对话框中，单击选择【刀具】选项进行设置，单击选择"2 号"刀具 φ8 立铣刀。

4）在图 3-20 所示【2D 高速刀路—区域】对话框中，对【切削参数】选项进行设置，在【壁边预留量】输入栏输入［0.2］。

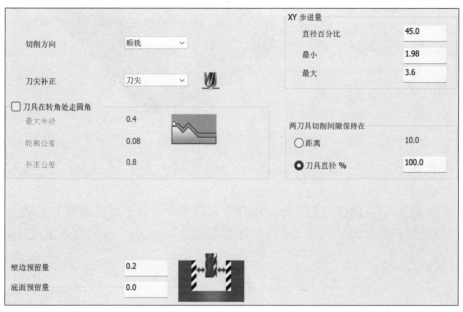

图 3-20　区域切削参数设置

5）在图 3-20 所示【2D高速刀路—区域】对话框中完成以上设置后，单击确定图标 ，计算并生成如图 3-21 所示的工件外形轮廓底面精加工刀路。

（4）键槽铣削加工

1）单击如图 3-22 所示【2D】选项卡中的【外形】选项。

键槽铣削加工

图 3-21　外形轮廓底面精加工刀路

图 3-22　铣削 2D 选项卡

2）如图 3-23 所示，在【实体串连】对话框中单击环选取方式图标 ，如图选取键槽轮廓线，并单击 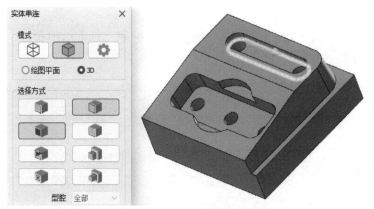 完成选取。

图 3-23　外形铣削轮廓选取

3）在【2D 刀路—外形铣削】对话框中，对【刀具】选项进行设置，单击选择"2 号"刀具 $\phi 8$ 立铣刀。

4）在图 3-24 所示【2D 刀路—外形铣削】对话框中，对【切削参数】选项进行设置，设置【外形铣削方式】为"斜插"，【斜插深度】设置为［1.0］，并且勾选【在最终深度处补平】。

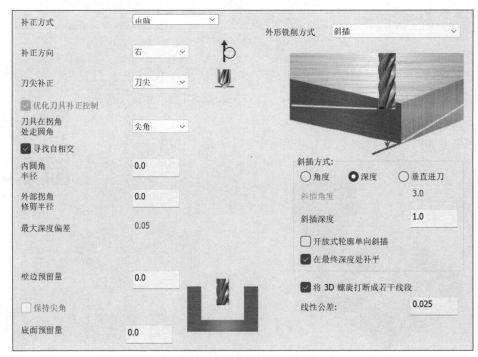

图 3-24　外形铣削切削参数设置

5）在图 3-25 所示【2D 刀路—外形铣削】对话框中，对【切削参数】选项的【进 / 退刀设置】进行设定，勾选【在封闭轮廓中点位置执行进 / 退刀】，在【重叠量】中输入［2.0］，实现在切入切出位置重叠切削 2mm，改善进退刀接刀痕迹，其他参数设置如图。

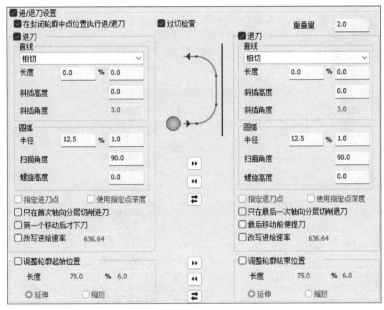

图 3-25　外形铣削进 / 退刀设置

6）在图 3-26 所示【2D 刀路—外形铣削】对话框中，对【径向分层切削】选项进行设置，勾选【径向分层切削】，并设置【粗切】与【精修】参数，设置如图所示。

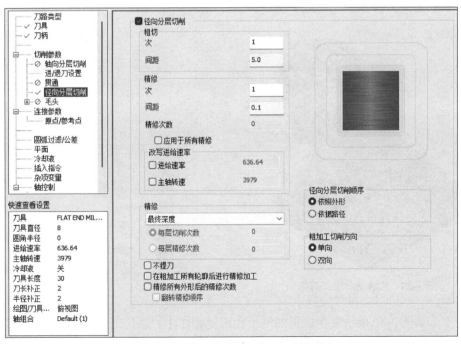

图 3-26　外形铣削径向分层切削设置

7）在图 3-27 所示【2D 刀路—外形铣削】对话框中，对【连接参数】选项进行设置，参数设置如图所示。

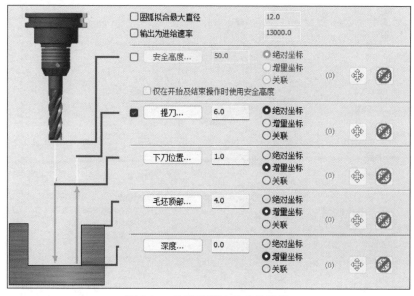

图 3-27　外形铣削连接参数设置

8）在图 3-27 所示【2D 刀路—外形铣削】对话框中完成以上设置后，单击确定图标 ，计算并生成如图 3-28 所示的键槽铣削加工刀路。

（5）定心孔加工

1）单击如图 3-29 中的【钻孔】选项。

定心孔加工

图 3-28　键槽铣削加工刀路

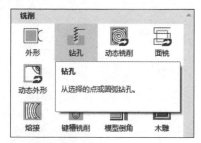

图 3-29　铣削 2D 选项卡

2）单击如图 3-30 所示腔槽底面的两个孔内壁，在【刀路孔定义】对话框中自动添加孔信息，完成两个孔选取后，单击 ⊘ 图标确认选取。

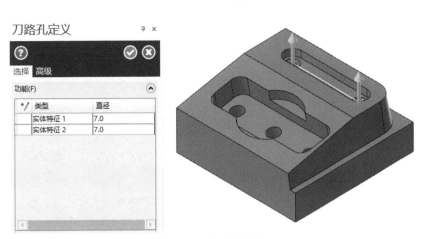

图 3-30　孔定义选取

3）在【2D—钻孔】对话框中，对【刀具】选项进行设置，单击选择"3 号"刀具 $\phi 8\_90$ 度定心钻。

4）在图 3-31 所示【2D—钻孔】对话框中，设置【切削参数】，将【循环方式】设置为"钻头 / 沉头钻"，其他参数设置如图示。

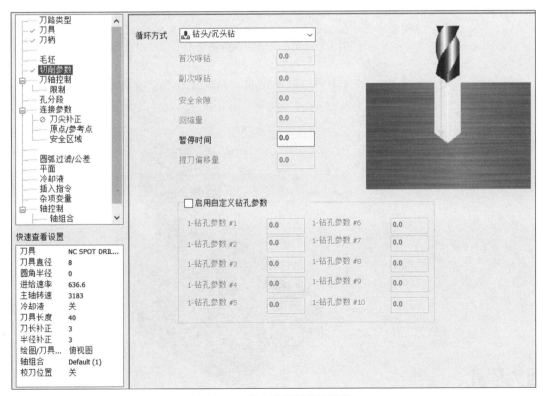

图 3-31　定心孔切削参数设置

5）在【2D—钻孔】对话框中，设置【刀轴控制】，将【输出方式】设置为"3 轴"。

6）在图 3-32 所示【2D—钻孔】对话框中，设置【连接参数】，将【深度】设置为【增量坐标】值为［–1.0］，实现定心深度"–1mm"。

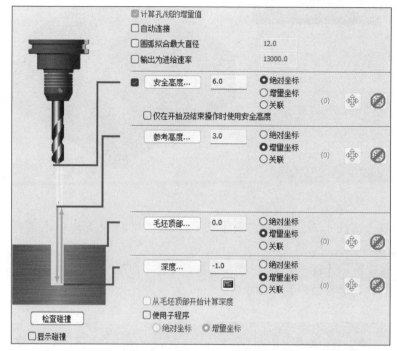

图 3-32　定心孔连接参数设置

7）在图 3-32 所示【2D—钻孔】对话框中完成以上设置后，单击确定图标 ⊘ ，计算并生成如图 3-33 所示的定心孔刀具路径。

图 3-33　定心孔刀路

钻孔加工

（6）钻孔加工

1）复制上一步刀路或重新单击【2D】选项卡中的【钻孔】选项。

2）如图 3-34 所示，单击选择两个实体孔，在【刀路孔定义】对话框中自动添加孔信息为实体特征，单击 ⊘ 图标确认选取。

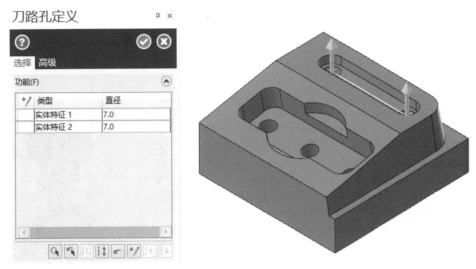

图 3-34　孔特征选取

3）在【2D—钻孔】对话框中，对【刀具】选项进行设置，点选 "4 号" 刀具 $\phi$7 钻头。

4）在图 3-35 所示【2D—钻孔】对话框中，设置【切削参数】，将【循环方式】设置为 "深孔啄钻（G83）"，【Peck】每次钻深输入 [1.0]，其他参数设置默认。

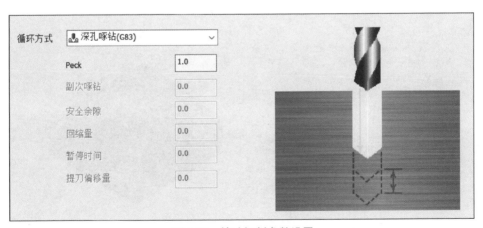

图 3-35　钻孔切削参数设置

5）在【2D—钻孔】对话框中，设置【刀轴控制】，将【输出方式】设置为 "3 轴"，其他参数设置默认。

6）在图 3-36 所示【2D—钻孔】对话框中，设置【连接参数】。

7）在图 3-36 所示【2D—钻孔】对话框中完成以上设置后，单击确定图标 ⊘ ，计算并生成如图 3-37 所示的钻孔刀具路径。

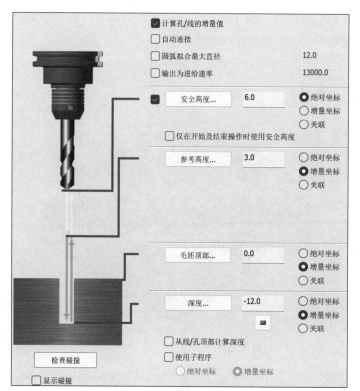

图 3-36  钻孔连接参数设置

图 3-37  钻孔刀路

完成上述设置后，得到图 3-38 所示的三轴加工内容的全部刀具路径。

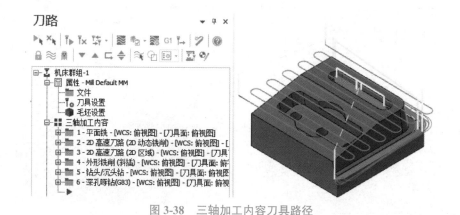

图 3-38  三轴加工内容刀具路径

### 3.2.3  定轴加工过程实施

根据前文"3.1.1 工艺分析"所述定轴加工内容，对工件 10° 倾斜平面和腔孔进行编程加工。如图 3-39 所示，打开【平面】管理面板，激活已经建立的"平面"定轴坐标系（点选 C，T），以实现刀具轴线垂直于 10° 倾斜平面和腔孔底面，这一操作步骤实际上是对刀具平面进行选择设置，保证后续编程操作均在该平面内进行。

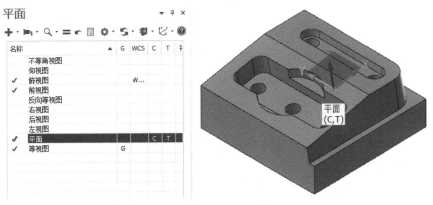

图 3-39 刀具平面选取

**1. 倾斜面加工**

1）单击图 3-40 所示【刀路】选项卡中的【毛坯模型】选项。

图 3-40 【刀路】选项卡

倾斜面加工

【操作技巧】

　　在【毛坯模型】对话框中，单击【原始操作】，然后单击选择"三轴加工内容"刀具群组的全部加工内容，计算并生成图 3-41 所示毛坯模型，该毛坯模型为前序加工刀具路径切削计算后生成的"残料毛坯"，一般用于验证加工效果。

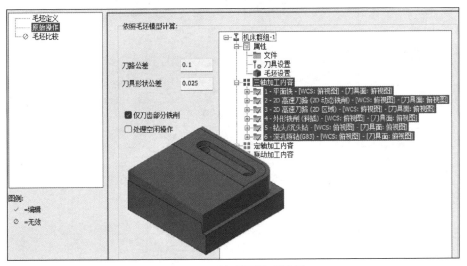

图 3-41 毛坯模型选项设置

2）单击图 3-9 所示【2D】选项卡中的【面铣】选项，激活【平面铣削】对话框。

3）单击图 3-42 所示【实体串连】对话框中外部开放边缘选择方式图标 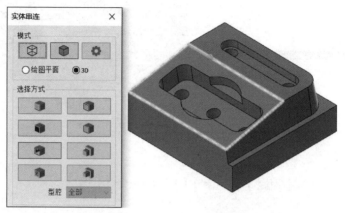，单击选择图示孔腔上表面，选取平面边界线。

图 3-42　平面边界线选取

4）在【2D 刀路—平面铣削】对话框中，对【刀具】选项进行选择设置，单击选择"1号"刀具 $\phi10$ 立铣刀。

5）在图 3-43 所示【2D 刀路—平面铣削】对话框中，对【切削参数】选项进行设置，【切削方式】设置为"动态"，在【底面预留量】输入栏输入［0.0］，其他参数设置默认。

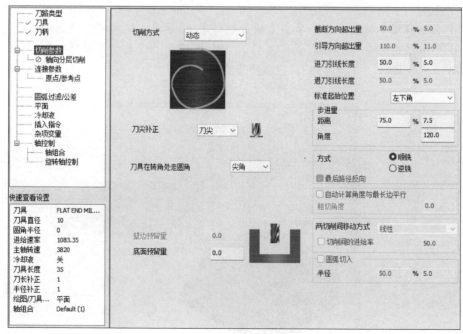

图 3-43　平面铣削切削参数设置

6）在图 3-44 所示【2D 刀路—平面铣削】对话框中，对【连接参数】选项进行设置，参数设置如图示。

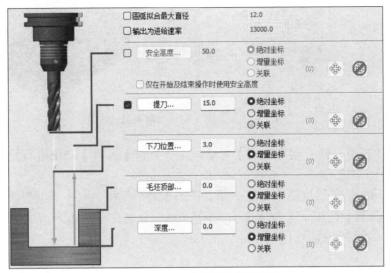

图 3-44　平面铣削连接参数设置

7）在图 3-44 所示【2D 刀路—平面铣削】对话框中完成以上设置，单击确定图标 ，计算并生成图 3-45 所示的工件 10° 倾斜面铣削刀具路径。

图 3-45　倾斜面铣削刀路

### 2. 倾斜面腔槽轮廓粗加工

1）单击图 3-14 所示【2D】选项卡中的【动态铣削】选项。

2）在弹出的【串连选项】对话框中单击选择自动范围图标 　，在弹出的【实体串连】对话框中单击选择实体面图标 　，如图 3-46 所示点选图示腔槽底面，选取腔槽轮廓线，并单击 　 完成选取。

倾斜腔槽轮廓
粗加工

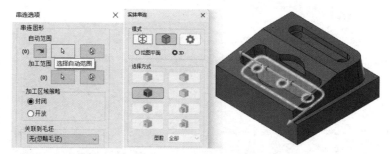

图 3-46　腔槽轮廓线选取

3）在【2D 高速刀路—动态铣削】对话框中，点选【刀具】选项进行设置，单击选择"1 号"刀具 $\phi$10 立铣刀。

4）在图 3-47 所示【2D 高速刀路—动态铣削】对话框中，对【切削参数】选项进行设置，设置【步进量】选项下【距离】为 [6.25] %，分别在【壁边预留量】和【底面预留量】输入栏输入 [0.2] 和 [0.1]。

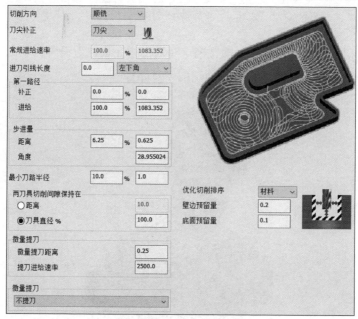

图 3-47　动态铣削切削参数设置

5）在图 3-48 所示【2D 高速刀路—动态铣削】对话框中，对【连接参数】选项进行设置，对【连接参数】选项进行参数设置，设置如图 3-48 所示。

6）在图 3-48 所示【2D 高速刀路—动态铣削】对话框中完成以上设置后，单击确定图标 ⊘ ，计算并生成如图 3-49 所示的工件腔槽轮廓粗加工刀具路径。

7）复制刀路或重新点选【动态铣削】选项，在弹出的【串联选项】对话框中单击选择自动范围图标 ▷ ，在弹出的【实体串联】对话框中单击图标 ▮ ，如图 3-50 点选图示凹台轮廓底面，选取凹台轮廓线，并单击 ⊘ 完成选取。

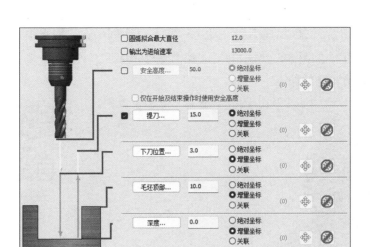

图 3-48　动态铣削连接参数设置

图 3-49　腔槽轮廓粗加工刀路

图 3-50　凹台轮廓线选取

8）在图 3-51 所示【2D 高速刀路—动态铣削】对话框中，对【连接参数】选项进行设置，参数设置如图所示。

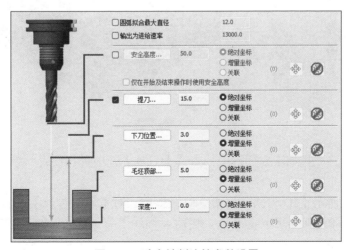

图 3-51　动态铣削连接参数设置

9）在图 3-51 所示【2D 高速刀路—动态铣削】对话框中完成以上设置后，单击确定图标  ，计算并生成如图 3-52 所示的工件腔槽轮廓粗加工刀具路径。

**3. 倾斜面腔槽轮廓精加工**

1）单击如图 3-53 所示【2D】选项卡中的【挖槽】选项。

倾斜面腔槽轮
廓精加工

图 3-52　腔槽轮廓粗加工刀路　　　　　　图 3-53　铣削 2D 选项卡

2）单击图 3-54【实体串连】对话框中外部共享边缘选择方式图标 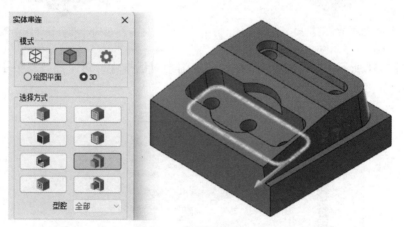 ，单击选择图示腔槽的底面选取轮廓线。

图 3-54　腔槽轮廓线选取

3）在【2D 刀路—挖槽】对话框中，点选【刀具】选项进行设置，单击选择"2 号"刀具 $\phi$8 立铣刀。

4）在图 3-55 所示【2D 刀路—挖槽】对话框中，对【切削参数】选项进行设置，分别在【壁边预留量】和【底面预留量】输入栏输入［0.0］和［0.0］，实际加工时需根据测量值和图样要求进行调整。

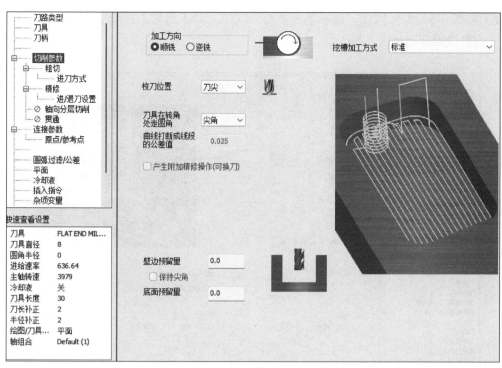

图 3-55　挖槽切削参数设置

5）在图 3-56 所示【2D 刀路—挖槽】对话框中，对【粗切】选项进行设置，参数设置如图。

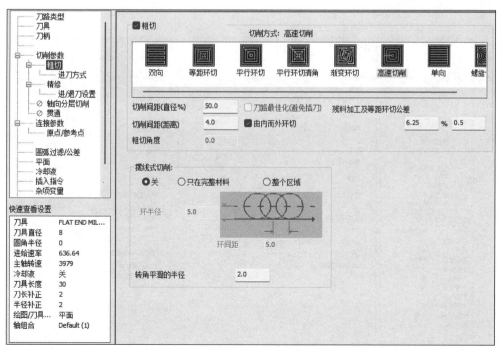

图 3-56　挖槽粗切设置

6）在图 3-57 所示【2D 刀路—挖槽】对话框中，对【粗切】选项下【进刀方式】进行设置，参数设置如图所示。

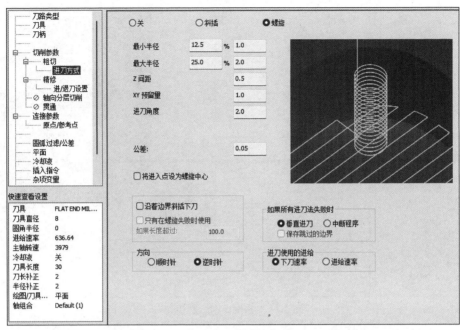

图 3-57　挖槽进刀方式设置

7）在图 3-58【2D 刀路—挖槽】对话框中，对【精修】选项下【进 / 退刀设置】进行设置，参数设置如图所示。

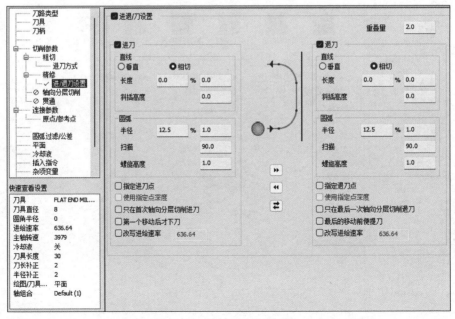

图 3-58　挖槽进 / 退刀设置

8）在图 3-59【2D 刀路—挖槽】对话框中，对【连接参数】选项进行参数设置，设置如图所示。

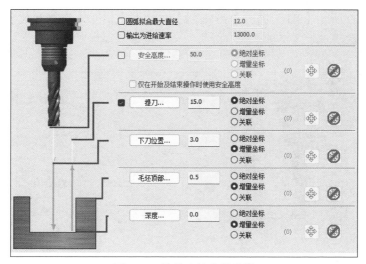

图 3-59 挖槽连接参数设置

9）在图 3-59 所示【2D 刀路—挖槽】对话框中完成以上设置后，单击确定图标 ✅ ，计算并生成如图 3-60 所示的腔槽轮廓侧壁与底面精加工刀具路径。

10）单击图 3-22 所示【2D】选项卡中的【外形】选项。

11）单击【实体串连】对话框中外部共享边缘选择方式图标 ，单击选择图 3-61 所示凹台的底面（此时系统会自动选取共享的轮廓线，需注意轮廓的串连方向）。图示"长箭头"表示刀具切削进给方向，"短箭头"则表示刀具在轮廓内侧，需要注意刀具在轮廓内侧时为保证顺铣切削，刀具切削进给方向应为逆时针方向。

图 3-60 腔槽轮廓侧壁与底面精加工刀路

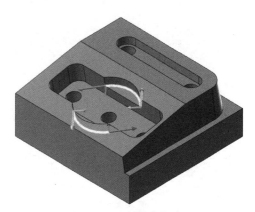

图 3-61 凹台轮廓线选取

12）在【2D 刀路—外形铣削】对话框中，对【刀具】选项进行选择设置，单击选择"2

号"刀具 $\phi 8$ 立铣刀。

13）在【2D 刀路—外形铣削】对话框中，对【切削参数】选项进行设置，确认【外形铣削方式】为"2D"，其余参数均为 [0.0]。

14）在图 3-62 所示【2D 刀路—外形铣削】对话框中，对【连接参数】选项进行设置，参数设置如图所示。

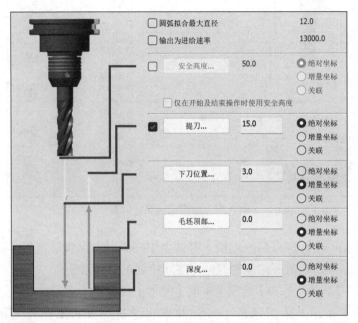

图 3-62　外形铣削连接参数设置

15）在图 3-63【2D 刀路—外形铣削】对话框中，对【切削参数】选项中的【进 / 退刀设置】进行设定，勾选【在封闭轮廓中点位置执行进 / 退刀】，设置进 / 退刀参数如图所示。

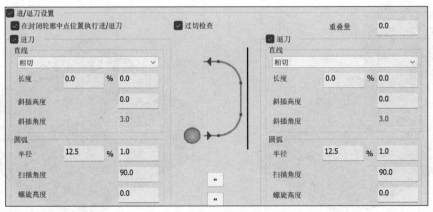

图 3-63　外形铣削进 / 退刀设置

16）在图 3-63 所示【2D 刀路—外形铣削】对话框中完成以上设置后，单击确定图标 ，计算并生成如图 3-64 所示的工件腔槽轮廓精加工刀具路径。

图 3-64 腔槽轮廓精加工刀路

### 4. 倾斜孔定心加工

1）单击如图 3-29 所示【2D】选项卡中的【钻孔】选项。

2）单击如图 3-65 所示腔槽底面的三个孔的侧壁，在【刀路孔定义】对话框中自动添加孔信息，如图所示完成三个孔选取后，单击 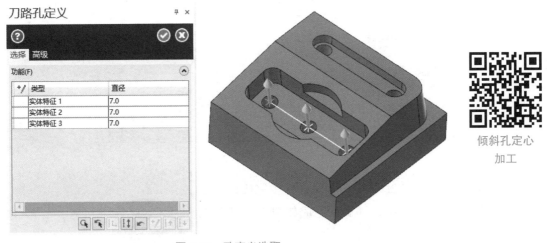 图标确认选取。

倾斜孔定心加工

图 3-65 孔定义选取

3）在【2D—钻孔】对话框中，对【刀具】选项进行选择设置，点选"3 号"刀具 $\phi 8\_90$ 度定心钻。

4）在【2D—钻孔】对话框中，设置【切削参数】，将【循环方式】设置为"钻头/沉头钻"，其他参数设置如图 3-66 所示。

5）在【2D—钻孔】对话框中，设置【刀轴控制】，将【输出方式】设置为"3 轴"。

6）在【2D—钻孔】对话框中，设置图 3-67 所示【连接参数】，勾选【安全高度】，其他参数设置如图所示。并勾选【连接参数】下【刀尖补正】。

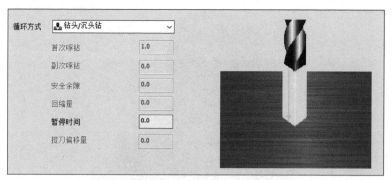

图 3-66　倾斜孔切削参数设置

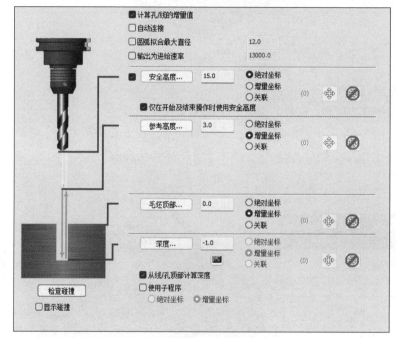

图 3-67　倾斜孔连接参数设置

7）在图 3-67 所示【2D—钻孔】对话框中完成以上设置后，单击确定图标 ，计算并生成如图 3-68 所示的倾斜孔刀具路径。

**5. 倾斜孔钻孔加工**

1）单击【2D】选项卡中的【钻孔】选项。

2）单击如图 3-65 所示腔槽底面的三个孔的侧壁，在【刀路孔定义】对话框中自动添加孔信息，如图所示完成三个孔选取后，单击 图标确认选取。

3）在【2D—钻孔】对话框中，对【刀具】选项进行

倾斜孔钻孔加工

图 3-68　倾斜孔刀路

选择设置，点选"4 号"刀具 $\phi$7 钻头。

4）在图 3-69 所示【2D—钻孔】对话框中，设置【切削参数】，将【循环方式】设置为"深孔啄钻（G83）"，【Peck】每次钻深输入 [1.0]，其他参数设置默认。

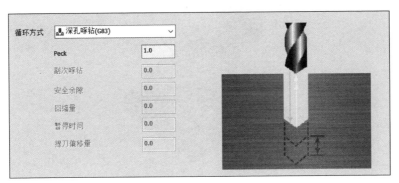

图 3-69　钻孔切削参数设置

5）在【2D—钻孔】对话框中，设置【刀轴控制】，将【输出方式】设置为"3 轴"，其他参数设置默认。

6）在【2D—钻孔】对话框中，设置如图 3-70 所示【连接参数】，勾选【安全高度】，其他参数设置如图所示。

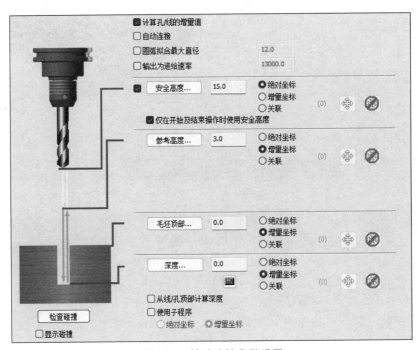

图 3-70　钻孔连接参数设置

7）在图 3-70 所示【2D—钻孔】对话框中完成以上设置后，单击确定图标 ，计算并生成如图 3-71 所示钻孔刀具路径。完成上述设置后得到如图 3-72 所示的定轴加工的全部刀具路径。

图 3-71　钻孔刀路

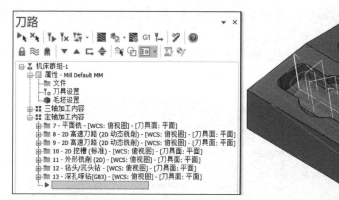

图 3-72　定轴加工的全部刀具路径

### 3.2.4　联动加工过程实施

凸台轮廓侧面
加工

1）在【平面】管理面板中，将平面勾选为【俯视图】，同时单击选择"WCS，C，T"使后续编程的工作坐标系、刀具平面和绘图平面转换至俯视图 XOZ 坐标平面。

2）在【多轴加工】刀路选项卡中单击选择图 3-73 所示【沿边】刀路策略选项。

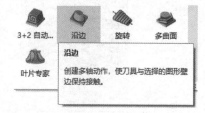

图 3-73　多轴加工选项卡

3）在【多轴刀路—沿边】对话框中，对【刀具】选项进行选择设置，单击选择"2 号"刀具 $\phi 8$ 立铣刀。

4）在图 3-74【多轴刀路—沿边】对话框中，对【切削方式】选项进行设置，单击选择【壁边】选项中的【曲面】方式，单击"图素选取"图标　，单击选择图示凸台轮廓侧面，单击"结束选择"选项，根据提示选择【第一曲面】，此时结合顺逆铣需求，选择 5 个曲面中的任意一个曲面作为刀具首先切入的曲面；然后根据提示选择【第一个较低的轨迹】，此处需要移动光标将箭头移动至图示位置后单击左键，在弹出的【设置边缘方向】对话框确认加工方向，确认无误后单击确定图标 ，完成壁边曲面的选取。

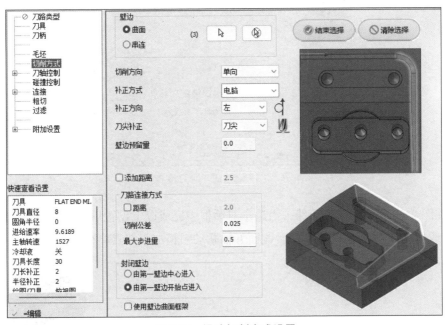

图 3-74　沿边切削方式设置

5）在【多轴刀路—沿边】对话框中，对图 3-75 所示【刀轴控制】进行设置，【输出方式】选择"5 轴"，其他参数设置如图所示。

6）在【多轴刀路—沿边】对话框中，对图 3-76 所示【碰撞控制】选项进行设置，【刀尖控制】选项中单击选择"底部轨迹"方式，其他参数设置如图所示。

图 3-75　沿边刀轴控制设置

图 3-76　沿边碰撞控制设置

7）在【多轴刀路—沿边】对话框中，对【连接】选项进行设置，勾选【安全高度】并设置为［30.0］，设置【参考高度】为［6.0］，【下刀位置】为［3.0］，单击选择【刀具直径】并设置为［300］%。单击展开【连接】选项，如图 3-77 设置【进/退刀】参数，参数设置如图所示。

8）在【多轴刀路—沿边】对话框中，设置图 3-78 所示【粗切】选项，勾选【径向分层切削】将"粗切"和"精修"参数设置如图所示，图示设置方式的计算结果将包含粗、精两条刀具轨迹。需要注意，当切削余量较小时不需要设置粗切参数。

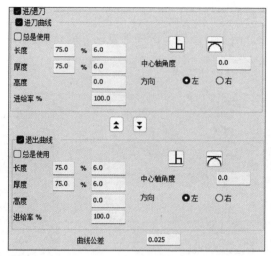

图 3-77　沿边进 / 退刀设置

9）在图 3-78 所示【多轴刀路—沿边】对话框中完成以上设置后，单击确定图标 ，计算并生成如图 3-79 所示的锥度凸台侧面五轴联动粗精加工刀具路径。

图 3-78　沿边径向分层切削设置

图 3-79　锥度凸台侧面五轴联动粗精加工刀路

### 3.2.5　五轴钻孔过程实施

工件包含三轴加工内容和定轴加工内容，在上述过程展示中，工件上的孔分别在两个不同的平面上进行编程加工。Mastercam 软件可以通过"五轴钻孔"方式自动识别孔的矢量轴线，自动转换不同刀具平面进行钻孔加工，使整个工件中不同平面上的钻孔更加便捷。此处展示出【五轴钻孔】加工策略的实施流程供参考：

五轴钻孔过程
实施

1）单击图 3-29 所示【2D】选项卡中的【钻孔】选项。

2）单击图 3-80 所示工件上的五个孔的侧面，在【刀路孔定义】对话框中自动添加孔信息，如图所示完成五个孔选取后，单击 ✅ 图标确认选取。

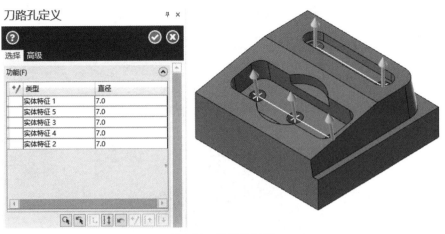

图 3-80　孔定义选取

3）在【2D—钻孔】对话框中，对【刀具】选项进行选择设置，单击选择"4号"刀具 $\phi$7 钻头。

4）在【2D—钻孔】对话框中，设置【切削参数】，将【循环方式】设置为"深孔啄钻（G83）"，【Peck】每次钻深输入［1.0］，其他参数设置默认。

5）在【2D—钻孔】对话框中，设置【刀轴控制】，将【输出方式】设置为"5轴"，其他参数设置默认。

6）在【2D—钻孔】对话框中，设置如图 3-81 所示【连接参数】，勾选【安全高度】，其他参数设置如图示。勾选【连接参数】选项下【安全区域】，并单击【定义形状】按钮。

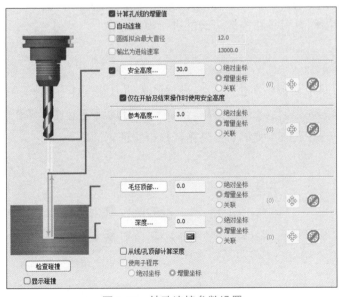

图 3-81　钻孔连接参数设置

7）在图 3-81 所示【2D—钻孔】对话框中完成以上设置后，单击确定图标 ，计算并生成如图 3-82 所示的五轴钻孔刀具路径。

图 3-82　五轴钻孔刀路

## 3.3　刀具路径验证与输出

　　完成全部刀具路径编制后，需要对刀具路径进行后置处理，输出数控机床能够执行的 NC 程序。五轴加工过程的机床运动比较复杂，加工过程中刀具系统、夹具系统和机床有可能发生干涉、碰撞等损坏机床的情况，因此需要对刀具路径进行验证，以保证后置处理 NC 程序的正确性。在 Mastercam 软件中有刀具路径模拟、实体切削验证和机床模拟验证三种方式，可以从不同的层面对刀具路径的正确性进行模拟验证。

### 3.3.1　刀具路径模拟

　　在图 3-83【刀路】面板中单击"切换显示已选的刀路操作"图标 ≈ ，在图 3-84 所示界面中显示出全部刀具路径，然后选择全部显示的刀具路径操作，单击"模拟已选择的操作"图标 ≋ ，打开如图 3-85 所示的刀具路径模拟验证对话框。

刀具路径模拟

图 3-83　刀路面板

　　在图 3-85 刀具路径模拟验证控制面板中，可以显示图示加工信息，可以操作图示工具条对刀具路径进行模拟验证。估计验证只能简单地观察刀具运动形式以及路径的总体状态，无法清楚地得到刀具路径的干涉、过切、碰撞等情况。

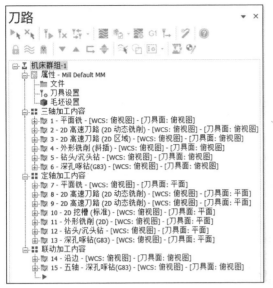

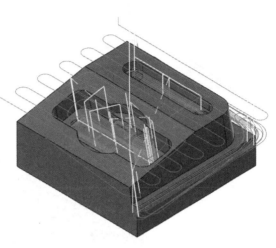

图 3-84　刀具路径显示

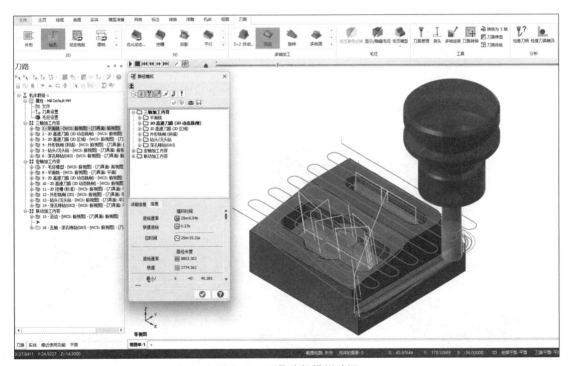

图 3-85　刀具路径模拟验证

## 3.3.2　实体切削验证

单击如图 3-83【刀路】面板所示的 "实体仿真所选操作" 图标 ，打开如图 3-86 所示实体仿真窗口，单击图示 "播放" 按键，执行切削仿

**实体切削验证**

真，得到如图 3-87 所示实体切削仿真验证结果，实体切削验证可以验证刀具系统与工件之间的过切、碰撞和干涉情况。

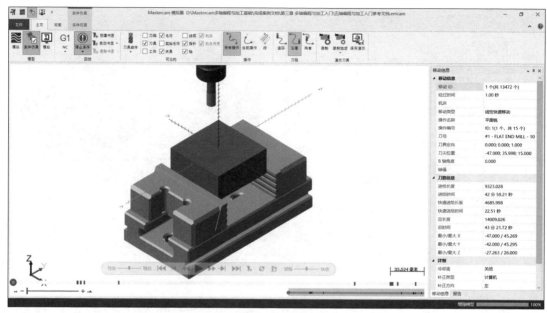

图 3-86　实体切削验证操作

图 3-87　实体切削仿真验证结果

### 3.3.3　机床模拟验证

单击图 3-88 所示【模型】选项卡中【模拟】选项，转换至"切换到机床模拟模式"方式，打开如图 3-89 所示机床模拟验证界面，单击"播放"按键进行机床模拟验证，得到如

图 3-90 所示结果。

图 3-88 机床模拟模式

机床模拟验证

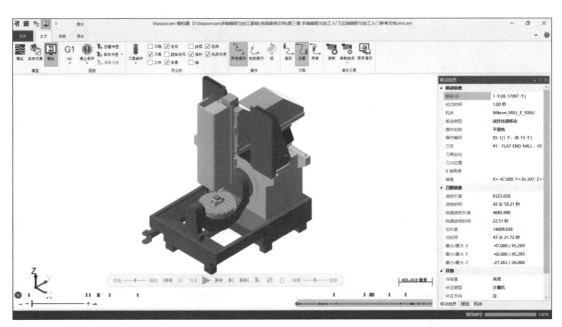

图 3-89 机床模拟验证

图 3-90 机床模拟验证结果

## 3.3.4 加工报表输出

在图 3-91 所示的【刀路】面板中选择全部刀具群组，右键单击显示图示菜单，单击"加工报表…"打开如图 3-92 所示【加工报表】设置对话框，进行图示参数设置，并单击确定图标 ，生成如图 3-93 所示加工报表报告。

加工报表输出

75

图 3-91　加工报表路径选取

图 3-92　加工报表参数设置

图 3-93　加工报表报告

# 第4章

## 四轴编程与加工应用

 本章知识点

➤ 典型四轴零件工艺分析及编程方法

➤ 四轴定轴加工策略及应用特点

➤ 四轴替换轴加工策略及应用特点

➤ 四轴刀轴控制方法及注意事项

　　四轴编程与加工属于多轴加工技术的一类。结合第 1 章四轴数控机床的结构和分类应用可知，一般四轴数控机床是在三轴机床上配置了可绕 X 轴回转的 A 轴转台。与五轴立式机床相比，四轴立式机床只有仰角刀轴自由度，没有方位角刀轴，因此四轴加工可实现三个线性轴和一个回转轴的四轴联动加工方式和 3+1 轴定轴加工方式。在加工内容方面，四轴机床多用于图 4-1 所示的四轴综合零件和图 4-2 所示的螺旋轴类零件的切削加工。

图 4-1　四轴综合零件

图 4-2　螺旋轴类零件

　　Mastercam 软件提供了丰富的四轴加工策略和方法，四轴定轴加工的思路为回转轴实现工件倾斜，线性轴对零件不同加工面上的特征进行三轴编程加工，以此形成 3+1 轴加工方式；而四轴联动编程加工则以回转轴曲面、螺旋槽、柱面腔槽轮廓等特征的联动切削为主。本章将以刀杆和复合回转体零件两个案例，介绍 3+1 定轴加工和四轴替换轴联动加工的实施方法。

## 4.1 四轴定轴编程加工方式

### 4.1.1 工艺分析与编程思路

图 4-3 所示刀杆毛坯模型为经过车削的刀杆棒料，需要铣削加工的内容为刀头部分的几何特征。头部特征为对称布置，采用 3+1 定轴方式可完成编程加工，完成一侧几何特征加工后，A 轴旋转 180° 进行第二侧相同几何特征的加工。两次加工内容相同，编程时只需编制一侧的刀具路径，采用软件【刀路转换】功能中的【旋转类型】对一侧刀路进行旋转编辑，可快速完成另一侧加工内容的刀路编制。

对图 4-4 所示刀杆进行特征拆分和工艺分析时，刀杆加工部位为对称结构，两侧加工内容相同，包含刀具排屑槽、刀片安装槽和刀槽尖角空刀孔。进行第一侧几何特征加工时，需要注意不同位置的刀具平面是否与工作坐标系各个平面一致，图示几何特征中，刀片安装槽底面具有一定角度，需要单独构建刀具平面用于刀路编制。排屑槽和刀槽尖角空刀孔与工作坐标系俯视图平行，可以旋转建立单独的刀具面，也可选择直接使用俯视图作为这两个几何特征编制刀路的刀具面。

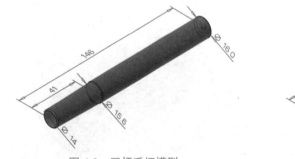

图 4-3　刀杆毛坯模型

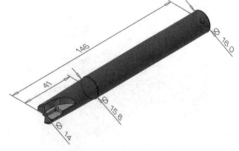

图 4-4　刀杆模型

3+1 定轴加工涉及的定轴在软件中的表现形式，就是在需要加工的特征底面构建新的坐标系，使坐标系 Z 轴与特征底面垂直，从而使刀具轴与需要加工的几何特征底面垂直。定轴程序输出为 NC 代码输入到数控机床后，机床 A 轴会首先旋转到刀具平面正交状态，完成回转轴的定轴操作，然后其余三个线性轴实施切削加工，以此实现 3+1 定轴加工方式。

通过以上分析可知，刀杆为标准四轴定轴加工案例，每一侧加工内容需要两次定轴完成加工，具体加工策略和工艺过程见表 4-1。

表 4-1　加工策略与工艺过程

| 工步号 | 加工策略 | 图示 | 刀具 | 加工内容 |
|---|---|---|---|---|
| 1 | 2D 高速刀路（2D 动态铣削） | | T01 D6 平铣刀 | 1）使用 D6 平铣刀，粗加工图示刀杆一侧排屑槽，底面及侧面余量均为 0.1mm；<br>2）将刀路转换到对侧，完成刀杆上另一侧排屑槽粗加工 |
| 2 | 深孔啄钻（G83） | | T03 D2.6 钻头 | 1）使用 D2.6 钻头，钻加工图示刀杆一侧刀槽尖角空刀孔；<br>2）将刀路转换到对侧，完成刀杆上另一侧刀槽尖角空刀孔 |
| 3 | 2D 高速刀路（2D 动态铣削） | | T01 D6 平铣刀 | 1）使用 D6 平铣刀，粗加工图示刀杆一侧刀片安装槽，底面及侧面余量为 0.1mm；<br>2）将刀路转换到对侧，完成刀杆上另一侧刀片安装槽粗加工 |
| 4 | 2D 高速刀路（2D 动态残料） | | T02 D2 平铣刀 | 1）使用 D2 平铣刀，半精加工图示刀杆一侧刀片安装槽，底面及侧面余量均为 0.1mm；<br>2）将刀路转换到对侧，完成刀杆上另一侧刀片安装槽半精加工 |
| 5 | 2D 高速刀路（2D 区域） | | T02 D2 平铣刀 | 1）使用 D2 平铣刀，精加工图示刀杆一侧排屑槽底面及侧面，余量均为 0；<br>2）将刀路转换到对侧，完成刀杆上另一侧排屑槽精加工 |
| 6 | 2D 高速刀路（2D 区域） | | T02 D2 平铣刀 | 1）使用 D2 平铣刀，精加工图示刀杆一侧刀片安装槽，余量均为 0；<br>2）将刀路转换到对侧，完成刀杆上另一侧刀片安装槽精加工 |

### 4.1.2 基本设定与过程实施

**1. 基本设定**

编程实施的基本设定操作包括模型导入、毛坯建立、刀具设定和坐标系设置，正确完成基本设定的操作内容才能进行程序编制。

（1）模型输入 如图 4-5 所示项目文件打开方式，打开随书文件夹"Mastercam 多轴编程与加工基础 / 案例资源文档 / 第四章 四轴编程与加工应用"中的"4.1 四轴定轴编程加工练习文档"项目文件。

**模型输入**

图 4-5　项目文件打开

（2）毛坯建立 在【刀路】管理面板中单击图 4-6 所示【毛坯设置】选项，打开【机床群组设置】对话框中的【毛坯设置】选项卡，单击选择添加图标 ，返回图形窗口。

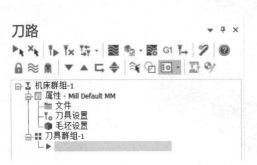

**毛坯建立**

图 4-6　毛坯设置

在图 4-7 所示【层别】管理面板中，点选 "2 号" 层至高亮状态，显示实体，单击选择实体作为毛坯，单击确定图标  ，完成毛坯设置。

图 4-7　图素毛坯设置

（3）刀具平面建立　本例为四轴定轴加工方式，需使刀具平面与被加工几何特征底面平行或者重合，以保证零件几何特征所在底面的法向矢量与刀具轴线一致。因此需根据刀杆待加工几何特征建立刀具平面。

如图 4-8 所示，设置刀片安装槽底面为 "斜度面"，刀槽尖角空刀孔和排屑槽圆弧轮廓底面为 "第一面"。

刀具平面建立

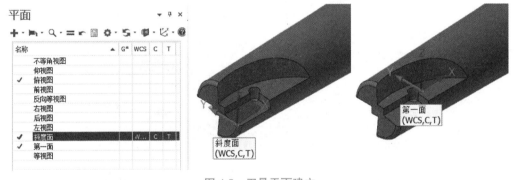

图 4-8　刀具平面建立

## 2. 四轴定轴加工过程实施

根据前文 "工艺分析与编程思路" 所述四轴定轴加工内容，分别对排屑槽圆弧面轮廓、空刀孔和装刀槽轮廓进行加工，采用 3D 高速刀路、深孔啄钻和曲面粗切挖槽等加工策略。

（1）双侧排屑槽粗加工

1）单击如图 4-9 所示【2D】选项卡中的【动态铣削】选项。

图 4-9　铣削 2D 选项卡

2）在图 4-10 所示【2D 高速刀路—动态铣削】对话框中，单击【串连图形】选项下【加工范围】选项下的选择加工串连图标  ，在弹出的

【实体串连】对话框中单击选择"边缘"图标 ，如图选取轮廓线，并单击  完成选取。

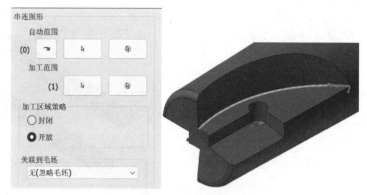

双侧排屑槽粗加工

图 4-10　动态铣削轮廓线选取

3）在【2D高速刀路—动态铣削】对话框中，对【刀具】选项进行选择设置，单击选择"1号"刀具。

4）在图 4-11 所示【2D 高速刀路—动态铣削】对话框中，对【切削参数】选项进行设置，将【壁边预留量】和【底面预留量】均设置为［0.1］，其余参数设置如图所示。

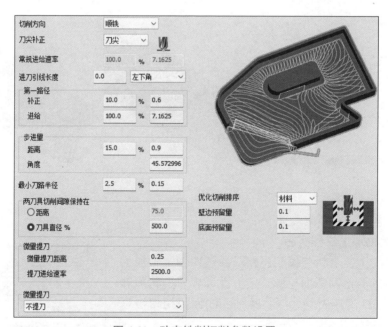

图 4-11　动态铣削切削参数设置

5）在图 4-12 所示【2D 高速刀路—动态铣削】对话框中，对【连接参数】选项进行设置，勾选【安全高度】选项，其余参数设置如图所示。

6）在图 4-12 所示【2D 高速刀路—动态铣削】对话框中完成以上设置后，单击确定图标 ，计算并生成如图 4-13 所示的排屑槽粗加工刀具路径。

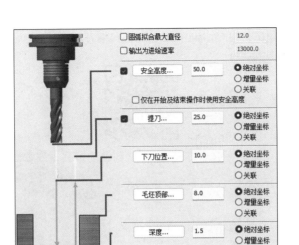

图 4-12　动态铣削连接参数设置

7）单击图 4-14 所示【工具】选项卡中的【刀路转换】选项。

图 4-13　排屑槽粗加工刀具路径

图 4-14　刀路转换

8）对弹出的【转换操作参数】对话框中【刀路转换类型与方式】进行设置，【类型】设置为【旋转】，【方式】设置为【刀具平面】，【来源】设置为【NCI】，【依照群组输出 NCI】设置为【操作类型】，【加工坐标系编号】设置为【维持原始操作】，【原始操作】如图 4-15 所示点选上一步所生成刀路。

9）对【转换操作参数】对话框中的【旋转】进行设置，设置如图 4-16 所示。

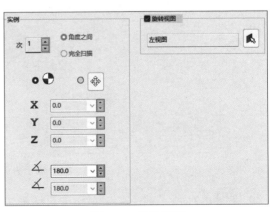

图 4-15　刀路转换类型与方式设置

图 4-16　旋转设置

10）在【转换操作参数】的对话框中完成以上设置后，单击确定图标 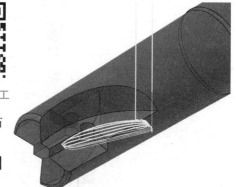，计算并生成如图 4-17 所示的双侧排屑槽粗加工刀具路径。

（2）双侧 D2.6 刀槽尖角空刀孔钻孔加工

1）如图 4-18 所示，在【平面】管理面板中单击激活"第一面"作为【刀具面】，单击图 4-19 所示【2D】选项卡中的【钻孔】选项。

2）单击图 4-20 所示孔棱边，在【刀路孔定义】对话框中自动添加孔信息，如图所示完成孔选取后，单击 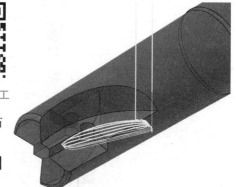 图标确认选取。

图 4-17　双侧排屑槽粗加工刀具路径

3）在【2D—钻孔】对话框中，对【刀具】选项进行选择设置，单击选择"3号"刀具。

图 4-18　平面管理面板

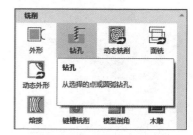

图 4-19　铣削 2D 选项卡

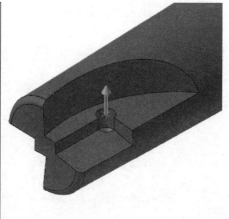

图 4-20　孔定义选取

4）在图 4-21 所示的【2D—钻孔】对话框中，设置【切削参数】，将【循环方式】设置为"深孔啄钻（G83）"，【Peck】每次钻深输入［1.0］，其余参数设置默认。

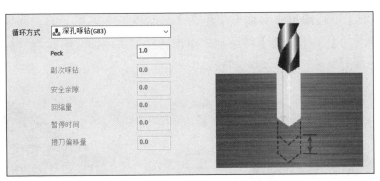

图 4-21　钻孔切削参数设置

5）在【2D—钻孔】对话框中，设置【刀轴控制】，将【输出方式】设置为"3 轴"，其余参数设置默认。

6）在图 4-22 所示【2D—钻孔】对话框中，设置【连接参数】,【深度】选择【绝对坐标】，设置为〔–6.0〕。

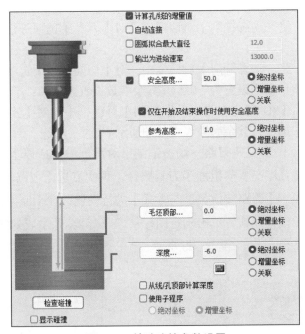

图 4-22　钻孔连接参数设置

7）在图 4-22 所示【2D—钻孔】对话框中完成以上设置后，单击确定图标 ，计算并生成钻孔刀具路径；再次单击选择【刀路转换】，在弹出的【转换操作参数】对话框中对【刀路转换类型与方式】进行设置。在【原始操作】中单击刚生成的钻孔刀具路径，其余参数设置默认，单击确定图标，计算并生成如图 4-23 所示的双侧刀槽尖角空刀孔钻孔刀具路径。

（3）双侧刀片安装槽轮廓粗加工

1）在【平面】管理面板中单击激活"斜度面"作为【刀具面】，单击图 4-9 所示【2D】选项卡中的【动态铣削】选项。

装刀槽粗加工

2）在弹出的【串连图形】对话框中单击【自动范围】选项下的"选择加工串连"图标 ，在弹出的【实体串连】对话框中单击选择"实体面"图标 ，按图4-24 选取轮廓线，并单击 ✔ 完成选取。

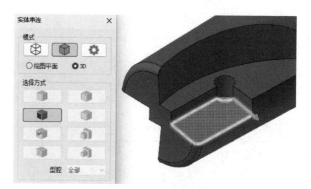

图4-23 双侧刀槽尖角空刀孔钻孔刀具路径

图4-24 动态铣削轮廓线选取

3）在【2D高速刀路—动态铣削】对话框中，对【刀具】选项进行选择设置，单击选择"2号"刀具。

4）在【2D高速刀路—动态铣削】对话框中，对【切削参数】选项进行设置，将【壁边预留量】和【底面预留量】均设置为［0.2］，其余参数设置默认。

5）在图4-25所示【2D高速刀路—动态铣削】对话框中，对【连接参数】选项进行设置，勾选【安全高度】选项，其余参数设置如图所示。

6）在图4-25所示【2D高速刀路—动态铣削】对话框中完成以上设置后，单击确定图标 ✔ ，计算并生成刀片安装槽粗加工刀具路径，再次点选【刀路转换】，在弹出的【转换操作参数】对话框中对【刀路转换类型与方式】进行设置，在【原始操作】中单击刚生成的刀具路径，其余参数设置默认，单击确定图标 ✔ ，计算并生成如图4-26所示的双侧刀片安装槽粗加工刀具路径。

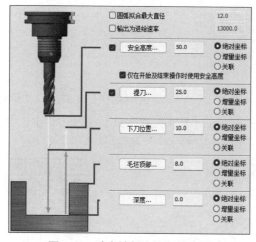

图4-25 动态铣削连接参数设置

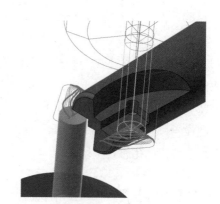

图4-26 双侧刀片安装槽粗加工刀具路径

（4）双侧倾斜面半精加工（2D 动态残料）

1）复制刀路或重新单击图 4-9 所示【2D】选项卡中的【动态铣削】选项。

2）在弹出的【串连图形】对话框中单击【自动范围】选项下的"选择加工串连"图标 ，在弹出的【实体串连】对话框中单击选择"实体面"图标 ，按图 4-24 选取轮廓线，并单击 完成选取。

3）在如图 4-27 所示【2D 高速刀路—动态铣削】对话框中对【毛坯】进行设置，勾选【剩余毛坯】，单击选择【所有先前的操作】并选择"指定操作"，选择上一步生成的粗加工路径。

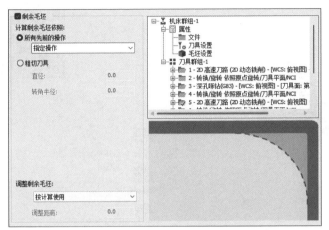

装刀槽半精加工

图 4-27　毛坯设置

4）在【2D 高速刀路—动态铣削】对话框中，对【刀具】选项进行选择设置，单击选择"1 号"刀具。

5）在图 4-28 所示【2D 高速刀路—动态铣削】对话框中，对【切削参数】选项进行设置，将【壁边预留量】和【底面预留量】均设置为［0.1］，其余参数设置如图所示。

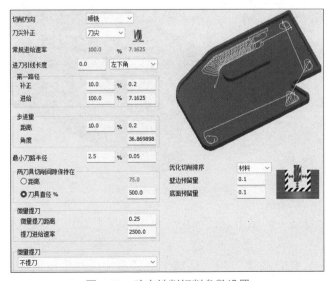

图 4-28　动态铣削切削参数设置

6）在图4-28所示【2D刀路—动态铣削】对话框中完成以上设置后，单击确定图标  ，计算并生成刀片安装槽半精加工刀具路径；再次单击选择【刀路转换】，在弹出的【转换操作参数】对话框中对【刀路转换类型与方式】进行设置，在【原始操作】中单击刚生成的刀具路径，其余参数设置默认，单击确定图标  ，计算并生成如图4-29所示的双侧刀片安装槽半精加工刀具路径。

（5）双侧排屑槽底面精加工

1）在【平面】管理面板中单击激活"俯视图"作为【刀具面】，单击图4-30所示【2D】选项卡中的【区域】选项。

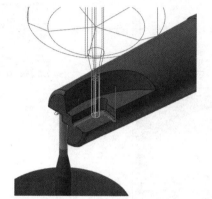

双侧排屑槽底面精加工

图4-29　双侧刀片安装槽半精加工刀具路径　　　　图4-30　铣削2D选项卡

2）在弹出的【串连图形】对话框中单击【自动范围】选项下的"选择加工串连"图标 ，在弹出的【实体串连】对话框中单击选择"实体面"图标 ，按图4-31选取轮廓线，并单击 完成选取。

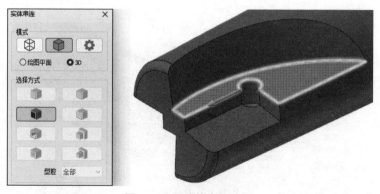

图4-31　区域轮廓线选取

3）在【2D高速刀路—区域】对话框中，单击选择【刀具】选项进行设置，单击选择"2号"刀具。

4）在图4-32所示【2D高速刀路—区域】对话框中，对【切削参数】选项进行设置，在【壁边预留量】输入栏输入［0.1］，避免伤及侧壁，其余参数设置如图所示。

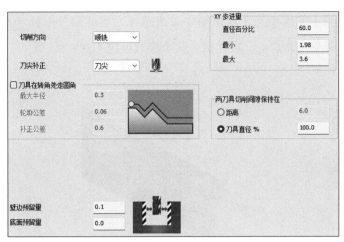

图 4-32　区域切削参数设置

5）如图 4-33 所示【2D 高速刀路—区域】对话框中，对【连接参数】选项进行设置，勾选【安全高度】选项，其余参数设置如图所示。

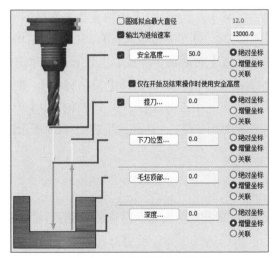

图 4-33　区域连接参数设置

6）在图 4-33 所示【2D 高速刀路—区域】对话框中完成以上设置后，单击确定图标 ，计算并生成排屑槽底面精加工刀具路径；再次单击选择【刀路转换】，在弹出的【转换操作参数】对话框中对【刀路转换类型与方式】进行设置，在【原始操作】中单击刚生成的刀具路径，其余参数设置默认，单击确定图标 ，计算并生成如图 4-34 所示的双侧排屑槽底面精加工刀具路径。

（6）双侧刀片安装槽底面精加工

1）在【平面】管理面板中单击激活"斜度面"作为【刀具面】，单击图 4-30 所示【2D】选项卡中的【区域】选项。

2）在弹出的【串连图形】对话框中点击【自动范围】选项下的"选择加工串连"图

标 ，在弹出的【实体串连】对话框中单击选择"实体面"图标 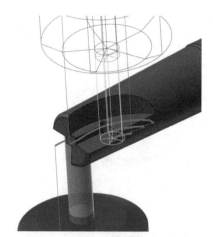，如图 4-24 所示选取轮廓线，并单击  完成选取，其余参数设置不变。

双侧刀片安装
槽底面精加工

图 4-34 双侧排屑槽底面精加工刀路

3）在【2D 高速刀路—区域】对话框中，【切削参数】选项下【XY 步进量】，设置【最小】为 [0.66]，【最大】为 [1.2]，其余参数设置同排屑槽底面精加工。

4）在【2D 高速刀路—区域】对话框中完成以上设置后，单击确定图标 ，计算并生成刀片安装槽底面精加工路径；再次单击选择【刀路转换】，在弹出的【转换操作参数】对话框中对【刀路转换类型与方式】进行设置，在【原始操作】中单击刚生成的刀具路径，其余参数设置默认，单击确定图标 ，计算并生成图 4-35 所示的双侧刀片安装槽底面精加工刀具路径。

### 4.1.3　刀具路径模拟

在图 4-36【刀路】面板中单击"切换显示已选的刀路操作"图标 ≋，在图 4-37 所示界面中显示全部刀具路径；然后选择全部显示的刀具路径操作，单击"模拟已选择的操作"图标 ≋，打开如图 4-38 所示的刀具路径模拟验证对话框。

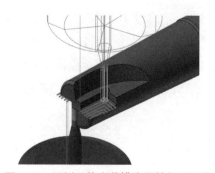

刀具路径模拟

图 4-35　双侧刀片安装槽底面精加工刀路

图 4-36　刀路面板

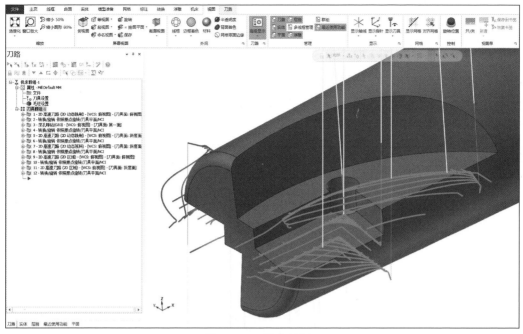

图 4-37　刀具路径显示

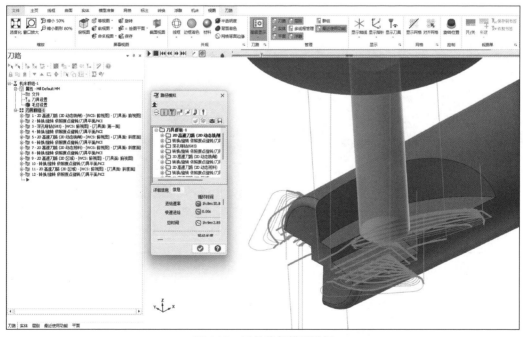

图 4-38　刀具路径模拟验证

在图 4-38 所示刀具路径模拟验证控制面板中，可以显示图示加工信息，操作图示工具条对刀具路径进行模拟验证。估计验证只能简单地观察刀具运动形式以及路径的总体状态，无法清楚得到刀具路径的干涉、过切、碰撞等情况。

### 4.1.4 实体切削验证

单击如图 4-36【刀路】面板所示的"实体仿真所选操作"图标 ，打开如图 4-39 所示实体仿真窗口，单击图示"播放"按键，执行切削仿真，得到如图 4-40 所示的实体切削仿真验证结果，实体切削验证可以验证刀具系统于工件之间的过切、碰撞和干涉情况。

实体切削仿真　　　　撞刀

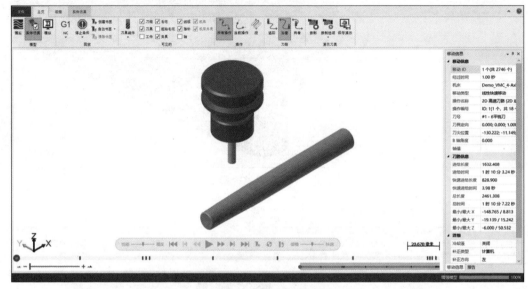

图 4-39　实体切削验证操作

图 4-40　实体切削仿真验证结果

## 4.2　四轴替换轴联动加工方式

## 4.2.1 工艺分析与编程思路

图 4-41 所示四轴复合零件的毛坯为经过车削的阶梯轴，需在四轴机床上完成加工的内容为 200mm 轴向长度内的几何特征，其中包括封闭柱面轮廓、开放柱面轮廓和螺旋槽三部分加工内容，全部轮廓均为柱面几何特征，绕轴线分布在 $\phi$80mm 的圆柱面上。Mastercam 软件处理此类零件的思路为沿着轴线"展开"和"缠绕"轮廓图素或刀具路径，基本的编程方式与三轴加工相同，即以零件的回转轴线为基准，将几何特征或轮廓图素展开至 2D 平面，然后按照三轴加工的策略和工艺，对展开后的 2D 轮廓进行刀路编制，或者直接选取三维模型的几何特征棱边，以 3D 刀路编程方式编制刀具路径。替换轴编程与三轴编程所用加工策略相同，区别在于替换轴编程勾选了【旋转轴控制】选项中的旋转方式为【替换轴】，将展开方向的线性轴替换为旋转动作，以此实现刀具路径的缠绕编制。四轴替换轴刀具的路径在实际切削过程中刀具轴自动指向零件的回转轴线。

对图 4-42 所示四轴复合零件进行特征拆分和工艺分析，在图示 200mm 轴向长度 $\phi$80mm 的圆柱面上有三部分加工内容，圆柱两侧面、开放外轮廓凸台、封闭外轮廓凸台、封闭内轮廓凹腔、螺旋槽和螺旋槽棱边倒角等特征分别进行粗加工和精加工，加工策略与工艺流程见表 4-2。

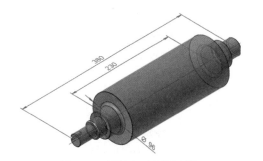

图 4-41 四轴复合零件毛坯

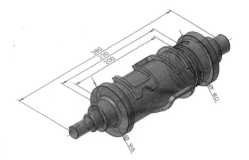

图 4-42 四轴复合零件模型

表 4-2 加工策略与工艺流程

| 工步号 | 加工策略 | 图示 | 刀具 | 加工内容 |
|---|---|---|---|---|
| 1 | 2D 高速刀路（2D 动态铣削） | | T01 D12R0.5 圆鼻刀 | 使用 D12R0.5 圆鼻铣刀，粗加工图示内腔轮廓，底面及侧壁余量均为 0.2mm |
| 2 | 2D 高速刀路（2D 动态铣削） | | T01 D12R0.5 圆鼻刀 | 使用 D12R0.5 圆鼻铣刀，粗加工图示外轮廓，底面及侧壁余量均为 0.2mm |

（续）

| 工步号 | 加工策略 | 图示 | 刀具 | 加工内容 |
|---|---|---|---|---|
| 3 | 外形铣削<br>（斜插） | | T03<br>D4R0.5<br>圆鼻刀 | 使用D4R0.5圆鼻铣刀，粗加工图示螺旋槽，底面及侧壁余量均为0.1mm |
| 4 | 外形铣削（2D） | | T02<br>D10平铣刀 | 使用D10平铣刀，精加工图示外轮廓侧壁，底面余量为0.05mm，侧壁余量为0mm |
| 5 | 外形铣削（3D） | | T02<br>D10平铣刀 | 使用D10平铣刀，精加工图示内腔轮廓侧壁，底面余量为0.05mm，侧壁余量为0mm |
| 6 | 外形铣削（2D） | | T04<br>D4平铣刀 | 使用D4平铣刀，精加工图示螺旋槽侧壁和底面，底面和侧壁余量均为0mm |
| 7 | 2D高速刀路<br>（2D区域） | | T02<br>D10平铣刀 | 使用D10平铣刀，精加工图示外部轮廓底面，底面余量为0mm，侧壁余量为0.02mm |
| 8 | 2D高速刀路<br>（2D区域） | | T02<br>D10平铣刀 | 使用D10平铣刀，精加工图示内腔轮廓底面，底面余量为0mm，侧壁余量为0.02mm |
| 9 | 外形铣削<br>（2D倒角） | | T05<br>D6C90<br>倒角刀 | 使用D6C90倒角刀，加工螺旋槽棱边C0.5倒角 |

## 4.2.2　基本设定与过程实施

### 1. 基本设定

（1）模型输入　图4-43所示为项目文件打开方式，打开随书文件夹"Mastercam多轴

编程与加工基础 / 案例资源文档 / 第四章 四轴编程与加工应用"中的"4.2 四轴替换轴编程
加工练习文档"项目文件。

图 4-43　项目文件打开

（2）毛坯建立　在【刀路】管理面板中单击如图 4-44 所示【毛坯设置】选项，打开
【机床群组设置】对话框中的【毛坯设置】选项卡，单击从选择添加图标 ，返回图形
窗口。

图 4-44　毛坯设置

在图 4-45 所示【层别】管理面板中，单击选择"5 号"层至高亮状态，显示实体，点选
实体用作毛坯，单击确定图标 完成毛坯设置。

**2. 替换轴加工过程实施**

使用 2D 平面图形缠绕功能时，需要先确认图形展开的外径尺寸，避免角度计算错误影
响路径生成。具体操作是将 3D 图形的边界通过缠绕的指令将其展开成 2D 平面图形。

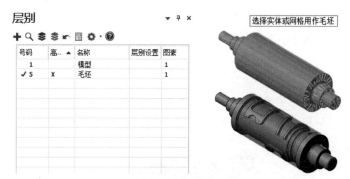

图 4-45　图素毛坯设置

缠绕与展开都需要通过线框的方式来进行，所以需使用线框选项卡中的曲线功能，提取实体中所需的线框图素。

（1）缠绕生成展开图素

1）在【层别】管理面板中，关闭所有层别显示，只保留"1号"模型层。

2）在【线框】选项卡中，单击如图 4-46 所示【曲线】选项卡中的【所有曲线边缘】策略选项。

图 4-46　曲线选项卡

3）如图 4-47 点选底面后，单击【结束选择】，并在【所有曲线边缘】管理面板中单击 图标确认选取。

图 4-47　肋板底面轮廓选取

4）单击【选取全部线框图素】图标 ，如图 4-48 所示，选中全部廓线后单击右键，在右键菜单中单击【更改层别】图标 ，如图 4-49 所示，在【更改层别】对话框中【选项】下单击选择【移动】，在【更改层别】对话框中【层别】选项下点击关闭【使用主层别】，并单击选择【层别】选项下【选择】按钮弹出【选择层别】对话框，单击选择"1号"图层，并单击 完成选取。在【更改层别】对话框中单击 完成移动。

图 4-48　图素选取

图 4-49　图素图层更改

5）在【转换】选项卡中，单击如图 4-50 所示【位置】选项中的【缠绕】功能选项。

6）如图 4-51 所示，在弹出的【线框串连】对话框中单击【选择方式】"串连"图标 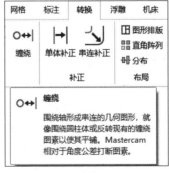，单击选择开放肋板轮廓及封闭肋板内外轮廓，选取肋板轮廓线，并单击 ✅ 完成选取。回到【缠绕】管理面板，设置【图素】选项，将【方式】选项设置为【移动】,【类型】选项设置为【展开】，设置【直径】选项为［80.0］，将【定位】选项下【角度】设置为［-90.0］，单击 ✅ 图标确认生成（可以适当调整角度值，至如图效果）；再次选取【缠绕】，选择螺旋槽底，设置【直径】选项为［72.0］,【定位】选项下【角度】设置为［-90.0］，单击 ✅ 图标确认生成；再使用相同

图 4-50　转换选项卡

的方式，将两侧边线展开，设置中将【角度】改为［-215.0］，展开后使用【工具】选项卡下的【修改长度】，单击选择【加长】数值设置为［5］；修改长度后，构造 2 条直线将其连接。展开后效果俯视图（局部）如图 4-52 所示。

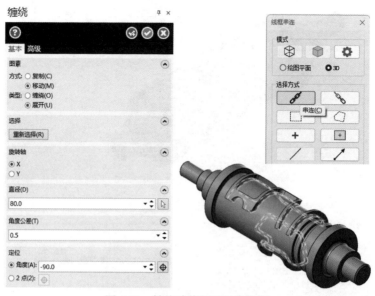

图 4-51　缠绕功能展开图素设置

缠绕生成展开
图素

图 4-52　线框展开俯视图（局部）

【操作技巧】

1. 两端廓线展开后，直线连接的目的是为后续粗加工创建轮廓，由于本示例使用模型为实体，故使用此方法。若使用片体模型，视个人情况而定。

2. 将两端廓线展开并延长 5mm，其目的是为了避免在后续粗加工时，因为留毛坯余量导致边框连接处有加工残留，影响后续加工刀具安全。

3 螺旋槽由于有倒角，所以不能选择上表面线框，需单独生成边界后展开。

4. 为方便后续加工选择，可将生成后的线框移动至不同层别，可参考图 4-53。

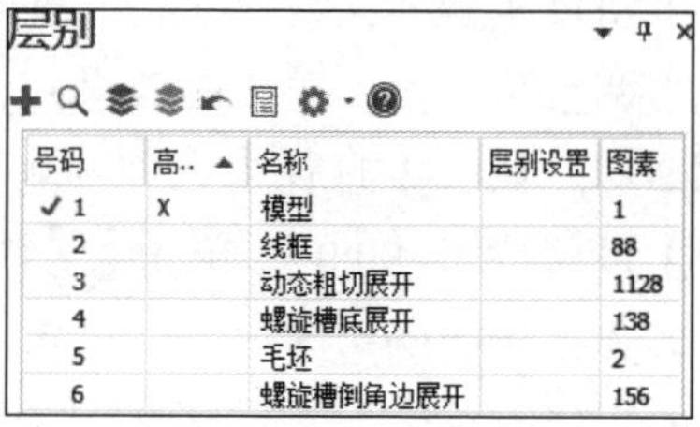

图 4-53　层别管理面板

（2）封闭柱面轮廓粗加工

1）单击图 4-54 所示【2D】选项卡中的【动态铣削】选项。

2）在图 4-55 所示【2D 高速刀路—动态铣削】对话框中，单击【串连图形】选项中【加工范围】选项下的"选择加工串连"图标 ，打开层别 3，如图选取封闭肋板内轮廓线，并单击  完成选取。

封闭柱面轮廓
粗加工

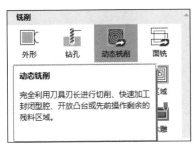

图 4-54 铣削 2D 选项卡

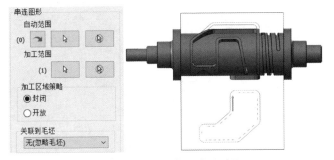

图 4-55 动态铣削轮廓线选取

【操作技巧】

选取串连模型时也可以使用自动范围，在此处使用自动范围和加工范围作用相同。

3）在【2D 高速刀路—动态铣削】对话框中，对【刀具】选项进行选择设置，单击选择"1号"刀具。

4）在图 4-56 所示【2D 高速刀路—动态铣削】对话框中，对【切削参数】选项进行设置，将【步进量】选项下距离设置为［10.0］%，将【壁边预留量】和【底面预留量】均设置为［0.2］。

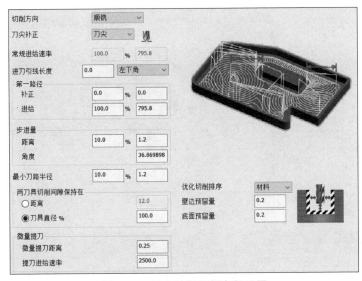

图 4-56 动态铣削切削参数设置

5）在图 4-57 所示【2D 高速刀路—动态铣削】对话框中，对【连接参数】选项进行设置，勾选【安全高度】选项，其余参数设置如图所示。

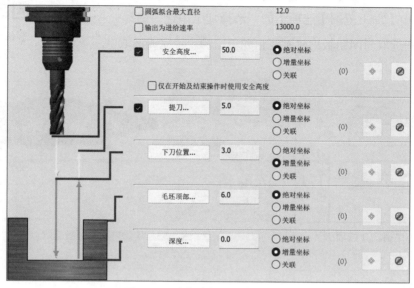

图 4-57　动态铣削连接参数设置

6）在图 4-58 所示【2D 高速刀路—动态铣削】对话框中，对【轴控制】选项下【旋转轴控制】进行设置，单击选择【旋转方式】选项为【替换轴】，单击选择【替换轴】选项为【替换 Y 轴】，单击选择【替换轴】选项下【旋转轴方向】为【顺时针】，设置【替换轴】选项下【旋转直径】为［80.0］。

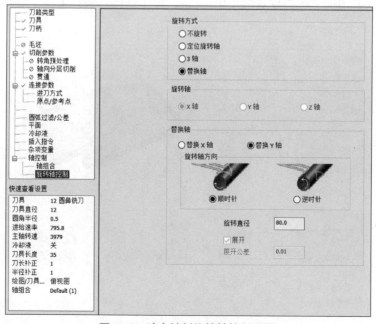

图 4-58　动态铣削旋转轴控制设置

7）在图 4-58 所示【2D 高速刀路—动态铣削】对话框中完成以上设置后，单击确定图标 ，计算并生成如图 4-59 所示的封闭柱面轮廓粗加工刀具路径。

（3）开放柱面轮廓粗加工

1）复制上一步刀路或重新单击策略，在弹出的【串连图形】对话框中，如图 4-60 所示单击【加工范围】选项下的"选择加工串连"图标，打开层别 3，按图 4-61 所示选取轮廓线，并单击 完成选取。单击【避让范围】选项下的"选择避让串连"图标，如图 4-62 选取避让肋板轮廓线，并单击 完成选取。

图 4-59　封闭柱面轮廓粗加工刀具路径

图 4-60　动态铣削轮廓线选取

开放柱面轮廓
粗加工

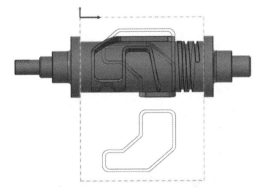

图 4-61　加工范围图素选择

图 4-62　避让范围图素选择

2）在【2D 高速刀路—动态铣削】对话框中完成以上设置后，单击确定图标 ，计算并生成如图 4-63 所示的开放柱面轮廓粗加工刀具路径。

（4）螺旋槽粗加工

1）单击如图 4-64 所示【2D】选项卡中的【外形】选项。

2）如图 4-65 所示，在弹出的【线框串连】对话框中单击【选择方式】"串连"图标，打开层别 4，单击选择螺旋槽轮廓，并单击 完成选取。

螺旋槽
粗加工

3）在【2D 刀路—外形铣削】对话框中，对【刀具】选项进行选择设置，单击选择"3 号"刀具。

图 4-63　开放柱面轮廓粗加工刀具路径

图 4-64　铣削 2D 选项卡

4）在图 4-66 所示【2D 刀路—外形铣削】对话框中，对【切削方式】选项进行设置，将【外形铣削方式】设置为"斜插"，将【底面预留量】设置为 [0.1]，其余参数设置如图所示。

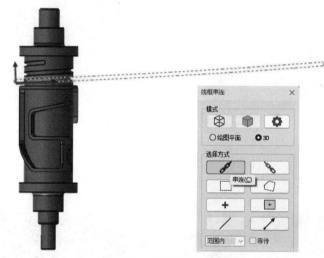

图 4-65　螺旋槽轮廓选取

图 4-66　外形铣削切削方式设置

5）在图 4-67 所示【2D 刀路—外形铣削】对话框中，对【切削参数】选项中的【进 / 退刀设置】进行设定，勾选【在封闭轮廓中点位置执行进 / 退刀】，其余参数设置如图所示。

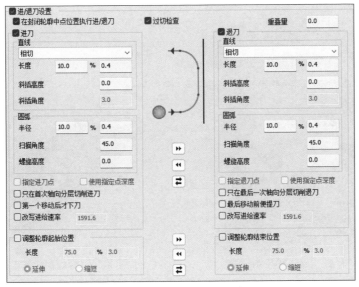

图 4-67　外形铣削进 / 退刀设置

6）在图 4-68 所示【2D 刀路—外形铣削】对话框中，对【连接参数】选项进行设置，勾选【安全高度】选项，其余参数设置如图所示。

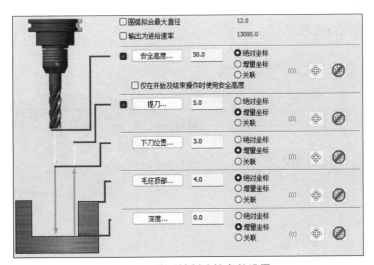

图 4-68　外形铣削连接参数设置

7）在图 4-69 所示【2D 刀路—外形铣削】对话框中，设置【轴控制】选项下的【旋转轴控制】，单击选择【旋转方式】选项为【替换轴】，单击选择【替换轴】选项为【替换 Y 轴】，点选【替换轴】选项下【旋转轴方向】为【顺时针】，设置【替换轴】选项下【旋转直径】为［72.0］，取消勾选【展开】。

8）在图 4-69 所示【2D 刀路—外形铣削】对话框中完成以上设置后，单击确定图

标 ，计算并生成如图 4-70 所示的螺旋槽粗加工刀具路径。

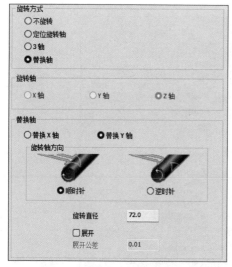

图 4-69 外形铣削旋转轴控制设置

图 4-70 螺旋槽粗加工刀具路径

（5）开放柱面轮廓精加工

1）单击如图 4-64 所示【2D】选项卡中的【外形】选项。

2）如图 4-71 所示，在弹出的【线框串连】对话框中单击【选择方式】"串连"图标 ，打开层别 3，单击选择开放肋板轮廓及封闭肋板外轮廓，如图选取肋板轮廓线，并单击 完成选取。

开放柱面轮廓
精加工

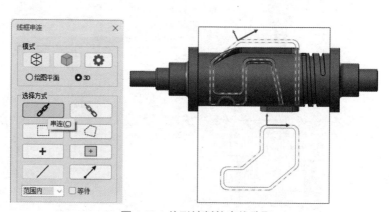

图 4-71 外形铣削轮廓线选取

3）在【2D 刀路—外形铣削】对话框中，对【刀具】选项进行选择设置，单击选择"2 号"刀具。

4）在图 4-72 所示【2D 刀路—外形铣削】对话框中，对【切削方式】选项进行设置，将【补正方式】设置为"电脑"，将【外形铣削方式】设置为"2D"，将【底面预留量】设置为 [0.05]，对肋板外侧壁进行精加工，刀具不切削轮廓底面。

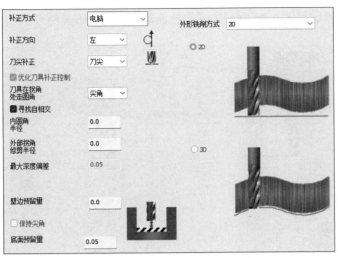

图 4-72　外形铣削切削方式设置

5）在图 4-73 所示【2D 刀路—外形铣削】对话框中，对【切削参数】选项中的【进 / 退刀设置】进行设定，勾选【在封闭轮廓中点位置执行进 / 退刀】，其余参数设置如图所示。

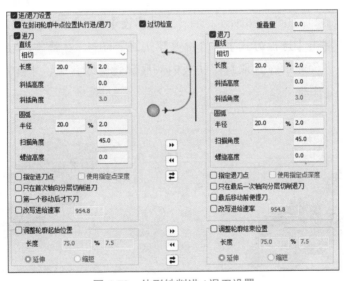

图 4-73　外形铣削进 / 退刀设置

6）在图 4-74 所示【2D 刀路—外形铣削】对话框中，对【连接参数】选项进行设置，勾选【安全高度】选项，其余参数设置如图所示。

7）在【2D 刀路—外形铣削】对话框中，对【轴控制】选项下【旋转轴控制】进行设置，单击选择【旋转方式】选项为【替换轴】，单击选择【替换轴】选项为【替换 Y 轴】，单击选择【替换轴】选项下【旋转轴方向】为【顺时针】，设置【替换轴】选项下【旋转直径】为［80.0］，取消勾选【展开】。

8）在图 4-74 所示【2D 刀路—外形铣削】对话框中完成以上设置后，单击确定图

标 ，计算并生成如图 4-75 所示的开放柱面轮廓精加工刀具路径。

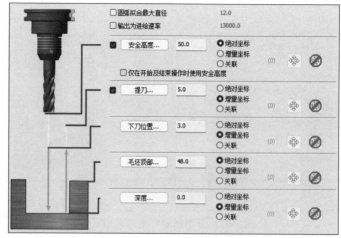

图 4-74　外形铣削连接参数设置

（6）封闭柱面轮廓精加工　创建替换轴加工路径时，可以使用 2D 平面图形缠绕生成刀具路径，也可以使用 3D 实体边界功能来生成刀具路径。

1）单击图 4-64 所示【2D】选项卡中的【外形】选项。

2）如图 4-76 所示，将【实体串连】对话框中的【模式】点选为【3D】，并单击【选择方式】"外部共享边缘"图标 单击选择图示封闭肋板底面轮廓，选取封闭肋板内侧底部轮廓线，确认串连箭头方向后，单击确定图标。

封闭柱面轮廓
精加工

图 4-75　开放柱面轮廓精加工刀具路径

图 4-76　外形铣削轮廓线选取

3）在【2D 刀路—外形铣削】对话框中，对【刀具】选项进行选择设置，单击选择"2 号"刀具。

4）在图 4-77 所示【2D 刀路—外形铣削】的对话框中，对【切削方式】选项进行设置，将【外形铣削方式】设置为"3D"，将【底面预留量】设置为［0.05］，对肋板内侧壁进行精加工，刀具不切削肋板内轮廓底面。

5）在图 4-78 所示【2D 刀路—外形铣削】对话框中，对【切削参数】选项中的【进 / 退刀设置】进行设定，勾选【在封闭轮廓中点位置执行进 / 退刀】，其余参数设置如图所示。

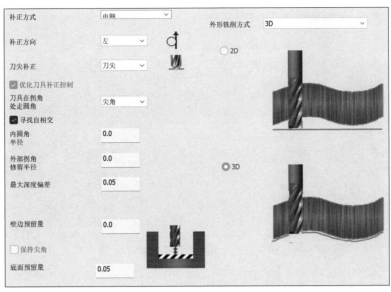

图 4-77　外形铣削切削方式设置

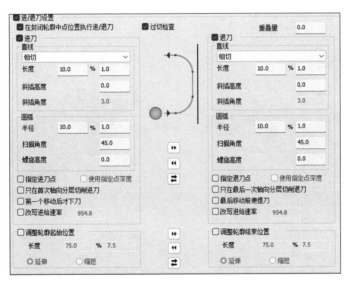

图 4-78　外形铣削进 / 退刀设置

6）在图 4-79 所示【2D 刀路—外形铣削】对话框中，对【连接参数】选项进行设置，勾选【安全高度】选项，其余参数设置如图所示。

7）在图 4-80【2D 刀路—外形铣削】对话框中，对【轴控制】选项下【旋转轴控制】进行设置，单击选择【旋转方式】选项为【替换轴】，单击选择【替换轴】选项为【替换 Y 轴】，单击选择【替换轴】选项下【旋转轴方向】为【顺时针】，设置【替换轴】选项下【旋转直径】为 [80.0]。勾选【展开】并设置【展开公差】为 [0.01]。

8）在图 4-80 所示【2D 刀路—外形铣削】对话框中完成以上设置后，单击确定图标 ，计算并生成如图 4-81 所示的封闭柱面轮廓精加工刀具路径。

107

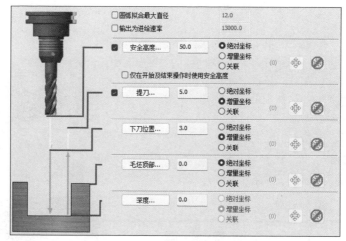

图 4-79 外形铣削连接参数设置

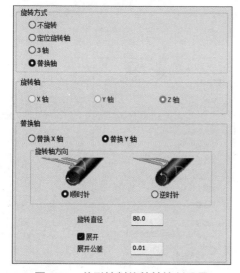

图 4-80 外形铣削旋转轴控制设置

图 4-81 封闭柱面轮廓精加工刀具路径

螺旋槽精加工

（7）螺旋槽精加工

1）单击图 4-64 所示【2D】选项卡中的【外形】选项。

2）在弹出的【线框串联】对话框中单击【选择方式】"串联"图标 ，单击选择螺旋肋板轮廓，按图 4-65 选取螺旋槽轮廓线，注意选取侧边方向时需如图设置，并单击 完成选取。

3）在【2D 刀路—外形铣削】对话框中，对【刀具】选项进行选择设置，单击选择"4 号"刀具。

4）在【2D 刀路—外形铣削】对话框中，对【切削方式】选项进行设置，将【底面预留量】设置为［0.0］，其余参数默认。

5）在【2D 刀路—外形铣削】对话框中如图 4-67 设置，对【切削参数】选项中的【进 / 退刀设置】进行设定，勾选【在封闭轮廓中点位置执行进 / 退刀】，设置进 / 退刀，其余参数设置如图所示。

6）如图 4-82 所示【2D 刀路—外形铣削】对话框中，对【连接参数】选项进行设置，勾选【安全高度】选项，其余参数设置如图所示。

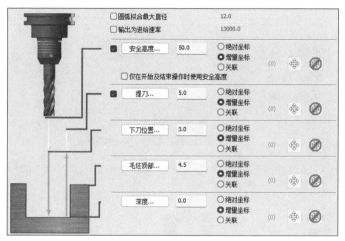

图 4-82　外形铣削连接参数设置

7）在【2D 刀路—外形铣削】对话框中，对【轴控制】选项下【旋转轴控制】进行设置，单击选择【旋转方式】选项为【替换轴】，单击选择【替换轴】选项为【替换 Y 轴】，单击选择【替换轴】选项下【旋转轴方向】为【顺时针】，设置【替换轴】选项下【旋转直径】为 [72.0]，取消勾选【展开】。

8）在【2D 刀路—外形铣削】对话框中完成设置后，单击确定图标 ，计算并生成如图 4-83 所示的螺旋槽精加工刀具路径。

（8）开放轮廓底面精加工

1）单击图 4-84 所示【2D】选项卡中的【区域】选项。

开放轮廓底面
精加工

图 4-83　螺旋槽精加工刀具路径

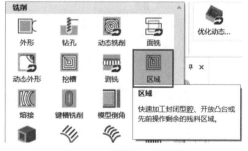

图 4-84　铣削 2D 选项卡

2）在弹出的【串联图形】对话框中，单击【加工范围】选项下的"选择加工串连"图标 ⟦ ⟧，打开层别 3，按图 4-61 选取轮廓线，并单击 ⊙ 完成选取。单击【避让范围】选项下的"选择避让串连"图标 ⟦ ⟧，按图 4-62 选取避让肋板轮廓线，并单击 ⊙ 完成选取。

3）在【2D高速刀路—区域】对话框中，点选【刀具】选项进行设置，点选"2号"刀具。

4）在图4-85所示【2D高速刀路—区域】对话框中，对【切削参数】选项进行设置，在【壁边预留量】输入栏输入 [0.02]，避免伤及精加工侧壁，其余参数设置如图所示。

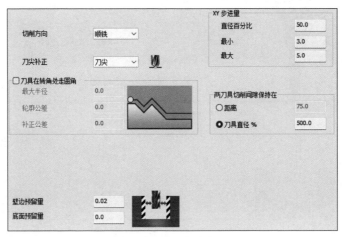

图4-85　区域切削参数设置

5）如图4-86所示【2D高速刀路—区域】对话框中，对【连接参数】选项进行设置，勾选【安全高度】选项，其余参数设置如图所示。

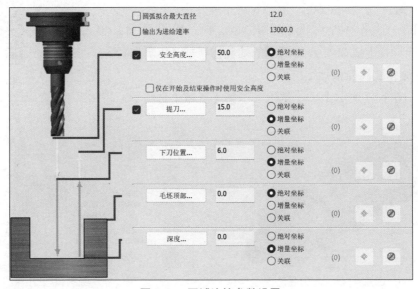

图4-86　区域连接参数设置

6）在图4-87所示【2D高速刀路—区域】对话框中，对【连接参数】选项进行设置，对【连接参数】选项下的【进刀方式】进行参数设置，设置【Z高度】为 [0.5]，【进刀角度】为 [1.0]。

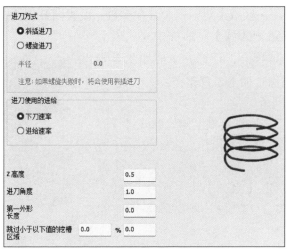

图 4-87　区域进刀方式设置

7）在图 4-88 所示【2D 高速刀路—区域】对话框中，对【轴控制】选项下的【旋转轴控制】进行设置，其余参数设置如图所示。

8）在图 4-88 所示【2D 高速刀路—区域】对话框中完成以上设置后，单击确定图标 ，计算并生成如图 4-89 所示的工件开放轮廓底面精加工刀具路径。

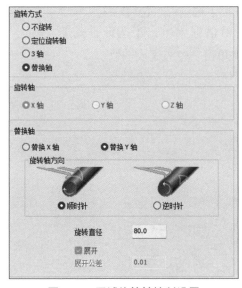

图 4-88　区域旋转轴控制设置

图 4-89　开放轮廓底面精加工刀路

（9）封闭轮廓底面精加工

1）复制上一步刀路或重新单击【2D】选项卡中的【区域】选项。

2）在弹出的【串连图形】对话框中，单击【加工范围】选项下的"选择加工串连"图标，打开层别 3，按图 4-71 选取封闭肋板内轮廓线并单击　完成选取。

封闭轮廓底面
精加工

3）在【2D 高速刀路—区域】对话框中其余参数，设置同开放轮廓底面精加工。

4）在【2D 高速刀路—区域】对话框中完成以上设置后，单击确定图标 ，计算并生成如图 4-90 所示的工件封闭轮廓底面精加工刀具路径。

（10）螺旋槽棱边倒角

1）由于倒角时需要选取螺旋槽上侧轮廓线进行倒角，所以需再次进行线框展开的操作。需如图 4-91 所示获取槽倒角内轮廓，由于倒角为 C0.5，所以在【缠绕】管理面板【展开】时，【直径】需设置为 [79.0]，【角度】设置为 [90.0]。螺旋线展开后如图 4-92 所示。

图 4-90　封闭轮廓底面精加工刀路

螺旋槽棱边倒角

图 4-91　螺旋槽轮廓选取

2）单击如图 4-64 所示【2D】选项卡中的【外形】选项。

3）如图 4-92 所示，在弹出的【线框串连】对话框中单击【选择方式】"串连"图标 ，点选展开后的螺旋槽倒角内轮廓，并单击 完成选取。

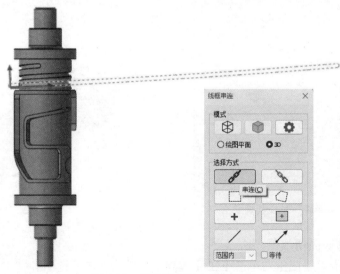

图 4-92　螺旋槽倒角内轮廓选取

4）在【2D 刀路—外形铣削】对话框中，单击选择【刀具】选项进行设置，单击选择"5 号"刀具。

5）在图 4-93 所示【2D 刀路—外形铣削】对话框中，对【切削参数】选项进行设置，将【外形铣削方式】选为"2D 倒角"，其余参数设置如图所示。

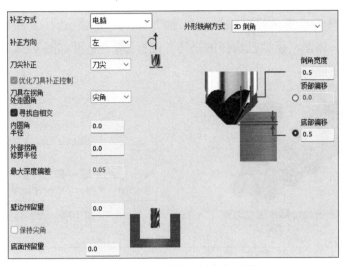

图 4-93　外形铣削切削参数设置

6）在图 4-94 所示【2D 刀路—外形铣削】对话框中，对【轴控制】选项下的【旋转轴控制】进行设置，其余参数设置如图所示。

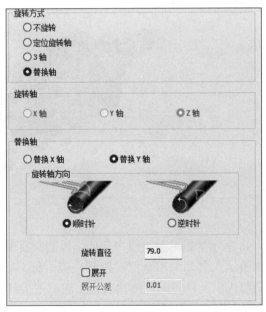

图 4-94　外形铣削旋转轴控制设置

7）在图 4-94 所示【2D 刀路—外形铣削】对话框中完成以上设置后，单击确定图标 ，计算并生成如图 4-95 所示的工件螺旋槽棱边倒角加工刀具路径。

### 4.2.3　刀具路径模拟

刀具路径模拟

在图 4-96【刀路】面板中单击"切换显示已选的刀路操作"图标 ≈，在图 4-97 所示界面中显示全部刀具路径，然后选择全部显示的刀具路径操作，单击"模拟已选择的操作"图标 ≋，打开如图 4-98 所示轨迹模拟验证对话框。

图 4-95　螺旋槽棱边倒角加工刀路

图 4-96　刀路面板操作

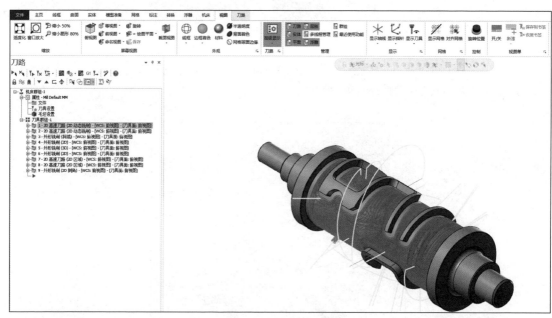

图 4-97　刀具路径显示

实体切削验证

图 4-98 所示为刀具路径模拟验证，控制面板中可以显示图示加工信息，可以操作图示工具条对刀具路径进行模拟验证。估计验证只能简单地观察刀具运动形式以及路径的总体状态，无法清楚得到刀具路径的干涉、过切、碰撞等情况。

### 4.2.4　实体切削验证

单击如图 4-96【刀路】面板所示的"实体仿真所选操作"图标 🔩，打开如图 4-99 所示实体仿真窗口，单击图示"播放"按键，执行切削仿真，得到如图 4-100 所示实体切削仿真验证结果，实体切削验证可以验证刀具系统于工件之间的过切、碰撞和干涉情况。

图 4-98　刀具路径模拟验证

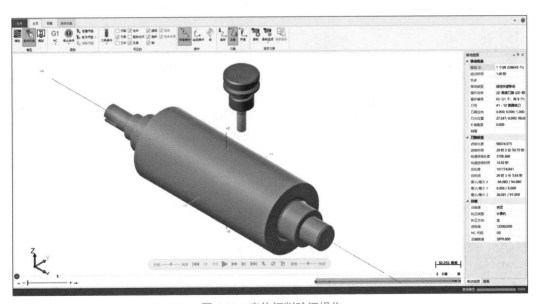

图 4-99　实体切削验证操作

图 4-100　实体切削仿真验证结果

# 多轴加工策略应用

➤ Mastercam 多轴编程策略及特点

➤ Mastercam 多轴编程策略参数设置方法

➤ Mastercam 多轴编程策略应用技巧

## 5.1 曲线加工策略

模型输入

（1）模型输入　如图 5-1 所示项目文件打开方式，打开随书文件夹"Mastercam 多轴编程与加工基础 / 案例资源文档 / 第五章　多轴加工策略应用"中的"5.1 曲线加工策略练习文档"项目文件。

（2）曲线加工

1）在【刀路】选项卡中，单击图 5-2 所示多轴加工选项中的【曲线】刀路策略选项。

2）在【多轴刀路—曲线】对话框中，对【刀具】选项进行选择设置，单击选择"1 号"刀具。

曲线加工

3）在图 5-3 所示【多轴刀路—曲线】对话框中，对【切削方式】选项进行设置，【曲线类型】选项设置为"3D 曲线"，单击其右侧的选择图素图标 ，打开层别 1，选择曲线图素，单击【结束选择】，勾选【添加距离】并设置为 [2.5]，其余参数设置如图所示。

4）在图 5-4 所示【多轴刀路—曲线】对话框中，对【刀轴控制】进行设置，【刀轴控制】选项设置为"曲面"，单击其右侧的选择图素图标 ，打开层别 3，如图选择曲面图

素，单击【结束选择】，将【输出方式】设置为"5 轴"，其余参数设置默认。

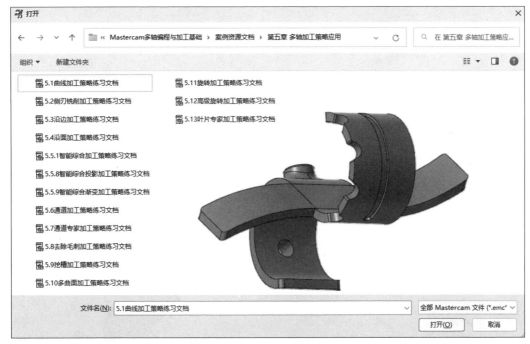

图 5-1　项目文件打开

图 5-2　多轴加工选项

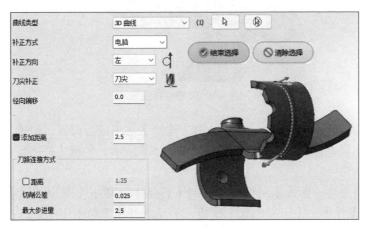

图 5-3　曲线切削方式设置

图 5-4　曲线刀轴控制设置

5）在图 5-5 所示【多轴刀路—曲线】对话框中，对【碰撞控制】选项进行设置，单击选择【在补正曲面上】，单击其右侧的选择图素图标 ，如右图选择曲面，单击【干涉曲面】右侧选择图素图标 ，如下图选择干涉面，其余参数设置默认。

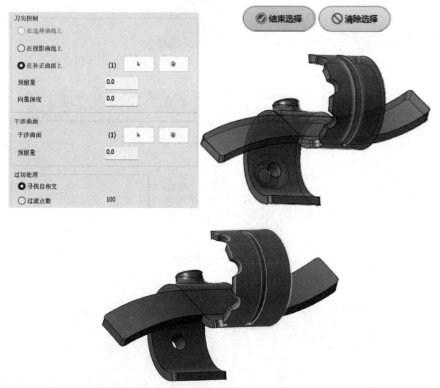

图 5-5　碰撞控制设置

6）在【多轴刀路—曲线】对话框中，对【连接】选项进行设置，勾选【安全高度】，对【连接】选项下【进 / 退刀】选项进行设置，如图 5-6 所示，勾选【进 / 退刀】，参数设置如图所示。

7）在【多轴刀路—曲线】对话框中，对【连接】选项下【安全区域】选项进行设置，勾选【安全区域】并单击【定义形状】按钮，手动选择模型单击【确定选择】，其余参数设置默认。

8）在图 5-7 所示【多轴刀路—曲线】对话框中，对【粗切】选项进行设置，勾选【轴向分层切削】，参数设置如图所示。

9）在【多轴刀路—曲线】对话框中完成以上设置后，单击确定图标 ，计算并生成如图 5-8 所示的曲线加工路径。

图 5-7　粗切设置

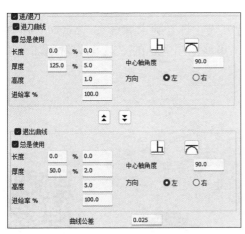

图 5-6　曲线进 / 退刀设置

图 5-8　曲线刀具路径

【操作技巧】

1. 此例沟槽加工的【曲线类型】除【3D 曲线】方式，也可以使用如图 5-9 所示的【所有曲面边缘】方式，详细的设定方式可以参考已经完成的参考文档。

2. 需要注意 Mastercam 对实体面和曲面有区分，操作时如不能选中槽底曲面，则需构建曲面或者提取实体面生成曲面才能选取。

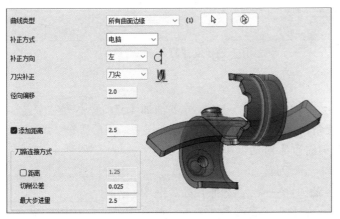

所有曲面边缘

图 5-9　所有曲面边缘方式设置

## 5.2 侧刃铣削加工策略

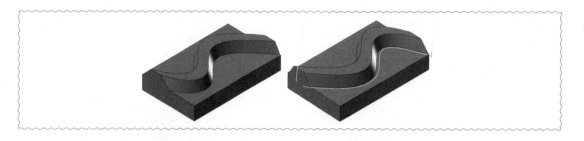

（1）模型输入　图 5-10 所示为项目文件打开方式，打开随书文件夹"Mastercam 多轴编程与加工基础 / 案例资源文档 / 第五章 多轴加工策略应用"中的"5.2 侧刃铣削加工策略练习文档"项目文件。

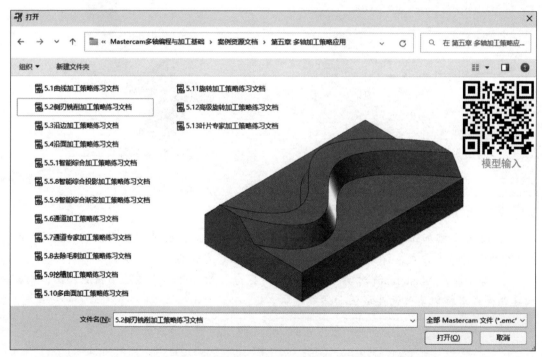

图 5-10　项目文件打开

（2）侧刃铣削加工

1）在【刀路】选项卡中，单击如图 5-11 所示多轴加工选项中的【侧刃铣削】刀路策略选项。

2）在【多轴刀路—侧刃铣削】对话框中，对【刀具】选项进行选择设置，单击选择"1 号"刀具。

3）在图 5-12 所示【多轴刀路—侧刃铣削】对话框中，对【切削方式】选项进行设置。在【选择图形】选项下，单击【沿

图 5-11　多轴加工选项

边几何图形】右侧的选择图素图标 ，如图选择侧面曲面图素。勾选【底面几何图形】，单击其右侧的选择图素图标 ，如图选择底面图素。勾选【曲面质量】选项下【最大距离】并设置为 [0.5]，其余参数设置默认。

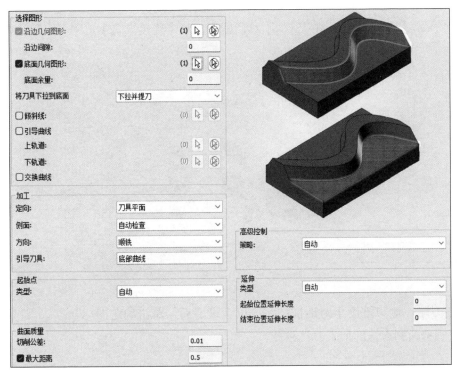

图 5-12  侧刃铣削切削方式设置

4）在图 5-13 所示【多轴刀路—侧刃铣削】对话框中，对【刀轴控制】选项进行设置，选择【输出方式】为 "5 轴"，勾选【尽量减少旋转轴的变化】，其余参数设置如图所示。

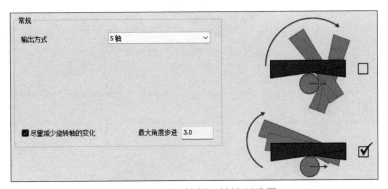

图 5-13  侧刃铣削刀轴控制设置

5）在图 5-14 所示【多轴刀路—侧刃铣削】对话框中，对【连接方式】选项进行设置，选择【进 / 退刀】为 "使用切入" 和 "使用切出"，其余参数设置默认。

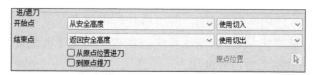

图 5-14　侧刃铣削连接方式设置

6）在图 5-15 所示【多轴刀路—侧刃铣削】对话框中，对【连接方式】选项下【默认切入 / 切出】进行设置，参数设置如图所示。

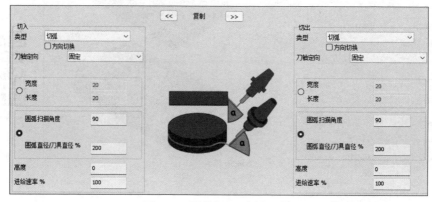

图 5-15　默认切入 / 切出设置

7）在【多轴刀路—侧刃铣削】对话框中完成以上设置后，单击确定图标 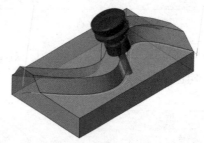 ，计算并生成如图 5-16 所示的侧刃铣削加工刀具路径。

图 5-16　侧刃铣削刀具路径

## 5.3　沿边加工策略

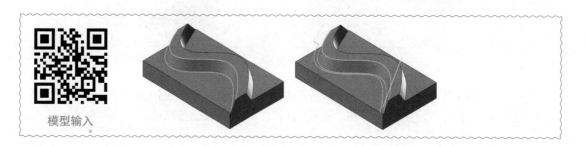

模型输入

（1）模型输入　图 5-17 所示为项目文件打开方式，打开随书文件夹 "Mastercam 多轴编程与加工基础 / 案例资源文档 / 第五章 多轴加工策略应用" 中的 "5.3 沿边加工策略练习文档" 项目文件。

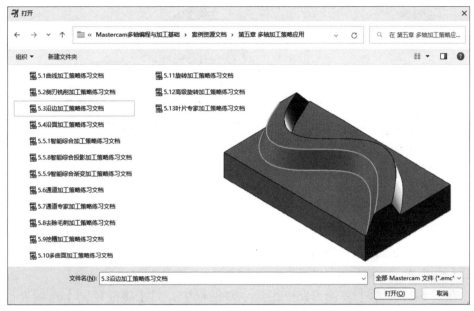

图 5-17　项目文件打开

（2）沿边加工

1）在【刀路】选项卡中，单击如图 5-18 所示多轴加工选项中的【沿边】刀路策略选项。

图 5-18　多轴加工选项

沿边加工

2）在【多轴刀路—沿边】对话框中，对【刀具】选项进行选择设置，单击选择 "1 号" 刀具。

3）在图 5-19 所示【多轴刀路—沿边】对话框中，对【切削方式】选项进行设置，单击选择【壁边】选项为【串连】，单击其右侧的选择图素图标 🔲，打开层别 2，如图按顺序单击选择两条曲线图素，其余参数设置如图所示。

【操作技巧】

选取两条串连图素时，曲线方向需一致，同时需注意两条串连图素的选取先后顺序，否则会使刀路计算错误。

123

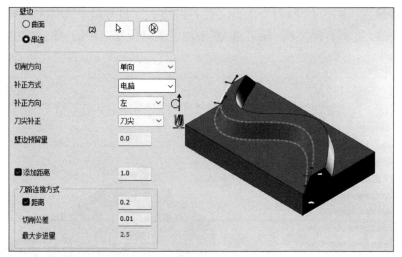

图 5-19　沿边切削方式设置

4）在图 5-20 所示【多轴刀路—沿边】对话框中，对【刀轴控制】选项进行设置，选择【输出方式】为"5 轴"，勾选【添加角度】并设置为［0.5］，其余参数设置如图所示。

5）在图 5-21 所示【多轴刀路—沿边】对话框中，对【碰撞控制】选项进行设置，【刀尖控制】单击选择为【底部轨迹】，其余参数设置如图所示。

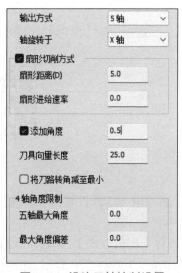

图 5-20　沿边刀轴控制设置

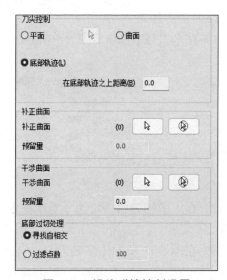

图 5-21　沿边碰撞控制设置

6）在图 5-22 所示【多轴刀路—沿边】对话框中，对【连接】选项下【进 / 退刀】进行设置，勾选【进 / 退刀】，其余参数设置如图所示。

7）在【多轴刀路—沿边】对话框中完成以上设置后，单击确定图标 ，计算并生成如图 5-23 所示的沿边加工刀具路径。

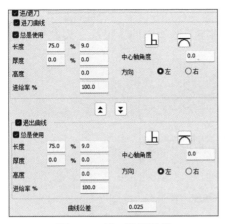

图 5-22　进 / 退刀设置

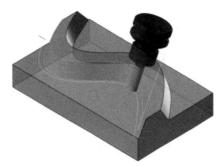

图 5-23　沿边刀具路径

# 5.4　沿面加工策略

（1）模型输入　如图 5-24所示为项目文件打开方式，打开随书文件夹"Mastercam 多轴编程与加工基础 / 案例资源文档 / 第五章　多轴加工策略应用"中的"5.4 沿面加工策略练习文档"项目文件。

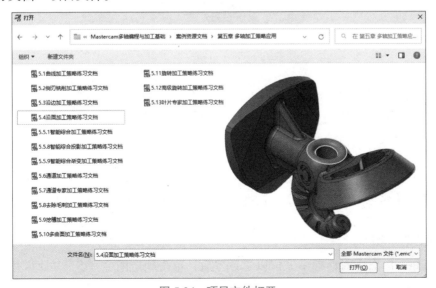

模型输入

图 5-24　项目文件打开

（2）沿面加工

1）在【刀路】选项卡中，单击图5-25所示多轴加工选项中的【沿面】刀路策略选项。

沿面加工

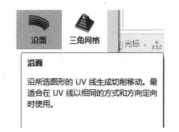

图 5-25　多轴加工选项

2）在【多轴刀路—沿面】对话框中，对【刀具】选项进行选择设置，单击选择"1号"刀具。

3）在图5-26所示【多轴刀路—沿面】对话框中，对【切削方式】选项进行设置，单击【曲面】选项右侧的选择图素图标 🔖，如下图选择曲面图素，其余参数设置如图所示。

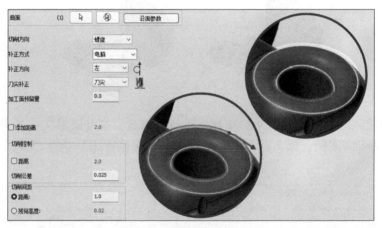

图 5-26　沿面切削方式设置

4）在图5-27所示【多轴刀路—沿面】对话框中，对【刀轴控制】选项进行设置，设置【刀轴控制】方式为"曲面"，选择【输出方式】为"5轴"，勾选【限制】，其余参数设置如图所示。

5）在图5-28所示【多轴刀路—沿面】对话框中，对【限制】选项下【Z轴】进行设置，设【最大值】为［30.0］，其余参数设置默认。

6）在图5-29所示【多轴刀路—沿面】对话框中，取消勾选【连接】选项下的【轴向分层】并对【进/退刀】选项进行设置，勾选【进/退刀】以及选项下的【进刀曲线】与【退出曲线】，其余参数设置如图所示。

7）在【多轴刀路—沿面】对话框中完成以上设置后，单击确定图标 ✅ ，计算并生成如图5-30所示的沿面加工刀具路径。

图 5-27　沿面刀轴控制设置

图 5-28　沿面碰撞控制设置

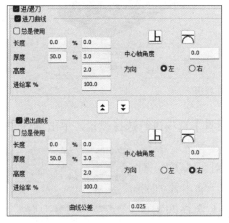

图 5-29　沿面进 / 退刀设置

图 5-30　沿面加工刀具路径

## 5.5　智能综合加工策略

模型输入

### 5.5.1　曲线平行

（1）模型输入　图 5-31 所示为项目文件打开方式，打开随书文件夹 "Mastercam 多轴编程与加工基础 / 案例资源文档 / 第五章　多轴加工策略应用"中的 "5.5.1 智能综合加工策略练习文档"项目文件。

（2）智能综合平行

1）在【刀路】选项卡中，单击如图 5-32 所示多轴加工选项中的【智能综合】刀路策略选项。

智能综合平行

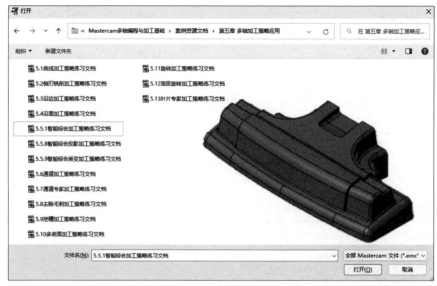

图 5-31　项目文件打开

2）在【多轴刀路—智能综合】对话框中，对【刀具】选项进行选择设置，单击选择"1号"刀具。

3）在图 5-33 所示【多轴刀路—智能综合】对话框中，对【切削方式】选项进行设置，在【模式】选项下，单击添加曲线行图标 ✐ ，【样式】选项设置为"平行"，单击选择图素图标 🗔，打开层别 5，如图 5-34 所示选择单一导线图素，单击【结束选择】。单击【加工】选项下【加工几何图形】右侧的选择图素图标 🗔，如图 5-34 所示选择曲面图素，单击【结束选择】，其余参数设置如图所示。

图 5-32　多轴加工选项

智能综合

使用选定的加工几何图形上的曲线、曲面、自动或平面模型创建刀路。您可以更改输入模型以匹配零件的轮廓，而不会丢失您的设置。

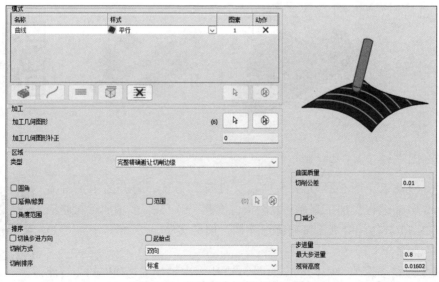

图 5-33　智能综合切削方式设置

图 5-34　图素选择

4）在图 5-35 所示【多轴刀路—智能综合】对话框中，对【刀轴控制】进行设置，将【输出方式】设置为 "5 轴"，将【刀轴控制】选为 "固定轴角度"，勾选【平滑】和【限制】。

5）在图 5-36 所示【多轴刀路—智能综合】对话框中，对【刀轴控制】选项下的【限制】进行设置，勾选【锥形限制】，参数设置如图所示。

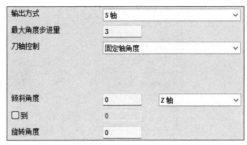

图 5-35　智能综合刀轴控制设置

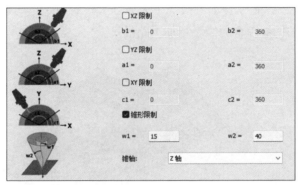

图 5-36　智能综合限制设置

6）在【多轴刀路—智能综合】对话框中，对【碰撞控制】进行设置，取消勾选【1】，其余参数设置默认。

7）在图 5-37 所示【多轴刀路—智能综合】对话框中，对【连接方式】进行设置，设置【进 / 退刀】选项下的【开始点】为 "使用切入"，【结束点】为 "使用切出"，其余参数设置如图所示。

图 5-37　智能综合连接方式设置

8）在图 5-38 所示【多轴刀路—智能综合】对话框中，对【连接方式】下的【默认切入 /切出】进行设置，设置【切入】选项下的【类型】为 "切弧"，【切出】选项下的【类型】为 "垂直切弧"，其余参数设置如图所示。

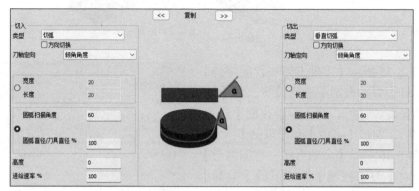

图 5-38　智能综合默认切入 / 切出设置

9）在【多轴刀路—智能综合】对话框中完成以上设置后，单击确定图标 ，计算并生成如图 5-39所示的智能综合曲线平行加工路径。

智能综合垂直

图 5-39　智能综合曲线平行加工路径

### 5.5.2　曲线垂直

1）复制刀路或重新点选策略，在【多轴刀路—智能综合】对话框中，对【刀具】选项进行选择设置，单击选择 "3 号" 刀具。

2）在图 5-40 所示【多轴刀路—智能综合】对话框中，对【切削方式】选项进行设置，在【模式】选项下，单击添加曲线行图标 $\curvearrowright$，【样式】选项设置为 "垂直"，单击选择图素图标 $\mathbb{R}$，打开层别 5，如图 5-41 所示选择单一导线图素，单击【结束选择】。单击【加工】选项下【加工几何图形】右侧的选择图素图标 $\mathbb{R}$，如图 5-41 所示选择曲面图素，单击【结束选择】，其余参数设置如图所示。

3）在图 5-42 所示【多轴刀路—智能综合】对话框中，对【刀轴控制】进行设置，将【输出方式】设置为 "5轴"，将【刀轴控制】选为 "固定轴角度"，【倾斜角度】设置

为 [10]，取消勾选【平滑】，勾选【限制】。

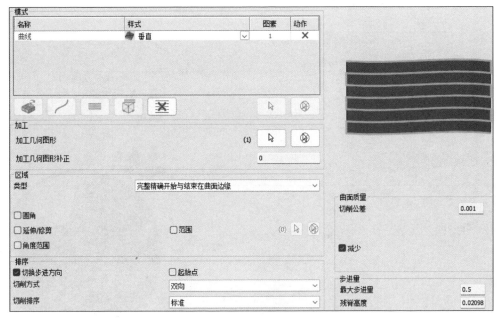

图 5-40　智能综合切削方式设置

图 5-41　图素选择

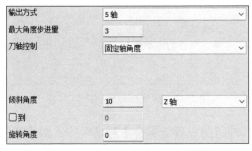

图 5-42　智能综合刀轴控制设置

4）在【多轴刀路—智能综合】对话框中，对【刀轴控制】选项下的【限制】进行设置，勾选【锥形限制】，设置【w1】为 [15]，【w2】为 [60]。

5）在图 5-43 所示【多轴刀路—智能综合】对话框中，对【碰撞控制】选项进行设置，勾选【1】选项【图形】选项下的【避让几何图形】，单击选择图素图标 , 如图选择曲面，确认后单击【结束选择】，其余参数设置默认。

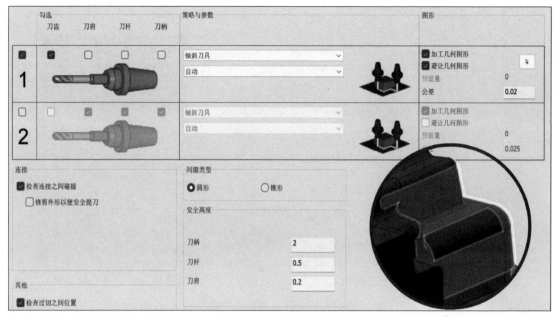

图 5-43　智能综合碰撞控制设置

6）在图 5-44 所示【多轴刀路—智能综合】对话框中，对【连接方式】进行设置，设置【进/退刀】选项下的【开始点】为"使用切入"，【结束点】为"使用切出"，其余参数设置如图所示。

图 5-44　智能综合连接方式设置

7）在图 5-45 所示【多轴刀路—智能综合】对话框中，对【连接方式】下的【默认切入/切出】进行设置，设置【切入】选项下的【类型】为"切线"，【切出】选项下的【类型】为"切弧"，其余参数设置如图所示。

8）在【多轴刀路—智能综合】对话框中完成以上设置后，单击确定图标 , 计算并生成如图 5-46 所示的智能综合曲线垂直加工刀具路径。

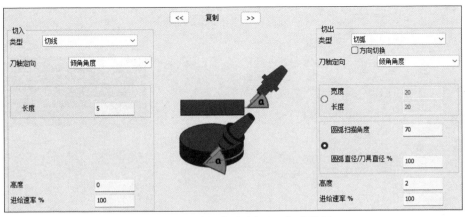

图 5-45　智能综合默认切入 / 切出设置

图 5-46　智能综合曲线垂直刀具路径

### 5.5.3　曲面平行

1）复制刀路或重新单击选择策略，在【多轴刀路—智能综合】对话框中，对【刀具】选项进行选择设置，单击选择"2 号"刀具。

2）在图 5-47 所示【多轴刀路—智能综合】对话框中，对【切削方式】选项进行设置，在【模式】选项下，单击添加曲面行图标 ▭，【样式】选项设置为【平行】，单击选择图素图标 ▨，如图 5-48a 所示选择曲面图素，单击【结束选择】。单击【加工】选项下【加工几何图形】右侧的选择图素图标 ▨，如图 5-48b 所示选择曲面图素，单击【结束选择】，其余参数设置如图所示。

3）在图 5-49 所示【多轴刀路—智能综合】对话框中，对【刀轴控制】进行设置，将【输出方式】设置为"5 轴"，将【刀轴控制】选为"倾斜曲面"，勾选【限制】。

4）在【多轴刀路—智能综合】对话框中，对【刀轴控制】选项下【限制】进行设置，勾选【YZ 限制】，设置【a1】为［50］，【a2】为［75］。

5）在图 5-50 所示【多轴刀路—智能综合】对话框中，对【连接方式】进行设置，设置【进 / 退刀】选项下的【开始点】为"使用切入"，【结束点】为"使用切出"，其余参数设置如图所示。

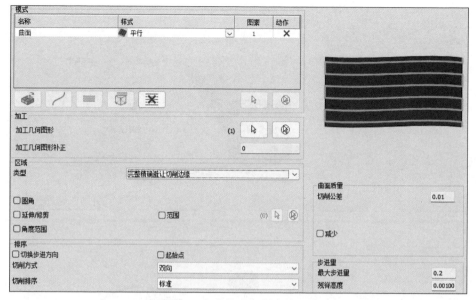

图 5-47　智能综合切削方式设置

a)　　　　　　　　　　　　　　　　b)

图 5-48　图素选择

图 5-49　智能综合刀轴控制设置

图 5-50　智能综合连接方式设置

6）在图 5-51 所示【多轴刀路—智能综合】对话框中，对【连接方式】下的【默认切入 / 切出】进行设置，参数设置如图所示。

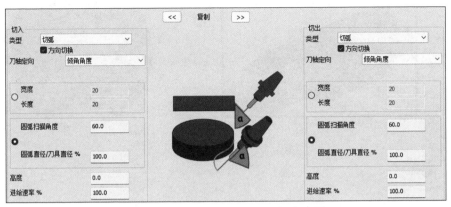

图 5-51　智能综合默认切入 / 切出设置

7）在【多轴刀路—智能综合】对话框中完成以上设置后，单击确定图标 ，计算并生成如图 5-52 所示的智能综合曲面平行加工刀具路径。

图 5-52　智能综合曲面平行刀具路径

智能综合曲面平行

### 5.5.4　曲线导线

1）复制刀路或重新点选策略，在【多轴刀路—智能综合】对话框中，对【刀具】选项进行选择设置，单击选择"3 号"刀具。

2）在图 5-53 所示【多轴刀路—智能综合】对话框中，对【切削方式】选项进行设置，在【模式】选项下，单击添加曲线行图标 ，【样式】选项设置为"导线"，单击选择图素图标 ，如右侧图依次添加两条导线。单击【加工】选项下【加工几何图形】右侧的选择图素图标 ，如左侧图选择曲面图素，单击【结束选择】，其余参数设置如图所示。

3）在图 5-54 所示【多轴刀路—智能综合】对话框中，对【刀轴控制】进行设置，将【输出方式】设置为"5 轴"，将【刀轴控制】选为"固定轴角度"，设置【侧斜角度】为 [5]，并勾选【限制】。在【限制】选项下单击选择【YZ 限制】，并设置【a1】为 [75]，【a2】为 [100]。

4）在图 5-55 所示【多轴刀路—智能综合】对话框中，对【碰撞控制】进行设置，如图进行勾选，并设置避让图形，其余参数设置如图所示。

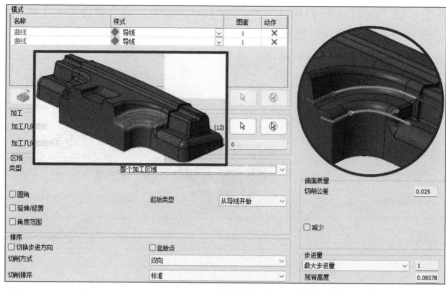

图 5-53　智能综合切削方式设置

智能综合导线

图 5-54　智能综合刀轴控制设置

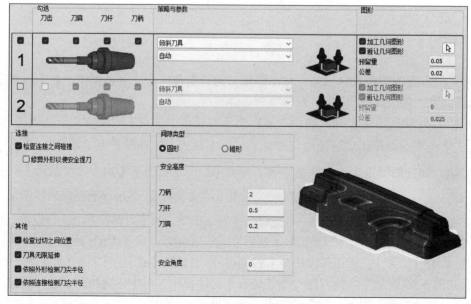

图 5-55　智能综合碰撞控制设置

5）在【多轴刀路—智能综合】对话框中，对【连接方式】进行设置，设置【进 / 退刀】选项下的【开始点】为“使用切入”，【结束点】为“使用切出”，【默认连接】下【大间隙】选为“平滑曲线”。

6）在图 5-56 所示【多轴刀路—智能综合】对话框中，对【连接方式】下的【默认切入 / 切出】进行设置，参数设置如图所示。

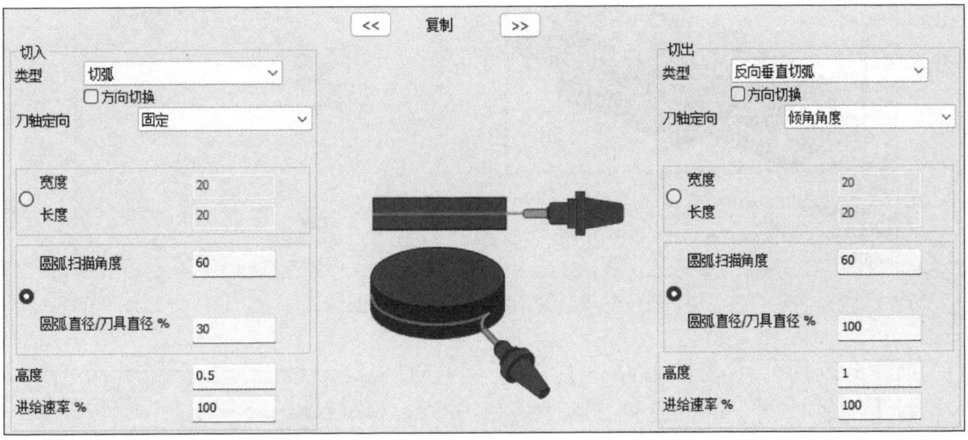


图 5-56　智能综合默认切入 / 切出设置

7）在【多轴刀路—智能综合】对话框中完成以上设置后，单击确定图标，计算并生成如图 5-57 所示的智能综合曲面导线加工刀具路径。

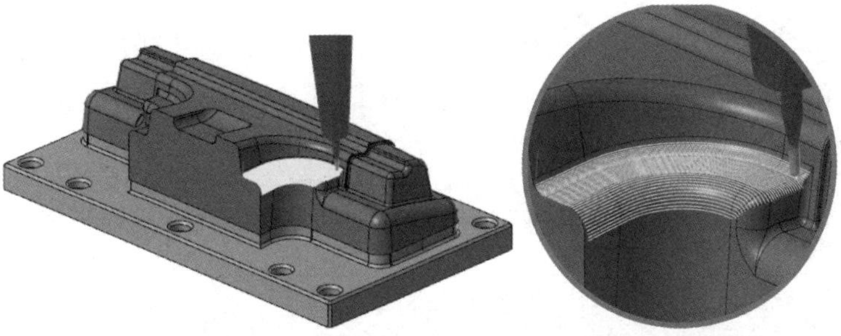

图 5-57　智能综合曲面导线刀具路径

## 5.5.5　曲面流线

1）复制刀路或重新单击选择策略，在【多轴刀路—智能综合】对话框中，对【刀具】选项进行选择设置，单击选择“3 号”刀具。

2）在图 5-58 所示【多轴刀路—智能综合】对话框中，对【切削方式】选项进行设置，在【模式】选项下，单击添加曲面行图标，【样式】选项设置为“流线 U”。单击【加工】选项下【加工几何图形】右侧的选择图素图标，如图选择曲面图素，单击【结束选择】，其余参数设置如图所示。

曲面流线

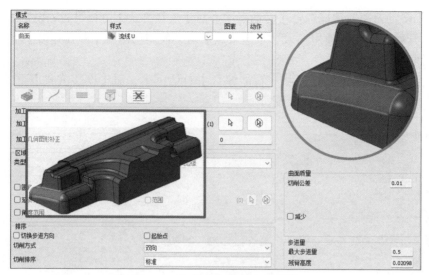

图 5-58　智能综合切削方式设置

3）在图 5-59 所示【多轴刀路—智能综合】对话框中，对【刀轴控制】进行设置，将【输出方式】设置为"5 轴"，将【刀轴控制】选为"倾斜曲面"，勾选【限制】。

图 5-59　智能综合刀轴控制设置

4）在【多轴刀路—智能综合】对话框中，对【刀轴控制】选项下【限制】进行设置，勾选【XZ 限制】，设置【b1】为［60］，【b2】为［75］。

5）在图 5-60 所示【多轴刀路—智能综合】对话框中，对【碰撞控制】选项进行设置，勾选【1】选项【图形】选项下的【避让几何图形】，单击选择图素图标 ，如图选择曲面，确认后单击【结束选择】，其余参数设置如图所示。

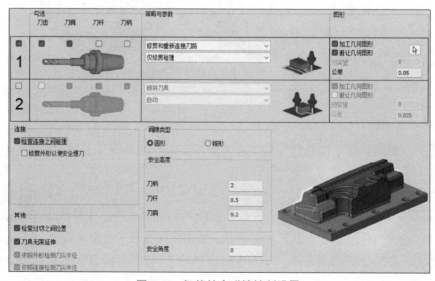

图 5-60　智能综合碰撞控制设置

6）在【多轴刀路—智能综合】对话框中完成以上设置后，单击确定图标 ，计算并生成如图 5-61 所示的智能综合流线 U 加工刀具路径。

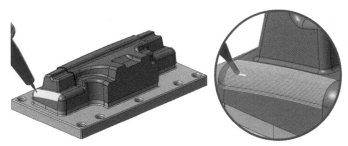

图 5-61　智能综合流线 U 刀具路径

## 5.5.6　平面"WCS Z"

1）复制刀路或重新点选策略，在【多轴刀路—智能综合】对话框中，对【刀具】选项进行选择设置，单击选择"3 号"刀具。

2）在图 5-62 所示【多轴刀路—智能综合】对话框中，对【切削方式】选项进行设置，在【模式】选项下，单击添加平面行图标 ⬚，【样式】选项设置为【WCS Z】点。单击【加工】选项下【加工几何图形】右侧的选择图素图标 ⬚，如图选择曲面图素，单击【结束选择】，【切削排序】选择"标准"，其余参数设置如图所示。

平面"WCS Z"

图 5-62　智能综合切削方式设置

3）在【多轴刀路—智能综合】对话框中，对【刀轴控制】进行设置，将【输出方式】设置为"5 轴"，将【刀轴控制】选为"倾斜曲面"，勾选【限制】。

4）在【多轴刀路—智能综合】对话框中，对【刀轴控制】选项下【限制】进行设置，勾选【锥形限制】，设置【w1】为［30］，【w2】为［45］。

5）在图 5-63 所示【多轴刀路—智能综合】对话框中，对【碰撞控制】选项进行设置，参数设置如图所示。

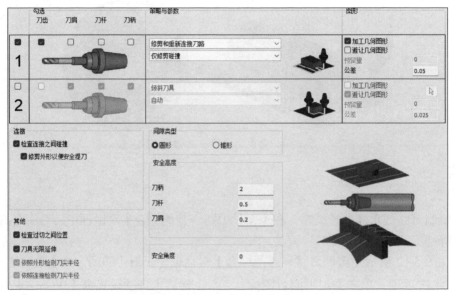

图 5-63　智能综合碰撞控制设置

6）在图 5-64 所示【多轴刀路—智能综合】对话框中，对【连接方式】进行设置，设置【默认连接】选项下的【小间隙】为"沿曲面""不使用切入/切出"，【大间隙】为"返回提刀高度""使用切入/切出"，其余参数设置如图所示。

7）在图 5-65 所示【多轴刀路—智能综合】对话框中，对【连接方式】下的【默认切入/切出】进行设置，参数设置如图所示。

图 5-64　智能综合连接方式设置

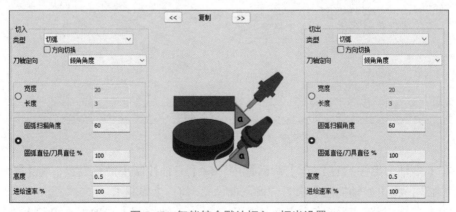

图 5-65　智能综合默认切入/切出设置

8）在【多轴刀路—智能综合】对话框中完成以上设置后，单击确定图标 ⊘，计算并生成如图 5-66 所示的智能综合平行加工刀具路径。

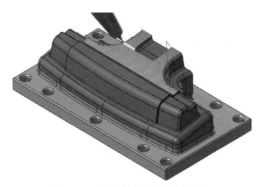

图 5-66　智能综合平行刀具路径

### 5.5.7　平面自定义角度

1）复制刀路或重新单击选择策略，在【多轴刀路—智能综合】对话框中，对【刀具】选项进行选择设置，单击选择"3 号"刀具。

2）在图 5-67 所示【多轴刀路—智能综合】对话框中，对【切削方式】选项进行设置，在【模式】选项下，单击添加平面行图标 ⬚，【样式】选项设置为【自定义角度】。单击【加工】选项下【加工几何图形】右侧的选择图素图标 ⬚，如图选择曲面图素，单击【结束选择】。勾选【延伸 / 修剪】，其余参数设置如图所示。

平面自定义角度

图 5-67　智能综合切削方式设置

3）在图 5-68 所示【多轴刀路—智能综合】对话框中，对【切削方式】选项下【延伸 /

修剪】进行设置，其余参数设置如图所示，并对【切削方式】选项下【加工角度】选项中【Z加工角度在】设置为 [90]。

4）在【多轴刀路—智能综合】对话框中，对【刀轴控制】进行设置，将【输出方式】设置为"5轴"，将【刀轴控制】选为"倾斜曲面"，勾选【限制】。

5）在【多轴刀路—智能综合】对话框中，对【刀轴控制】选项下【限制】进行设置，勾选【YZ限制】，设置【a1】为 [75]，【a2】为 [100]。

图 5-68　智能综合延伸 / 修剪设置

6）在图 5-69 所示【多轴刀路—智能综合】对话框中，对【碰撞控制】选项进行设置，取消勾选【1】，其余参数设置如图所示。

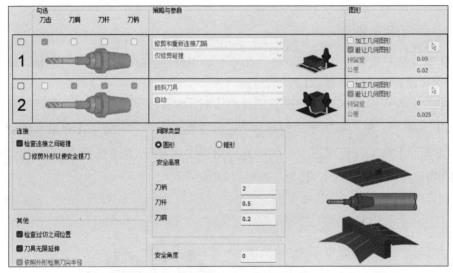

图 5-69　智能综合碰撞控制设置

7）在图 5-70 所示【多轴刀路—智能综合】对话框中，对【连接方式】进行设置，设置【进/退刀】选项下的【开始点】为"使用切入"，【结束点】为"使用切出"，其余参数设置如图所示。

图 5-70　智能综合连接方式设置

8）在图 5-71 所示【多轴刀路—智能综合】对话框中，对【连接方式】下的【默认切入/切出】进行设置，参数设置如图所示。

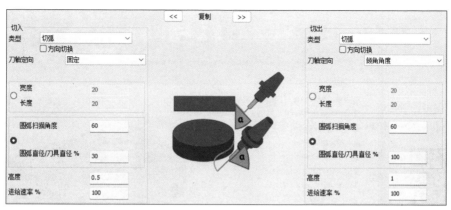

图 5-71　智能综合默认切入/切出设置

9）在【多轴刀路—智能综合】对话框中完成以上设置后，单击确定图标 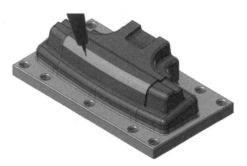，计算并生成如图 5-72 所示的智能综合平面自定义角度加工刀具路径。

图 5-72　智能综合平面自定义角度刀具路径

【操作技巧】

在参考项目文档中，刀具群组 2 展示了相同曲面采用不同［智能综合］策略方式编写的刀路，不同策略方式产生的刀路会获得不同的加工效果，实际加工中可根据需求选择更加适合的策略方式。

## 5.5.8　曲线投影

（1）模型输入　　如图 5-73 所示为项目文件打开方式，打开随书文件夹"Mastercam 多轴编程与加工基础 / 案例资源文档 / 第五章 多轴加工策略应用"中的"5.5.8 智能综合投影加工策略练习文档"项目文件。

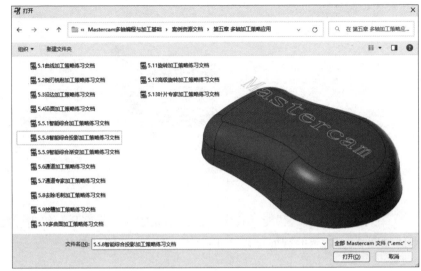

图 5-73　项目文件打开

（2）智能综合投影

1）在【刀路】选项卡中，单击图 5-32 所示多轴加工选项中的【智能综合】刀路策略选项。

2）在【多轴刀路—智能综合】对话框中，对【刀具】选项进行选择设置，单击选择"1 号"刀具。

3）在图 5-74 所示【多轴刀路—智能综合】对话框中，对【切削方式】进行设置，在

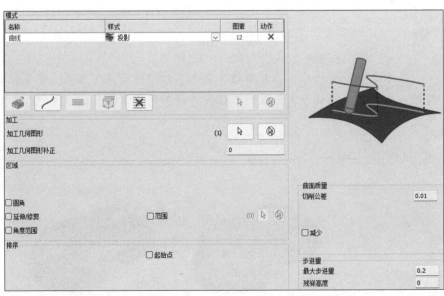

图 5-74　智能综合投影切削方式设置

【模式】选项下，单击添加曲线行图标 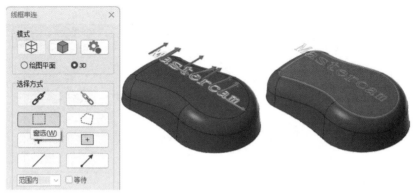，【样式】选项设置为【投影】，单击选择图素图标 ，打开层别 2，【选择方式】选择窗选模式 ，如图 5-75 所示选择图素，单击"M"左下角点作为起始点，单击【结束选择】。

单击【加工】选项下【加工几何图形】右侧的选择图素图标 ，如图 5-75 所示选择曲面图素，单击【结束选择】，其余参数设置如图所示。

图 5-75　图素选择

4）在图 5-76 所示【多轴刀路—智能综合】对话框中，对【切削方式】选项下的【投影曲线选项】进行设置，设置【最大投影距离】为［15.0］。

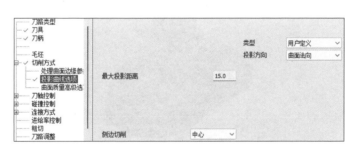

图 5-76　智能综合投影曲线选项设置

5）在图 5-77 所示【多轴刀路—智能综合】对话框中，对【刀轴控制】进行设置，将【输出方式】设置为"5 轴"，将【刀轴控制】选为"曲面"。

6）在图 5-78 所示【多轴刀路—智能综合】对话框中，对【连接方式】进行设置，对【距离】参数设置如图所示。

图 5-77　智能综合投影刀轴控制设置

7）在【多轴刀路—智能综合】对话框中完成以上设置后，单击确定图标 ，计算

145

并生成如图 5-79 所示的智能综合投影加工刀具路径。

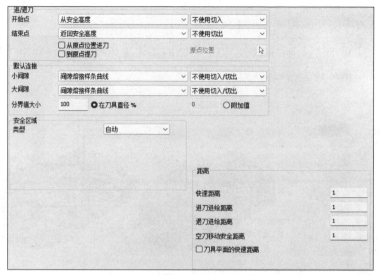

图 5-78　智能综合投影连接方式设置

图 5-79　智能综合投影刀具路径

## 5.5.9　曲线渐变

（1）模型输入　如图 5-80 所示项目文件打开方式，打开随书文件夹"Mastercam 多轴编程与加工基础 / 案例资源文档 / 第五章 多轴加工策略应用"中的"5.5.9 智能综合渐变加工策略练习文档"项目文件。

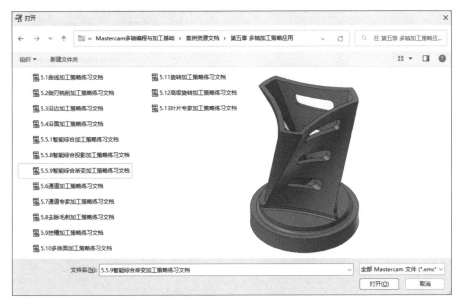

模型输入

图 5-80　项目文件打开

（2）智能综合渐变

1）在【刀路】选项卡中，单击图 5-32 所示多轴加工选项中的【智能综合】刀路策略选项。

2）在所示【多轴刀路—智能综合】对话框中，对【刀具】选项进行选择设置，单击选择"1 号"刀具。

智能综合渐变

3）在图 5-81 所示【多轴刀路—智能综合】对话框中，对【切削方式】选项进行设置，在【模式】选项下，单击添加曲线行图标 ⟋ ，【样式】选项设置为【渐变】。单击选择图素图标 ⬚ ，如图 5-82 所示，选择单一导线图素，单击【结束选择】，重复上述步骤如图选取另一条导线图素。选取完毕后，再次单击【样式】下拉菜单，选择【渐变】策略。

【操作技巧】

1. 初次单击曲线模式图标后，样式下拉菜单中无【渐变】选项，需选取两条曲线图素后，再次单击样式下拉菜单，进行【渐变】样式选取，只有选择两条曲线的状态下，才可以使用【渐变】样式。

2. 需要注意，选取两条曲线图素时，曲线串联方向需一致，否则将导致刀路计算错误。

单击【加工】选项下【加工几何图形】右侧的选择图素图标 ⬚ ，如图 5-82 所示选择曲面图素，单击【结束选择】。单击选择【延伸 / 修剪】，其余参数设置如图所示。

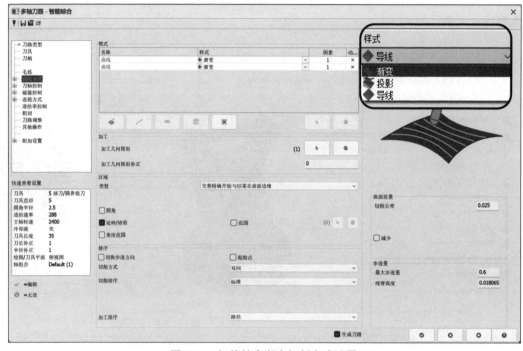

图 5-81　智能综合渐变切削方式设置

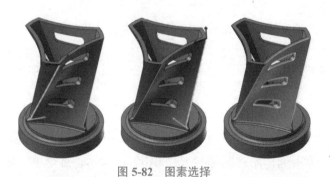

图 5-82　图素选择

4）在图 5-83 所示【多轴刀路—智能综合】对话框中，对【切削方式】选项下【延伸 / 修剪】进行设置，参数如图所示。

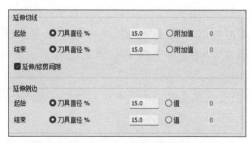

图 5-83　智能综合渐变切削参数设置

5）在图 5-84 所示【多轴刀路—智能综合】对话框中，对【刀轴控制】进行设置，将【输出方式】设置为 "5 轴"，将【刀轴控制】选为 "曲面"，勾选【限制】。

6）在【多轴刀路—智能综合】对话框中，对【刀轴控制】选项下【限制】进行设置，勾选【锥形限制】，设置【w1】为［75］，【w2】为［75］。

| 输出方式 | 5轴 |
| 最大角度步进量 | 3 |
| 刀轴控制 | 曲面 |

图 5-84　智能综合渐变刀轴控制设置

【操作技巧】

1. 刀轴控制中的［限制］选项主要用于限制五轴机床转台的偏摆角度范围，可以有效避免机床转台超行程、干涉碰撞、频繁换向和剧烈摆动等问题。

2. 过切和干涉碰撞是多轴加工中需要重点考虑的安全问题，因此在编制程序时需要根据刀具系统与模型的相对运动关系，考虑是否设置干涉碰撞参数，如果模型结构简单，通过刀轴控制中的［限制］选项就可以避免干涉和碰撞。此例加工曲面一端存在过切现象，因此需要设置［碰撞控制］参数。

7）在图 5-85 所示【多轴刀路—智能综合】对话框中，对【碰撞控制】选项进行设置，勾选【避让几何图形】，单击选择图素图标 ，如图所示选择曲面，确认后单击【结束选择】，设置【公差】为［0.03］。

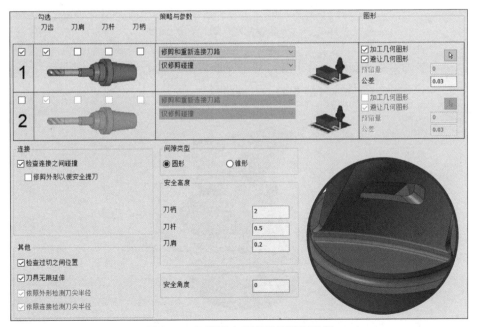

图 5-85　智能综合渐变碰撞控制设置

8）在图 5-86 所示【多轴刀路—智能综合】对话框中，对【连接方式】进行设置，参数设置如图所示。

图 5-86　智能综合渐变连接方式设置

9）在图 5-87 所示【多轴刀路—智能综合】对话框中，对【连接方式】下的【默认切入 / 切出】进行设置，参数设置如图所示。

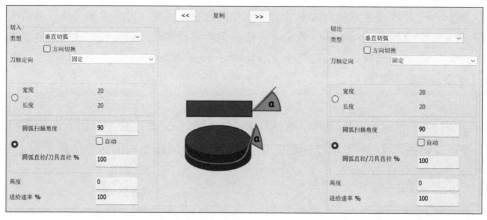

图 5-87　智能综合默认切入 / 切出设置

10）在【多轴刀路—智能综合】对话框中完成以上设置后，单击确定图标 ⊘ ，计算并生成如图 5-88 所示的智能综合渐变加工刀具路径。

图 5-88　智能综合渐变刀具路径

## 5.6　通道加工策略（Port）

模型输入

（1）模型输入　如图 5-89 所示项目文件打开方式，打开随书文件夹 "Mastercam 多轴编程与加工基础 / 案例资源文档 / 第五章　多轴加工策略应用" 中的 "5.6 通道加工策略练习文档" 项目文件。

（2）通道加工策略

1）在【刀路】选项卡中，单击如图 5-90 所示多轴加工选项中的【通道专家】刀路策略选项。

2）在图 5-91 所示【多轴刀路—通道】对话框中，对【刀路类型】进行选择设置，单击选择 "通道"。

3）在【多轴刀路—通道】对话框中，对【刀具】选项进行选择设置，单击选择 "1 号" 刀具。

通道加工策略

图 5-89　项目文件打开

图 5-90　多轴加工选项

图 5-91　通道策略选择

4）在图 5-92 所示【多轴刀路—通道】对话框中，对【切削方式】选项进行设置，单击【曲面】选项右侧的选择图素图标 ，打开层别 2，选择足球内部轮廓面，单击【结束选择】，【切削方向】设置为"螺旋"，选中【切削控制】选项下【距离】选项，设置为［0.5］，【切削公差】选项设为［0.025］。选中【切削间距】选项下【距离】选项，其余参数设置如图所示。

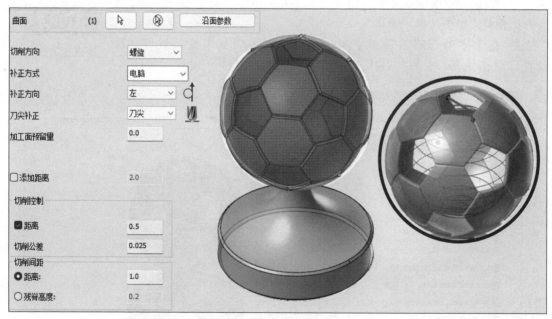

图 5-92　通道切削方式设置

5）在图 5-93 所示【多轴刀路—通道】对话框中，对【刀轴控制】选项进行设置，设置【刀轴控制】选项为"从点"，单击选择图素图标 ，如图所示选点；选择【输出方式】选项为"5 轴"，其余参数设置如图所示。

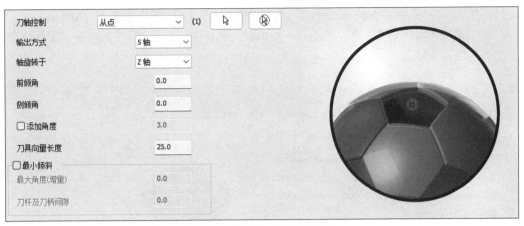

图 5-93　通道刀轴控制设置

6）在图 5-94 所示【多轴刀路—通道】对话框中，对【连接】选项下的【进 / 退刀】进行设置，勾选【进 / 退刀】选项下的【进刀曲线】和【退出曲线】，其余参数设置如图所示。

7）在【多轴刀路—通道】对话框中完成以上设置后，单击确定图标　⊘　，计算并生成如图 5-95 所示的通道加工刀具路径。

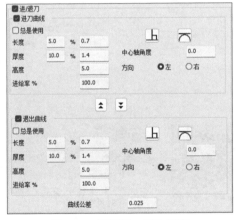

图 5-94　通道进 / 退刀设置

图 5-95　通道刀具路径

## 5.7 通道专家动态粗加工策略

模型输入

（1）模型输入　如图 5-96 所示项目文件打开方式，打开随书文件夹"Mastercam 多轴编程与加工基础 / 案例资源文档 / 第五章 多轴加工策略应用"中的"5.7 通道专家加工策略练习文档"项目文件。

图 5-96　项目文件打开

（2）通道专家动态粗加工

1）在【刀路】选项卡中，单击如图 5-97 所示多轴加工选项中的【通道专家】刀路策略选项。

2）在【多轴刀路—通道专家】对话框中，对【刀具】选项进行选择设置，单击选择"1 号"刀具。

通道专家动态
粗加工

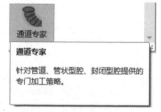

图 5-97　多轴加工选项

3）在图 5-98 所示【多轴刀路—通道专家】对话框中，对【切削方式】选项进行设置，选择【模式】选项为【粗切】，采取【动态】的形式，单击选择【自定义组件】选项下【加工几何图形】右侧的选择图素图标 ⬚，单击【层别】开启层别 2，如图所示窗选素材，单击【结束选择】，其余参数设置如图所示。

4）在图 5-99 所示【多轴刀路—通道专家】对话框中，对【毛坯】选项进行设置，单击选择【毛坯】选项下【依照选择图形】右侧的选择图素图标 ⬚，单击【层别】开启层别 5，如图所示窗选素材，单击【结束选择】。

5）在图 5-100 所示【多轴刀路—通道专家】对话框中，对【刀轴控制】选项进行设置，勾选【切削角度范围限制】选项下【切削角度限制】并设置为［105］，其余参数设置如图所示。

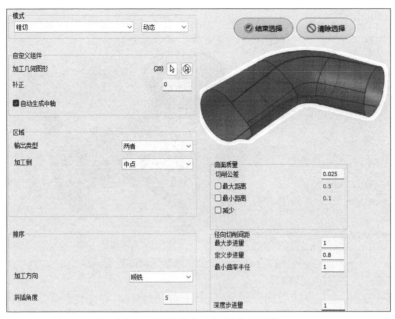

图 5-98　通道专家切削方式设置

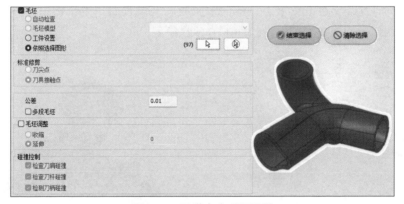

图 5-99　通道专家毛坯设置

图 5-100　通道专家刀轴控制设置

6）在图 5-101 所示【多轴刀路—通道专家】对话框中，对【碰撞控制】选项进行设置，单击【避让几何图形】右侧的选择图素图标 ，如图所示选择曲面图素，单击【结束选择】，参数设置如图所示。

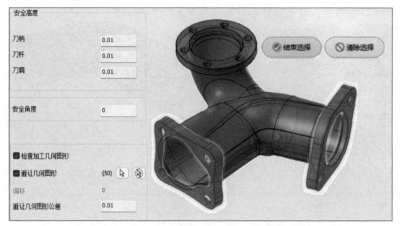

图 5-101　通道专家碰撞控制设置

7）在图 5-102 所示【多轴刀路—通道专家】对话框中，对【连接方式】选项进行设置，将【连接圆柱】选项下【半径】选为"自动"并设置为［50.0］，将【方向】设置为"Z 轴"，其余参数设置如图所示。

8）在【多轴刀路—通道专家】对话框中完成以上设置后，单击确定图标  ，计算并生成图 5-103 所示的通道专家动态粗加工刀具路径。

图 5-102　连接方式设置

图 5-103　通道专家动态粗加工刀具路径

## 5.8　去除毛刺加工策略

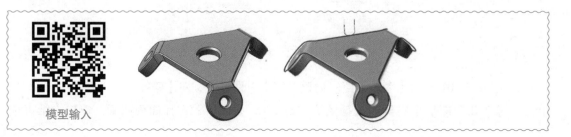

模型输入

（1）模型输入　如图 5-104 所示项目文件打开方式，打开随书文件夹"Mastercam 多轴编程与加工基础 /案例资源文档 / 第五章 多轴加工策略应用"中的"5.8 去除毛刺加工策略练习文档"项目文件。

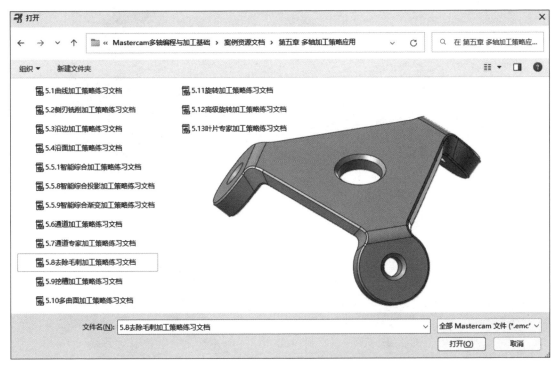

图 5-104　项目文件打开

（2）去毛刺加工

1）在【刀路】选项卡中，单击如图 5-105 所示多轴加工选项中的【去除毛刺】刀路策略选项。

2）在【多轴刀路—去除毛刺】对话框中，对【刀具】选项进行选择设置，单击选择"1 号"刀具。

图 5-105　多轴加工选项　　　去毛刺加工

3）在图 5-106 所示【多轴刀路—去除毛刺】对话框中，对【切削方式】选项进行设置，单击【图形输入】选项下【加工几何图形】右侧的选择图素图标，如图所示全选模型，单击【结束选择】，设置【边缘定义】为【用户定义】，单击选择【路径参数】选项下【边缘形状】为【固定宽度】并设置为［0.1］，其余参数设置如图所示。

4）在图 5-107 所示【多轴刀路—去除毛刺】对话框中，对【刀轴控制】进行设置，将【倾斜】选项下【加工类型】设置为"5 轴（同步）"，选择【方向】选项为"直线"，勾选【倾斜范围】并设置【最大】为［75］，其余参数设置如图所示。

5）在【多轴刀路—去除毛刺】对话框中完成以上设置后，单击确定图标，计算并生成如图 5-108 所示的去除毛刺加工刀具路径。

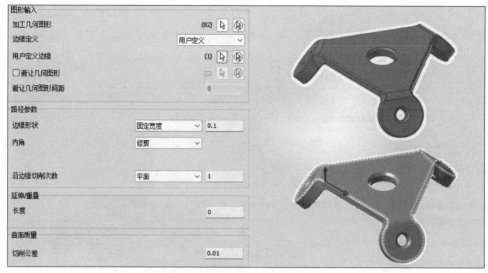

图 5-106　去除毛刺切削方式设置

图 5-107　去除毛刺刀轴控制设置

图 5-108　去除毛刺刀具路径

## 5.9 挖槽加工策略

模型输入

（1）模型输入　如图 5-109 所示项目文件打开方式，打开随书文件夹"Mastercam 多轴编程与加工基础 / 案例资源文档 / 第五章　多轴加工策略应用"中的"5.9 挖槽加工策略练习文档"项目文件。

图 5-109　项目文件打开

（2）挖槽加工

1）在【刀路】选项卡中，单击如图 5-110 所示多轴加工选项中的【挖槽】刀路策略选项。

2）在【多轴刀路—挖槽】对话框中，对【刀具】选项进行选择设置，单击选择"1 号"刀具。

**挖槽**

用于区域清除功能的完整解决方案，包括倒扣、壁边和底面精修。它针对 Accelerated Finishing 刀具进行了优化。

图 5-110　多轴加工选项

3）在图 5-111 所示【多轴刀路—挖槽】对话框中，对【毛坯】选项进行设置，单击【毛坯】选项下【依照选择图形】右侧的图素图标 ，单击【层别】开启层别 2，如图所示窗选素材，单击【结束选择】。

挖槽加工

图 5-111　挖槽毛坯设置

4）在图 5-112 所示【多轴刀路—挖槽】对话框中，对【切削方式】选项进行设置，单击【自定义组件】选项下【加工几何图形】右侧的图素图标 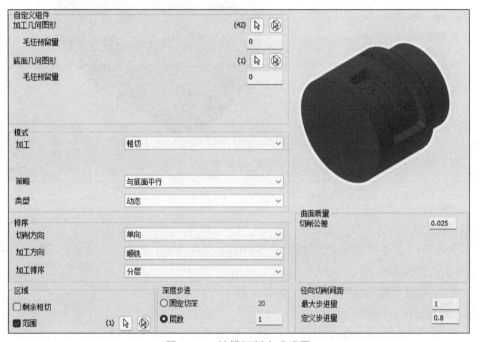，如图 5-113 所示窗选模型，单击【结束选择】；单击【自定义组件】选项下【底面几何图形】右侧的图素图标 ，如图 5-113 所示单击选择曲面，单击【结束选择】；勾选【区域】选项下【范围】选项，单击选择图素图标 ，如图 5-113 所示选择曲线，单击【结束选择】。单击【深度步进】选项下【层数】选项，设置为［1］，其余参数设置如图所示。

图 5-112　挖槽切削方式设置

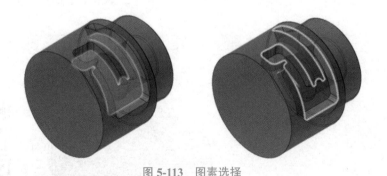

图 5-113　图素选择

5）在图 5-114 所示【多轴刀路—挖槽】对话框中，对【连接方式】选项进行设置，将【距离】选项下的【快速距离】设置为［50］，其余参数设置如图所示。

6）在【多轴刀路—挖槽】对话框中完成以上设置后，单击确定图标 ，计算并生成如图 5-115 所示的挖槽加工刀具路径。

图 5-114　挖槽连接方式设置　　　　　　图 5-115　挖槽刀具路径

## 5.10　多曲面加工策略

模型输入

（1）模型输入　如图 5-116 所示项目文件打开方式，打开随书文件夹"Mastercam 多轴编程与加工基础 / 案例资源文档 / 第五章　多轴加工策略应用"中的"5.10 多曲面加工策略练习文档"项目文件。

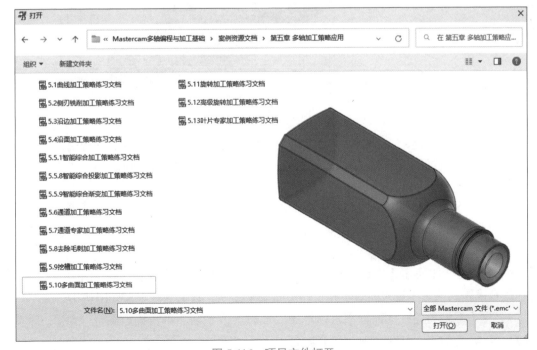

图 5-116　项目文件打开

（2）多曲面加工

1）在【刀路】选项卡中，单击如图 5-117 所示多轴加工选项中的【多曲面】刀路策略选项。

2）在【多轴刀路—多曲面】对话框中，对【刀具】选项进行选择设置，单击选择"1 号"刀具。

多曲面加工

图 5-117　多轴加工选项

3）在图 5-118 所示【多轴刀路—多曲面】对话框中，对【切削方式】选项进行设置，将【模型选项】选项设置为"曲面"，单击选择图素图标 ，打开层别 2，如图所示选择单一曲面图素，单击【结束选择】，并在【流线数据】对话框中确认所需切削方向后，单击确定图标 。将【切削方向】设置为"螺旋"，勾选【添加距离】并设置为［2.0］，其余参数设置如图所示。

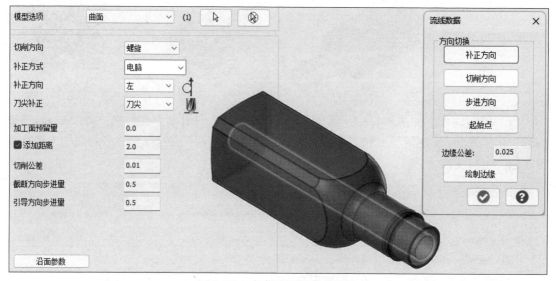

图 5-118　多曲面切削方式设置

4）在图 5-119 所示【多轴刀路—多曲面】对话框中，对【刀轴控制】进行设置，将【输出方式】设置为"4 轴"，将【前倾角】设置为［5.0］（用以避免静点加工），其余参数设置如图所示。

5）在图 5-120 所示【多轴刀路—多曲面】对话框中，对【碰撞控制】选项进行设置，单击【刀尖控制】选项下【补正曲面】右侧的选择图素图标 ，如图所示选择瓶身外部所有实体面，确认后单击【结束选择】。

6）在图 5-121 所示【多轴刀路—多曲面】对话框中，对【连接】选项下【进 / 退刀】选项进行设置，勾选【进刀曲线】和【退出曲线】选项，其余参数设置如图所示。

7）在【多轴刀路—多曲面】对话框中完成以上设置后，单击确定图标 ，计算并生成如图 5-122 所示的多曲面加工刀具路径。

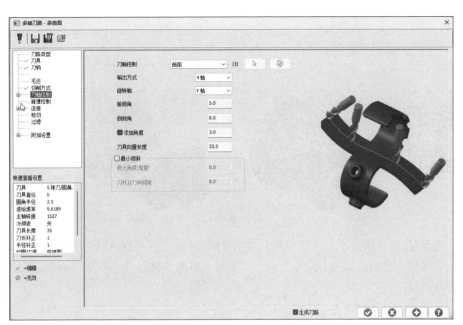

图 5-119 多曲面刀轴控制设置

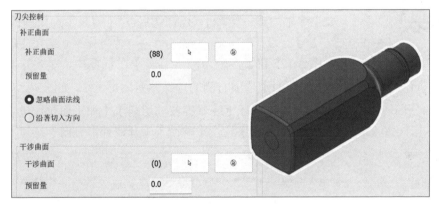

图 5-120 多曲面碰撞控制设置

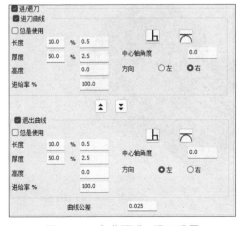

图 5-121 多曲面进 / 退刀设置

图 5-122 多曲面刀具路径

## 5.11 旋转加工策略

模型输入

（1）模型输入　如图 5-123 所示项目文件打开方式，打开随书文件夹 "Mastercam 多轴编程与加工基础 / 案例资源文档 / 第五章　多轴加工策略应用" 中的 "5.11 旋转加工策略练习文档" 项目文件。

旋转加工

（2）旋转加工

1）在【刀路】选项卡中，单击如图 5-124 所示多轴加工选项中的【旋转】刀路策略选项。

2）在【多轴刀路—旋转】对话框中，对【刀具】选项进行选择设置，单击选择 "1 号" 刀具。

3）在图 5-125 在【多轴刀路—旋转】对话框中，单击选择【切削方式】选项进行参数设置。单击【曲面】选项右侧的选择图素图标 ，如图所示单击选择凸轮轴上两部分回转曲面，【切削方向】选择【绕着旋转轴切削】，【加工面预留量】为 [0.0]，【切削公差】为 [0.025]，【封闭外形方向】选择【顺铣】，【开放外形方向】选择【双向】。

图 5-123　项目文件打开

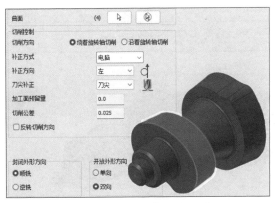

图 5-125　旋转切削方式设置

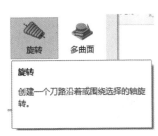

图 5-124　多轴加工选项

4）在图 5-126 所示【多轴刀路—旋转】对话框中，对【刀轴控制】选项进行参数设置。【输出方式】为 "4 轴"，单击【4 轴点】右侧的选择图素图标 ，如图所示选择端面圆心，【旋转轴】选择 "X 轴"；在【绕着旋转轴切削】下勾选【使用中心点】，将【轴抑制长度】设置为［2.5］，【前倾角】设置为［0.0］，【最大步进量】设置为［0.5］，【刀具向量长度】设置为［25.0］。

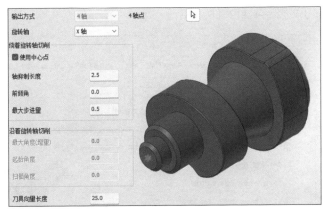

图 5-126　旋转刀轴控制设置

5）在图 5-127 所示【多轴刀路—旋转】对话框中，对【连接】选项进行参数设置，将【安全高度】设置为［50.0］，【参考高度】设置为［5.0］，【下刀位置】设置为［2.0］。

6）在【多轴刀路—旋转】对话框中完成以上设置后，单击确定图标 ，计算并生成如图 5-128 所示的旋转加工刀具路径。

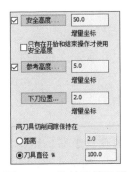

图 5-127　旋转连接设置

图 5-128　旋转加工刀具路径

## 5.12 高级旋转加工策略

模型输入

（1）模型输入　如图 5-129 所示项目文件打开方式，打开随书文件夹"Mastercam 多轴编程与加工基础 / 案例资源文档 / 第五章　多轴加工策略应用"中的"5.12 高级旋转加工策略练习文档"项目文件。

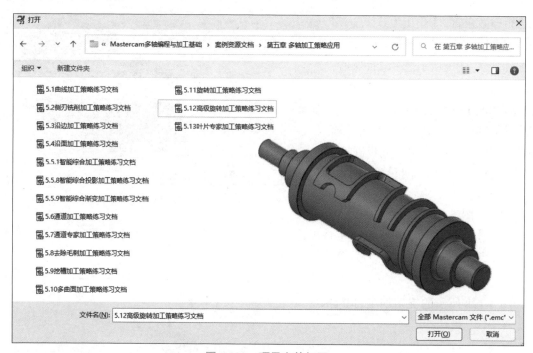

图 5-129　项目文件打开

高级旋转加工

（2）高级旋转加工

1）在【刀路】选项卡中，单击图 5-130 所示多轴加工选项中的【高级旋转】刀路策略选项。

2）在【多轴刀路—高级旋转】对话框中，对【刀具】选项进行选择设置，单击选择"1 号"刀具。

3）在图 5-131 所示【多轴刀路—高级旋转】对话框中，对【切削方式】选项进行设置，将【深度切削步进】下的距离设置为［8］，勾选【平滑】选项下的【转角 %】并设置为［20］，其余参数设置默认。

图 5-130　多轴加工选项

图 5-131　高级旋转切削方式设置

4）在图 5-132 所示【多轴刀路—高级旋转】对话框中，对【自定义组件】进行设置，单击【自定义组件】选项下【加工几何图形】右侧的选择图素图标 ⊾，在图形窗口单击选择两端侧边与中间段的肋板曲面，单击【结束选择】。将【切削公差】设置为 [0.1]，【最大点距离】设置为 [0.5]。

在【旋转轴】选项下进行【方向】选择，单击其右侧的选择图素图标 ⊾，打开层别 3，如图所示选择轴线，并在【线性刀轴控制】对话框中，单击确定图标 ⊘。在【旋转轴】选项下进行【基准点】选择，单击其右侧的选择图素图标 ⊾，如图所示选择点。勾选【加工范围】选项下【轴向】并设置起始为 [0]，结束为 [200]。

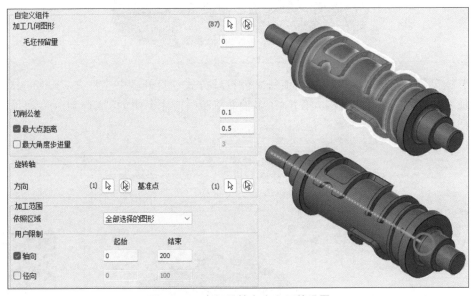

图 5-132　高级旋转自定义组件设置

5）在图 5-133 所示【多轴刀路—高级旋转】对话框中，对【连接参数】选项进行设置，全部选为"使用斜插"，选择【斜插方式】为"螺旋"，其余连接方式及参数设置如图所示。

6）在【多轴刀路—高级旋转】对话框中完成以上设置后，单击确定图标 ⊘，计算并生成如图 5-134 所示的高级旋转加工刀具路径。

图 5-133　高级旋转连接参数设置 　　　　图 5-134　高级旋转刀具路径

## 5.13　叶片专家加工策略

（1）模型输入　图 5-135 所示为项目文件打开方式，打开随书文件夹"Mastercam 多轴编程与加工基础 / 案例资源文档 / 第五章 多轴加工策略应用"中的"5.13 叶片专家加工策略练习文档"项目文件。

模型输入

图 5-135　项目文件打开

（2）单区段粗加工

1）在【刀路】选项卡中，单击如图 5-136 所示多轴加工选项中的【叶片专家】刀路策略选项。

2）在【多轴刀路—叶片专家】对话框中，对【刀具】选项进行选择设置，单击选择"1 号"刀具。

**叶片专家**

针对叶轮叶片、螺旋桨类零件提供的专门加工策略。

图 5-136　多轴加工选项

3）在图 5-137 所示【多轴刀路—叶片专家】对话框中，对【切削方式】进行设置，设置【模式】选项下的【加工】为"粗切"，设置【策略】为"与叶片轮毂之间渐变"，设置【排序】选项下【方式】为"双向：从尾缘开始"，设置【排序】为"由左至右"，设置【深度步进量】选项下【最大距离】为［3］，其余参数设置默认。

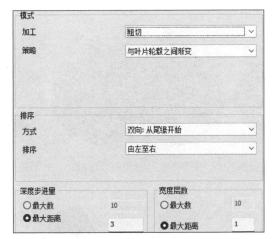

图 5-137　叶片专家切削方式设置

4）在图 5-138 所示【多轴刀路—叶片专家】对话框中，对【自定义组件】选项进行设置。单击【叶片，分离器】右侧的选择图素图标 ，打开层别"3"，选取图 5-139 所示左翼叶片、右翼叶片和分流叶片曲面，设置【毛坯预留量】为［0.2］；单击【圆角】右侧的选择图素图标，打开层别"4"，选取图 5-140 所示圆角面；单击【轮毂】右侧的选择图素图标，打开层别"5"，选取如图 5-141 所示轮毂曲面，设置【毛坯预留量】为［0.2］；单击【叶片】右侧的选择图素图标，打开层别"6"，选取如图 5-142 所示叶片外侧曲面，其他参数设置默认。

5）在【多轴刀路—叶片专家】对话框中，对【刀轴控制】选项进行选择设置，设置【首选前倾角】为［5.0］，设置【最大前倾角】为［30.0］，设置【侧倾角度】为［20.0］，其余参数设置默认。

6）在图 5-143 所示【多轴刀路—叶片专家】对话框中，对【连接方式】选项进行选择设置，取消勾选【自动】，【切削之间连接】与【切片间的连接】均使用"平滑曲线"，其余参数设置默认。

7）在【多轴刀路—叶片专家】对话框中完成以上设置后，单击确定图标，计算并生成如图 5-144 所示的单区段粗加工刀具路径。

图 5-138　叶片专家自定义组件设置

图 5-139　叶片曲面选取

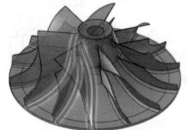

图 5-140　圆角面选取

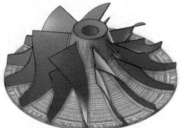

图 5-141　轮毂曲面选取

图 5-142　叶片外侧曲面选取

图 5-143　叶片专家连接方式设置

图 5-144　叶片专家单区段粗加工刀具路径

（3）单区段叶片精加工

单区段叶片精加工

1）复制上一刀路在【多轴刀路—叶片专家】对话框中，对【切削方式】进行设置，设置【模式】选项下的【加工】为"精修叶片"，【策略】为"侧刃铣削"，其余参数设置默认。

2）在图 5-145 所示【多轴刀路—叶片专家】对话框中，对【自定义组件】选项进行更改，设置【叶片，分离器】和【轮毂】选项下的【毛坯预留量】为［0］。

3）在【多轴刀路—叶片专家】对话框中，对【刀轴控制】进行设置，设置【过切】选项下【错误处理】为"仅刀刃"，其余参数设置默认。

4）在【多轴刀路—叶片专家】对话框中完成以上设置后，单击确定图标 ，计算并生成如图 5-146 所示的单区段叶片精加工刀具路径。

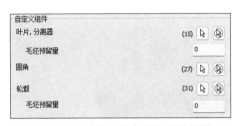

图 5-145 叶片专家自定义组件设置

图 5-146 叶片专家单区段叶片精加工刀具路径

（4）单区段轮毂精加工

1）复制上一刀路在【多轴刀路—叶片专家】对话框中，对【切削方式】进行设置，设置【模式】选项下的【加工】为"精修轮毂"，【排序】选项下【方式】设置为"双向：从尾缘开始"，【排序】设置为"由左至右"，其余参数设置默认。

2）在【多轴刀路—叶片专家】对话框中，对【连接方式】选项进行选择设置，设置【间隙】选项下【使用】为"圆柱形"，其余参数设置默认。

单区段轮毂精加工

3）在【多轴刀路—叶片专家】对话框中完成以上设置后，单击确定图标 ，计算并生成如图 5-147 所示的单区段轮毂精加工刀具路径。

图 5-147 叶片专家单区段轮毂精加工刀具路径

（5）单区段圆角精加工

1）复制上一刀路，在所示【多轴刀路—叶片专家】对话框中，对【切削方式】进行设置，将【模式】选项下的【加工】设置为"精修圆角"，【外形】设置为"完整（修剪尾缘）"，其余参数设置如图 5-148 所示。

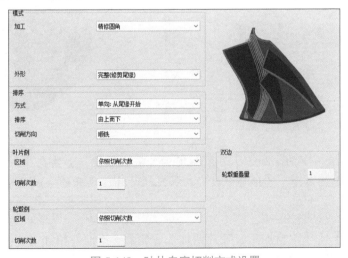

图 5-148 叶片专家切削方式设置

2）在【多轴刀路—叶片专家】对话框中完成以上设置后，单击确定图标 ，计算并生成如图 5-149 所示的单区段圆角精加工刀具路径。

单区段圆角精加工

图 5-149　叶片专家单区段圆角精加工刀具路径

【操作技巧】

1. 使用叶片专家进行叶轮编程时，为减少编程计算时间，首先会将如图 5-150 所示起始角度区段设置为"1.0"，通过图 5-151 可知，所谓叶轮区段即共有几组相同的叶片，初次编程以参数调试为主，如果选择全部区段将增加刀路计算时间，当完成 1 个区段的刀路编制后，可通过修改区段数重新计算的方式，生成全部区段的刀具路径。

2. 为了编制叶轮全部区段的刀具路径，除了使用叶片专家策略的区段数修改方式外，可根据需要使用［刀路转换］选项，能够更快速地生成所需的其他区段刀具路径。

3. 若生成其他刀路与预期不符或叶轮的叶片布局特殊时，需要对区段旋转轴进行设置，如图 5-151 所示，将［旋转轴］从自动修改为手动指定方式，并选择回转轴和旋转基点。

图 5-150　自定义组件区段设置

图 5-151　叶轮区段示意图

4. ［区段］选项下的［加工］可以指定加工区段数量，如需要生成全区段刀路，需设为"全部"，［起始角度］选项可以设置从第几组叶片区段开始生成刀具路径。

（6）全部区段刀具路径生成

1）分别打开上述叶轮粗加工、叶片精加工、轮毂（流道）精加工、圆角精加工的参数设置对话框，将策略中如图 5-150 所示自定义组件的【区段】选项设置为［7.0］,【加工】选项设置为"全部"，完成全区段叶片参数设置。

2）设置图 5-152 自定义组件的【质量】控制参数，将【平滑叶片流线】百分比调整为［10.00%］，其余参数设置如图所示。

图 5-152　自定义组件质量设置

全部区段刀具
路径生成

3）分别完成叶轮粗加工、叶片精加工、轮毂（流道）精加工、圆角精加工等策略的【自定义组件】设置后，计算获得如图 5-153~ 图 5-156 所示的叶轮、叶片、轮毂、圆角全区段刀具路径。

图 5-153　叶轮全区段粗加工

图 5-154　叶片全区段精加工

图 5-155　轮毂全区段精加工

图 5-156　圆角全区段精加工

【操作技巧】

1. 通过模拟仿真得到表 5-1 所示叶片质量对比效果，［质量］参数在粗加工和轮毂精加工中需根据需要进行设置，通过调整图 5-152 所示［质量］参数下［平滑叶片流线］百分比，以改善叶片前沿处叶片与轮毂面相交位置的刀路处理方式，从而减小该三角区域的余量残留。由表 5-1 可知，［平滑叶片流线］设置为 10%~20% 即可满足需求。

2. 通常整体叶轮编程加工不需要完全按照"叶片专家加工策略"中的粗精加工方式进行，可以将叶片专家策略与其他曲面加工策略结合使用，可达到更理想的刀具路径。

3. 可以灵活使用"叶片专家加工策略"中不同的加工模式，如叶片精加工、轮毂精加工模式，可根据刀具、模型和余量情况重复使用，以能够达到理想加工效果为前提。

表 5-1　平滑叶片流线设置对比刀路

| 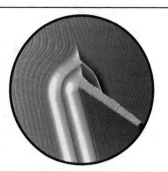 | 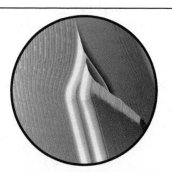 |
| --- | --- |
| 平滑叶片流线 10% | 平滑叶片流线 90% |

# 第6章

## 多轴刀轴控制应用

**本章知识点**

- Mastercam 多轴刀轴控制方式分类
- Mastercam 多轴刀轴控制方式适用情况
- Mastercam 多轴刀轴控制参数设置
- Mastercam 多轴刀轴控制应用技巧

刀轴控制是多轴加工的重要学习部分，针对不同的加工内容，除选择合理的加工策略外，还需设置最优的刀轴控制方式，以获得最佳的刀具路径。本章针对 Mastercam 软件中不同加工策略的刀轴控制方式分别进行案例介绍。

学习刀轴控方式前首先要了解三轴、定轴、联动加工方式下刀轴与工件之间的相对关系，三轴加工过程中，刀具轴线与机床 Z 轴同向，刀具路径以刀具轴线垂直于被加工表面的投影方式（特征底面）生成；定轴加工过程中，刀具轴线可与被加工表面成固定角度生成刀具路径，定轴刀具路径运算原理与三轴基本相同；而五轴联动加工需要结合被加工零件的几何特征确定刀具轴线与被加工面之间的角度关系，且可以根据被加工面的结构形式，动态调整刀具轴线的空间姿态角，保持刀具最佳切削位置参与切削加工。

此外需要注意多轴加工过程中刀具轴会发生变化，主轴、刀柄和刀具有可能与工作台、夹具和工件发生碰撞，因此，在编制五轴刀具路径时需要考虑干涉碰撞的可能性，避免因不合理的刀轴控制方式和参数设置产生安全事故。

Mastercam 软件提供了丰富的刀轴控制方式，可以在多轴加工策略选项卡中选用。不同多轴加工策略中的刀轴控制参数会有所不同，可以针对被加工零件的特征选择适合的刀轴控制方式，本章介绍的 Mastercam 软件刀轴控制方式和不同加工策略的对应关系见表 6-1。

表 6-1　刀轴控制方式和不同加工策略

| 序号 | 控制方式 | 基本解释 | 加工策略 |
|---|---|---|---|
| 1 | 直线 | 沿着被选定的参考直线对齐刀具轴，在选定的参考直线之间进行刀轴插补控制 | 曲线加工策略；<br>通道加工策略；<br>沿面加工策略；<br>多曲面加工策略 |

（续）

| 序号 | 控制方式 | 基本解释 | 加工策略 |
|---|---|---|---|
| 2 | 曲面 | 刀具轴垂直于选定参考曲面，以3轴刀路计算方式将曲线投影至刀轴控制面上，形成刀具接触点，可限制接触点刀轴倾角 | 曲线加工策略；通道加工策略；沿面加工策略；多曲面加工策略 |
| 3 | 平面 | 刀轴始终垂直于选定的参考平面 | |
| 4 | 从点 | 限制刀轴从某一选定参考点开始，以该点为参考原点发生变化 | |
| 5 | 到点 | 限制刀轴指向并终止于某一选定参考点，以该点为参考原点发生变化 | |
| 6 | 曲线 | 沿选定的直线、圆弧、样条曲线或串联几何图素对齐刀具轴 | |
| 7 | 边界 | 在选定的封闭边界内或封闭边界上对齐刀具轴 | |
| 8 | 直线 | 沿着被选定的参考直线对齐刀具轴，在选定的参考直线之间进行刀轴插补控制，可调整刀轴倾斜方式 | 智能综合加工策略 |
| 9 | 曲面 | 刀具轴垂直于选定加工曲面，形成刀具接触点 | |
| 10 | 从点 | 限制刀轴从某一选定参考点开始，以该点为参考原点发生变化，且可调整刀轴变化方式 | |
| 11 | 到点 | 限制刀轴指向并终止于某一选定参考点，以该点为参考原点发生变化，且可调整刀轴变化方式 | |
| 12 | 从串连 | 限制刀轴从某一选定的直线、圆弧、样条曲线或串联几何图素开始，以此为参考限制刀轴变化 | |
| 13 | 到串连 | 限制刀轴指向并终止于某一选定选定的直线、圆弧、样条曲线或串联几何图素，以此为参考限制刀轴变化 | |
| 14 | 倾斜曲面 | 刀具轴垂直于选定加工曲面，形成刀具接触点，可限制接触点刀轴倾角 | |
| 15 | 5轴 | 刀轴控制基于加工曲面图素自动计算，刀具侧刃与被加工面完整接触 | 侧刃铣削加工策略 |
| 16 | 5轴 | 刀轴控制基于选择的曲面或串联图素自动计算，刀具侧刃与被加工图素完整接触 | 沿边加工策略 |

## 6.1 五轴基本策略刀具轴向控制

### 6.1.1 直线刀轴控制

（1）模型输入　如图6-1所示项目文件打开方式，打开随书文件夹"Mastercam 多轴编

程与加工基础 / 案例资源文档 / 第六章 多轴刀轴控制应用”中的“6.1.1 直线刀轴控制练习文档”项目文件。

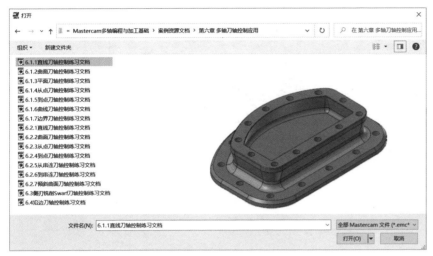

模型输入

图 6-1　项目文件打开

（2）直线刀轴控制

1）在【刀路】选项卡中，单击如图 6-2 所示多轴加工选项中的【曲线】刀路策略选项。

2）在【多轴刀路—曲线】对话框中，对【刀具】选项进行选择设置，单击选择“1 号”刀具。

3）在图 6-3 所示【多轴刀路—曲线】对话框中，对【切削方式】选项进行设置，【曲线类型】选项设置为“3D 曲线”，单击其右侧的选择图素图标 ⚓，

图 6-2　多轴加工选项

打开层别 15，如图选择曲线图素，单击【结束选择】，设置【补正方式】为“关”，其余参数设置如图。

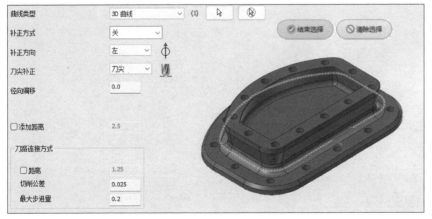

直线刀轴控制

图 6-3　切削方式设置

4）在图 6-4 所示【多轴刀路—曲线】对话框中，对【刀轴控制】进行设置，设置【刀轴控制】方式为【直线】，单击其右侧的选择图素图标 ⌖，如图选择直线并在【线性刀轴控制】对话框中勾选【相对于方向】，将【输出方式】设置为"5 轴"，其余参数设置如图所示。

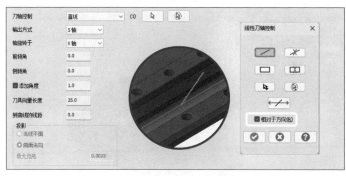

图 6-4　刀轴控制设置

【操作技巧】

1. 此案例选取直线图素时，在图 6-4 所示【线性刀轴控制】对话框中须勾选【相对于方向】，否则会导致刀路运算错误，勾选后可以保证在曲线切削过程中刀轴始终沿所选参考直线对齐。

2. 使用直线刀轴控制时，不仅限于一条直线。可以选择多条直线，在不同位置定义刀轴方向，产生不同的刀轴摆动控制效果。

3.【轴旋转于】选项适用于 4 轴机床编程，与【输出方式】有关系。当【输出方式】为"4 轴"时有效，若【输出方式】为"5 轴"时，无需设置。

5）在图 6-5 所示【多轴刀路—曲线】对话框中，对【碰撞控制】进行设置，设置【刀尖控制】选项下的【向量深度】为［-6.35］。

6）在图 6-6 所示【多轴刀路—曲线】对话框中，对【连接】选项下的【进 / 退刀】进行设置，设置参数如图。

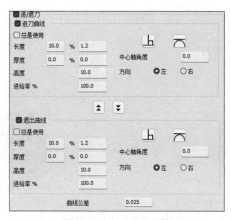

图 6-5　碰撞控制设置　　　　　　图 6-6　进 / 退刀设置

7）在图 6-6 所示【多轴刀路—曲线】对话框中完成以上设置后，单击确定图标 ，计算并生成如图 6-7 所示的直线刀轴控制加工刀具路径。

图 6-7　直线刀轴控制加工刀具路径

## 6.1.2　曲面刀轴控制

（1）模型输入　如图 6-8 所示项目文件打开方式，打开随书文件夹 "Mastercam 多轴编程与加工基础 / 完成案例文档 / 第六章 多轴刀轴控制应用" 中的 "6.1.2 曲面刀轴控制参考文档" 项目文件。

模型输入

图 6-8　项目文件打开

（2）顶面加工

1）在【刀路】选项卡中，单击图 6-9 所示多轴加工选项中的【沿面】刀路策略选项。

2）在【多轴刀路—沿面】对话框中，对【刀具】选项进行选择设置，单击选取"1 号"刀具。

3）在图 6-10 所示【多轴刀路—沿面】对话框中，对【切削方式】选项进行设置，单击【曲面】选项右侧的选择图素图标 $\boxed{\phantom{x}}$，如图选择台灯上表面，并确认沿面参数如图所示。设置【切削方向】为"单向"，其余参数设置如图所示。

图 6-9　多轴加工选项

顶面加工

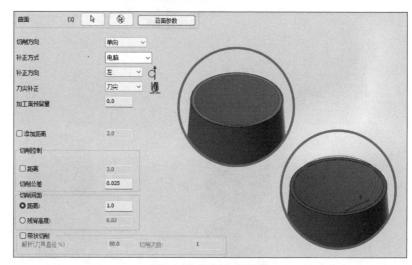

图 6-10　切削方式设置

4）在图 6-11 所示【多轴刀路—沿面】对话框中，对【刀轴控制】选项进行设置，设置【刀轴控制】方式为"曲面"，选择【输出方式】为"5 轴"，设置【侧倾角】为［−5.0］，其余参数设置如图所示。

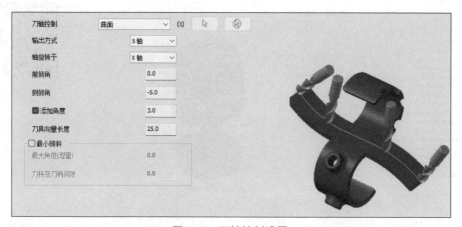

图 6-11　刀轴控制设置

【操作技巧】

1.［刀轴控制］设为［曲面］后，若采用默认设置，刀轴将依照曲面的法向垂直投影，在前倾角和侧倾角均定义为 0 的状态下，刀具路径各接触点的刀轴方向都会垂直于该曲面。

2. 所选参考曲面需在模型内部，大小需在投影的范围内。

3. 刀具轴倾斜 15° 可达到较好的切削效果，具体情况视刀具特性而定。

4. 对前倾角和侧倾角进行设定，可避开刀具静点位置，避免加工时的静点切削，以提高加工质量，也可通过调整前倾角和侧倾角，以避免刀具系统和工件、夹具可能发生的干涉碰撞现象，前倾角和侧倾角的区别见表 6-2。

表 6-2　前倾角与侧倾角区别

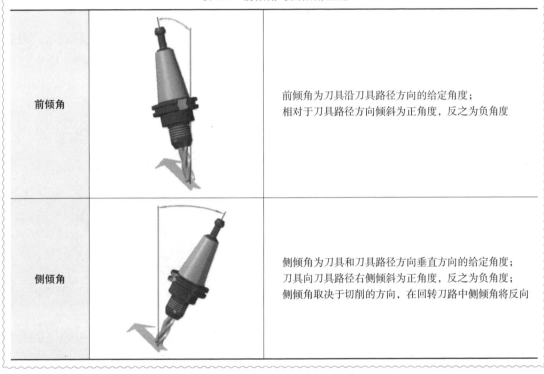

| 前倾角 | | 前倾角为刀具沿刀具路径方向的给定角度；<br>相对于刀具路径方向倾斜为正角度，反之为负角度 |
|---|---|---|
| 侧倾角 | | 侧倾角为刀具和刀具路径方向垂直方向的给定角度；<br>刀具向刀具路径右侧倾斜为正角度，反之为负角度；<br>侧倾角取决于切削的方向，在回转刀路中侧倾角将反向 |

5）在图 6-11 所示【多轴刀路—沿面】对话框中完成以上设置后，单击确定图标 ，计算并生成如图 6-12 所示的顶面加工刀具路径。

（3）侧面加工

1）复制路径或重新点选沿面策略，在图 6-13 所示【多轴刀路—沿面】对话框中，对【切削方式】选项进行设置，单击【曲面】选项右侧的选择图素图标，如图选择台灯外侧表面，并确认沿面参数如图所示。设置【切削方向】为"螺旋"，其余参数设置如图所示。

图 6-12　顶面刀具路径

181

侧面加工

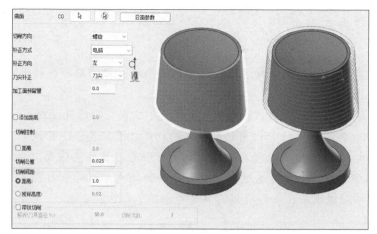

图 6-13　切削方式设置

2）在图 6-14 所示【多轴刀路—沿面】对话框中，对【刀轴控制】选项进行设置，设置【刀轴控制】方式为"曲面"，选择【输出方式】为"5 轴"，设置【前倾角】为［15.0］，设置【侧倾角】为［-15.0］，其余参数设置如图所示。

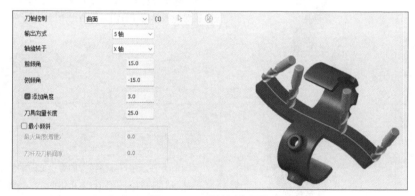

图 6-14　刀轴控制设置

3）在图 6-14 所示【多轴刀路—沿面】对话框中完成以上设置后，单击确定图标 ，计算并生成如图 6-15 所示的侧面加工刀具路径。

图 6-15　侧面刀具路径

【操作技巧】

1. 通过设置前倾角和侧倾角（见表 6-3），可以控制刀轴的偏摆角度，将偏摆过大或超行程的刀具路径进行优化。

2. 五轴沿面策略使用的刀轴控制曲面构造应尽量简单，如果曲面构造过于复杂，可以考虑建立单一参考曲面。

3. 刀轴控制曲面须为连续曲面，并且 UV 线均匀且不重合，否则会导致路径生成失败或路径重复。

表 6-3　前倾角与侧倾角设置对比

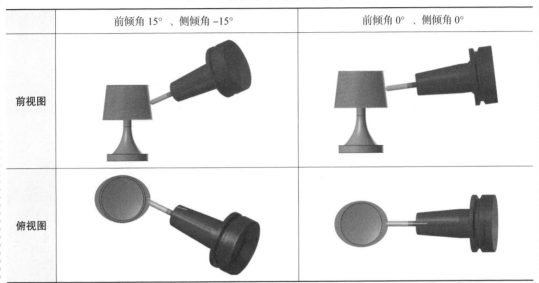

| | 前倾角 15°、侧倾角 –15° | 前倾角 0°、侧倾角 0° |
|---|---|---|
| 前视图 | | |
| 俯视图 | | |

## 6.1.3　平面刀轴控制

模型输入

（1）模型输入　如图 6-16 所示项目文件打开方式，打开随书文件夹"Mastercam 多轴编程与加工基础 / 案例资源文档 / 第六章　多轴刀轴控制应用"中的"6.1.3 平面刀轴控制练习文档"项目文件。

（2）曲线加工

1）在【刀路】选项卡中，单击图 6-2 所示多轴加工选项中的【曲线】刀路策略选项。

曲线加工

2）在【多轴刀路—曲线】对话框中，对【刀具】选项进行选择设置，单击选择"1号"刀具。

3）在图 6-17 所示【多轴刀路—曲线】对话框中，对【切削方式】选项进行设置，【曲线类型】选项设置为"3D 曲线"，单击其右侧的选择图素图标 ⟨⟩，打开层别 2，如图选择曲线图素，单击【结束选择】，其余参数设置如图。

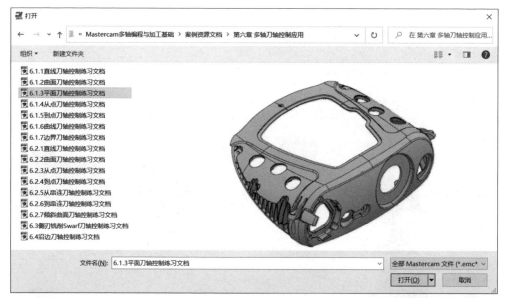

图 6-16　项目文件打开

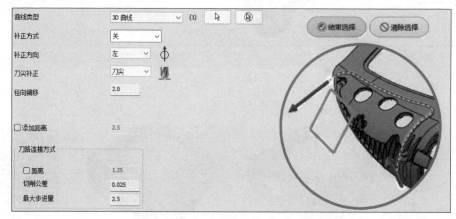

图 6-17　切削方式设置

4）在图 6-18 所示【多轴刀路—曲线】对话框中，对【刀轴控制】进行设置，设置【刀轴控制】方式为"平面"，单击其右侧的选择图素图标 ⟨⟩，在【平面选择】对话框中单击 三个光标点，如图选择平面三个角点，将【输出方式】设置为"5 轴"，其余参数设置如图所示。

5）在图 6-19 所示【多轴刀路—曲线】对话框中，对【碰撞控制】进行设置，设置【刀尖控制】选项下【向量深度】为 ［-2.0］。

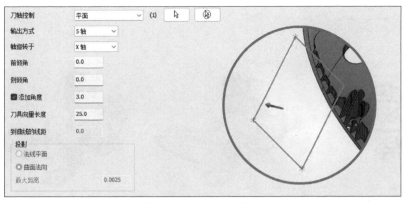

图 6-18 刀轴控制设置

6）在图 6-20 所示【多轴刀路—曲线】对话框中，对【连接】选项下【进 / 退刀】进行设置，设置参数如图。

图 6-19 曲线碰撞控制设置

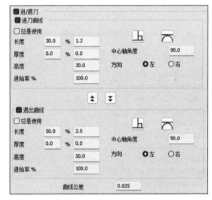

图 6-20 进 / 退刀设置

7）在图 6-20 所示【多轴刀路—曲线】对话框中完成以上设置后，单击确定图标  ，计算并生成如图 6-21 所示的平面刀轴控制加工刀具路径。

图 6-21 平面刀轴控制加工刀具路径

## 6.1.4　从点刀轴控制

模型输入

（1）模型输入　图 6-22 所示为项目文件打开方式，打开随书文件夹"Mastercam 多轴编程与加工基础 / 案例资源文档 / 第六章 多轴刀轴控制应用"中的"6.1.4 从点刀轴控制练习文档"项目文件。

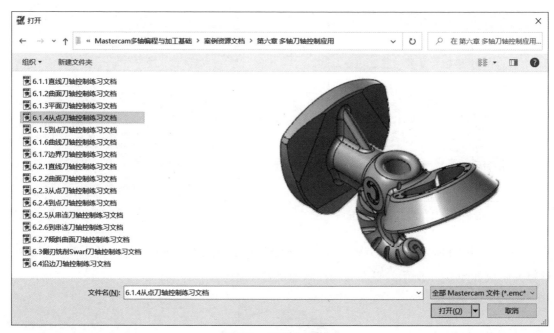

图 6-22　项目文件打开

沿面加工

（2）沿面加工

1）在【刀路】选项卡中，单击图 6-9 中的【沿面】刀路策略选项。

2）在【多轴刀路—沿面】对话框中，对【刀具】选项进行选择设置，单击选择"1 号"刀具。

3）在图 6-23 所示【多轴刀路—沿面】对话框中，对【切削方式】选项进行设置，单击【曲面】选项右侧的选择图素图标 ⊵，如图选择曲面图素，并确认沿面参数如图所示。设置【切削方向】为"螺旋"，其余参数设置如图所示。

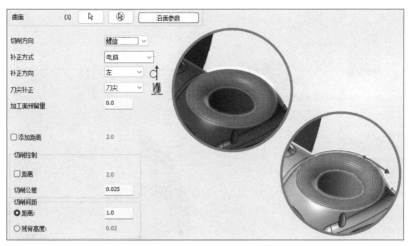

图 6-23　切削方式设置

4）在图 6-24 所示【多轴刀路—沿面】对话框中，对【刀轴控制】选项进行设置，设置【刀轴控制】方式为"从点"，单击其右侧的选择图素图标 ![icon]，打开层别 2，如图选择上侧点，选择【输出方式】为"5 轴"，其余参数设置如图所示。

5）在图 6-24 所示【多轴刀路—沿面】对话框中完成以上设置后，单击确定图标 ![icon]，计算并生成如图 6-25 所示的从点刀轴控制加工刀具路径。

图 6-24　刀轴控制设置　　　　　　　　图 6-25　从点刀轴控制加工刀具路径

## 6.1.5　到点刀轴控制

模型输入

（1）模型输入　图 6-26 所示为项目文件打开方式，打开随书文件夹"Mastercam 多轴

编程与加工基础 / 案例资源文档 / 第六章 多轴刀轴控制应用"中的"6.1.5 到点刀轴控制练习文档"项目文件。

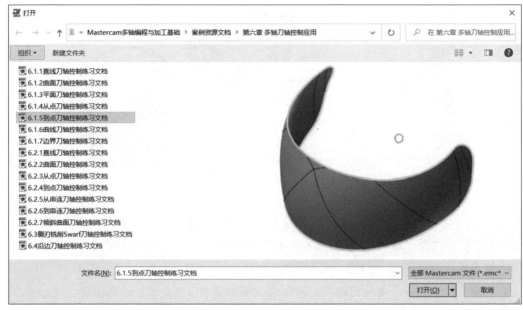

图 6-26 项目文件打开

（2）曲线加工

1）在【刀路】选项卡中，单击如图 6-2 所示多轴加工选项中的【曲线】刀路策略选项。

2）在【多轴刀路—曲线】对话框中，对【刀具】选项进行选择设置，单击选择"1 号"刀具。

3）在图 6-27 所示【多轴刀路—曲线】对话框中，对【切削方式】选项进行设置，【曲线类型】选项设置为"3D 曲线"，单击其右侧的选择图素图标 ⌖，如图选择曲线图素，单击【结束选择】，设置【补正方式】为"电脑"，其余参数设置如图。

曲线加工

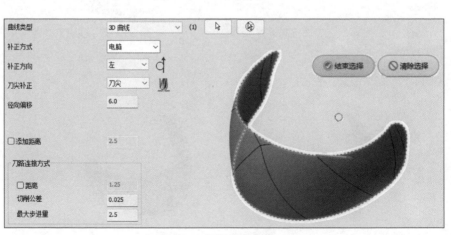

图 6-27 切削方式设置

188

4）在图 6-28 所示【多轴刀路—曲线】对话框中，对【刀轴控制】进行设置，设置【刀轴控制】方式为"到点"，单击其右侧的选择图素图标 ⬚，如图选择所示点，将【输出方式】设置为"5 轴"，其余参数设置如图所示。

5）在图 6-29 所示【多轴刀路—曲线】对话框中，对【碰撞控制】进行设置，设置【向量深度】为［–2.0］。

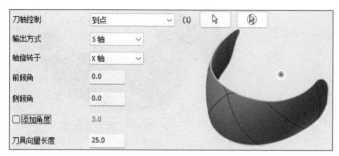

图 6-28　刀轴控制设置　　　　　　　　　　　图 6-29　碰撞控制设置

6）在图 6-29 所示【多轴刀路—曲线】对话框中完成以上设置后，单击确定图标 ✅ ，计算并生成如图 6-30 所示的平面刀轴控制加工刀具路径。

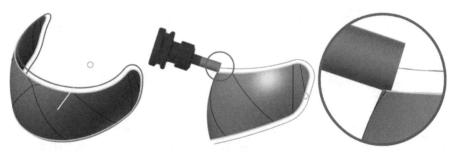

图 6-30　平面刀轴控制加工刀具路径

【操作技巧】

通过图 6-30 所示的刀具路径模拟可以看出，切削过程中，刀具侧刃长时间处于同一位置切削，会导致刀具磨损加剧，进而造成成本的增加。为了提高刀具寿命，充分利用刀具的有效切削刃部进行切削，可通过设置［碰撞控制］中的［摆动］选项，优化刀具路径。

7）复制上一步生成的刀具路径，在图 6-31 所示【多轴刀路—沿面】对话框中，对【碰撞控制】选项进行设置，勾选【摆动】选项，单击【高速】，设置【最大深度】为［20.0］，【起伏间距】为［25.0］。

8）在【多轴刀路—曲线】对话框中完成以上设置后，单击确定图标 ✅ ，计算并生成如图 6-32 所示的优化后的到点刀轴控制加工刀具路径。

图 6-31　碰撞控制　　　　　　　图 6-32　优化后的到点刀轴控制加工刀具路径

## 6.1.6　曲线刀轴控制

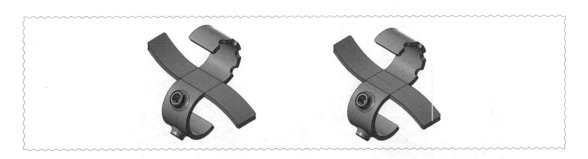

（1）模型输入　如图 6-33 所示项目文件打开方式，打开随书文件夹"Mastercam 多轴编程与加工基础 / 案例资源文档 / 第六章 多轴刀轴控制应用"中的"6.1.6 曲线刀轴控制练习文档"项目文件。

模型输入

图 6-33　项目文件打开

（2）曲线加工

1）在【刀路】选项卡中，单击如图 6-2 所示多轴加工选项中的【曲线】刀路策略选项。

2）在【多轴刀路—曲线】对话框中，对【刀具】选项进行选择设置，单击选择"2 号"刀具。

3）在图 6-34 所示【多轴刀路—曲线】对话框中，对【切削方式】选项进行设置，【曲线类型】选项设置为"3D 曲线"，单击其右侧的选择图素图标 ，打开层别 2，如图选择曲线图素，单击【结束选择】，设置【补正方式】为"电脑"，其余参数设置如图。

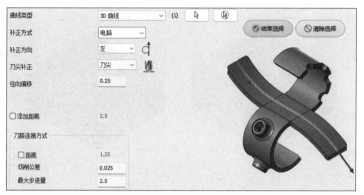

曲线加工

图 6-34　切削方式设置

4）在图 6-35 所示【多轴刀路—曲线】对话框中，对【刀轴控制】进行设置，设置【刀轴控制】方式为"曲线"，单击其右侧的选择图素图标 ，如图选择曲线，在弹出的【串连选项】窗口单击确定图标 。将【输出方式】设置为"5 轴"，其余参数设置如图所示。

5）在【多轴刀路—曲线】对话框中完成以上设置后，单击确定图标 ，计算并生成如图 6-36 所示的曲线刀轴控制加工刀具路径。

图 6-35　刀轴控制设置

图 6-36　曲线刀轴控制
加工刀具路径

【操作技巧】

1. 选择刀轴控制串连图素时,串连方向需要与加工曲线选取方向相同,否则会导致路径生成失败。

2. 串连图素刀轴控制方式可以有效避免刀杆、刀柄的干涉碰撞,串连图素需根据实际情况提前绘制,以获得能够避开干涉的刀轴串联图素。

## 6.1.7 边界刀轴控制

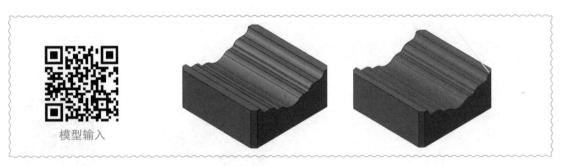

模型输入

(1)模型输入 如图 6-37 所示项目文件打开方式,打开随书文件夹"Mastercam 多轴编程与加工基础 / 案例资源文档 / 第六章 多轴刀轴控制应用"中的"6.1.7 边界刀轴控制练习文档"项目文件。

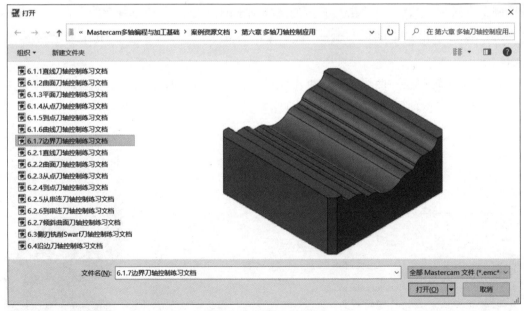

图 6-37 项目文件打开

(2)多曲面加工

1)在【刀路】选项卡中,单击如图 6-38 所示多轴加工选项中的【多曲面】刀路策略选项。

2）在【多轴刀路—多曲面】对话框中，对【刀具】选项进行选择设置，单击选择"1号"刀具。

3）在图 6-39 所示【多轴刀路—多曲面】对话框中，对【切削方式】选项进行设置，将【模型选项】选项设置为"曲面"，单击其右侧的选择图素图标 ，打开层别 3，如图选择曲面图素，单击【结束选择】，并在【流线数据】对话框中确认所需切削方向后，单击确定图标 。将【切削方向】设置为"双向"，其余参数设置如图所示。

图 6-38　多轴加工选项

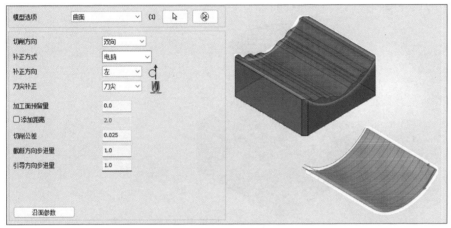

图 6-39　切削方式设置

多曲面加工

4）在图 6-40 所示【多轴刀路—多曲面】对话框中，对【刀轴控制】进行设置，选择【刀轴控制】方式为【边界】，单击其右侧的选择图素图标 ，打开层别 1，如图所示选择图素。将【输出方式】设置为"5 轴"。

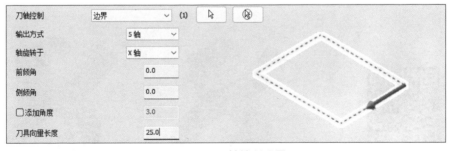

图 6-40　刀轴控制设置

5）在图 6-41 所示【多轴刀路—多曲面】对话框中，对【碰撞控制】选项进行设置，对【刀尖控制】下【补正曲面】选项进行选择，单击其右侧的选择图素图标 ，如图所示选择上表面 18 个连续曲面图素，确认后单击【结束选择】。

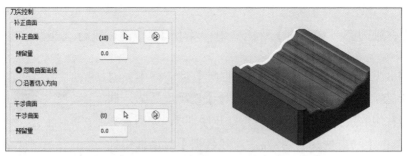

图 6-41　碰撞控制设置

6）在【多轴刀路—多曲面】对话框中完成以上设置后，单击确定图标 ，计算并生成如图 6-42 所示的边界刀轴控制加工刀具路径。

图 6-42　边界刀轴控制加工刀具路径

## 6.2　智能综合策略刀具轴向控制

### 6.2.1　直线刀轴控制

模型输入

（1）模型输入　如图 6-43 所示项目文件打开方式，打开随书文件夹"Mastercam 多轴编程与加工基础 / 案例资源文档 / 第六章　多轴刀轴控制应用"中的"6.2.1 直线刀轴控制练习文档"项目文件。

图 6-43 项目文件打开

（2）智能综合平行加工

1）在【刀路】选项卡中，单击如图 6-44 所示多轴加工选项中的【智能综合】刀路策略选项。

2）在【多轴刀路—智能综合】对话框中，对【刀具】选项进行选择设置，单击选择"1 号"刀具。

3）在图 6-45 所示【多轴刀路—智能综合】对话框中，对【切削方式】选项进行设置，在【模式】选项下，单击添加平面行图标 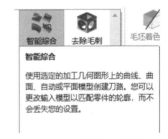，【样式】选项设置为"自定义角度"，在

图 6-44 多轴加工选项

【加工】选项下对【加工几何图形】进行选择，单击其右侧的选择图素图标 ，如图选择曲面图素，单击【结束选择】，其余参数设置如图所示。

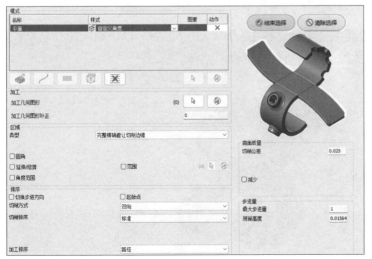

智能综合平行加工

图 6-45 切削方式设置

4）在图 6-46 所示【多轴刀路—智能综合】对话框中，对【切削方式】选项下【加工角度】进行设置，参数如图。

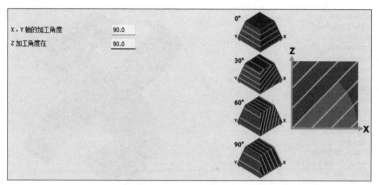

图 6-46　加工角度设置

5）在图 6-47 所示【多轴刀路—智能综合】对话框中，对【刀轴控制】进行设置，将【输出方式】设置为"5 轴"，将【刀轴控制】选为"直线"，单击其右侧的选择图素图标 ，打开层别 2，如图选择直线图素，并在弹出的【线性刀轴控制】对话框中确认方向后，单击确定图标 。

图 6-47　智能综合刀轴控制设置

6）在【多轴刀路—智能综合】对话框中完成以上设置后，单击确定图标 ，计算并生成如图 6-48 所示的智能综合平行直线刀轴控制路径。

图 6-48　智能综合平行直线刀轴控制路径

【操作技巧】

　　1. 通过对刀具路径的模拟可以看出，刀路偏摆角度完全依据所选刀轴参考直线的倾斜角度，可以有效地避开刀具、刀柄与工件产生碰撞和干涉。

　　2. 相同的加工面在选择不同刀轴控制方式时，除碰撞干涉问题外，还需要考虑五轴联动的状态和切削效果。此例中加工图示曲面时为避开中段模型与刀具的干涉，除采用直线刀轴控制外，还可以采用从串连刀轴控制方式，能够达到类似的效果，但刀轴控制选择的原则是尽可能少的采用多轴联动刀轴控制方式，以提高切削的稳定性、效率和质量。

　　7）将不同的刀轴控制方式进行比较，复制路径或重新点选策略，在图 6-49 所示【多轴刀路—智能综合】对话框中，对【刀轴控制】进行设置，将【刀轴控制】选为"从串连"，单击其右侧的选择图素图标 ⬚，打开层别 3，如图选择曲线图素，其余参数不变。

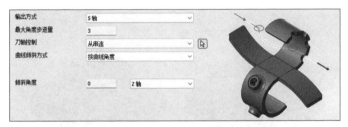

图 6-49　智能综合刀轴控制设置

　　8）在【多轴刀路—智能综合】对话框中完成以上设置后，单击确定图标 ⬚ ，计算并生成如图 6-50 所示的智能综合平行策略"从串连"刀轴控制加工刀具路径。

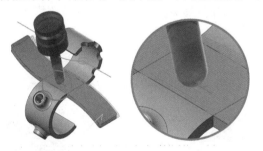

图 6-50　智能综合平行策略"从串连"刀轴控制加工刀具路径

【操作技巧】

　　1. 通过图 6-50 所示刀具路径可以看出，虽然"从串连"刀轴控制方式可以有效地避开刀具与工件的干涉碰撞，达到曲面加工效果，但图中圈出的中段刀具路径位置出现了刀具接触点行距不均匀现象，需对参数进行优化处理。

　　2. 此例中"从串连"刀轴控制方式，在 [刀轴控制] 选项下对 [曲线倾斜方式] 进行更改，如图 6-51 所示设置为"从每个外形从开始到结束"，可以有效避免上述问题，生成如图 6-52 所示刀具路径。

Mastercam多轴编程与加工基础

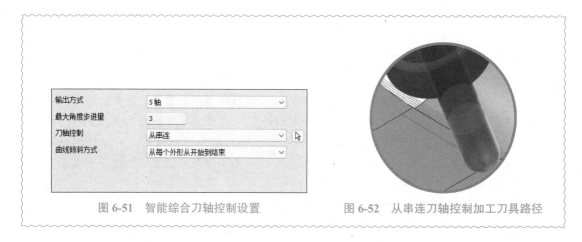

| | |
|---|---|
| 图 6-51 智能综合刀轴控制设置 | 图 6-52 从串连刀轴控制加工刀具路径 |

## 6.2.2 曲面刀轴控制

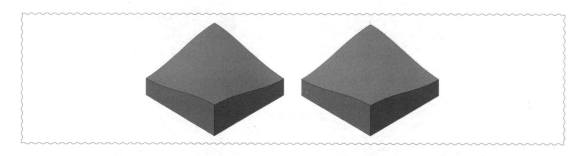

（1）模型输入　如图 6-53 所示项目文件打开方式，打开随书文件夹 "Mastercam 多轴编程与加工基础 / 案例资源文档 / 第六章 多轴刀轴控制应用"中的 "6.2.2 曲面刀轴控制练习文档"项目文件。

模型输入

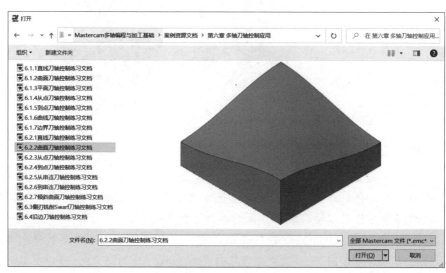

图 6-53　项目文件打开

198

（2）智能综合流线加工

1）【刀路】选项卡中，单击如图 6-44 所示多轴加工选项中的【智能综合】刀路策略选项。

2）【多轴刀路—智能综合】对话框中，对【刀具】选项进行选择设置，单击选择"1 号"刀具。

3）在图 6-54 所示【多轴刀路—智能综合】对话框中，对【切削方式】选项进行设置，在【模式】选项下，单击添加曲面行图标 ▦ ，【样式】选项设置为"流线 U"，在【加工】选项下对【加工几何图形】进行选择，单击其右侧的选择图素图标 ▷ ，如图选择曲面图素，单击【结束选择】，其余参数设置如图所示。

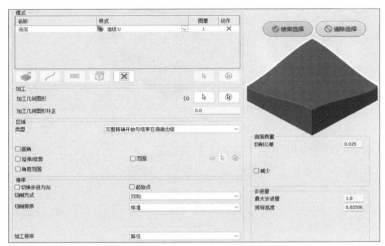

智能综合流线加工

图 6-54 智能综合切削方式设置

4）在图 6-55 所示【多轴刀路—智能综合】对话框中，对【刀轴控制】进行设置，将【输出方式】设置为"5 轴"，将【刀轴控制】选为"曲面"。

图 6-55 智能综合刀轴控制设置

5）在【多轴刀路—智能综合】对话框中完成以上设置后，单击确定图标 ◙ ，计算并生成如图 6-56 所示的智能综合流线 U 曲面刀轴控制加工路径及刀路向量。

图 6-56 智能综合流线 U 曲面刀轴控制加工路径及刀路向量

【操作技巧】

曲面刀轴控制是根据曲面构造线生成的刀具接触点刀轴矢量，接触点位置的法矢量决定刀轴角度。

### 6.2.3　从点刀轴控制

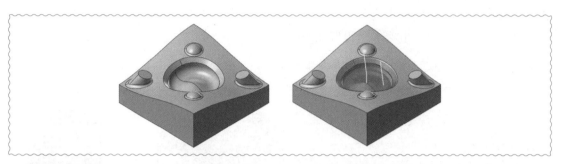

（1）模型输入　如图 6-57 所示项目文件打开方式，打开随书文件夹"Mastercam 多轴编程与加工基础 / 案例资源文档 / 第六章 多轴刀轴控制应用"中的"6.2.3 从点刀轴控制练习文档"项目文件。

模型输入

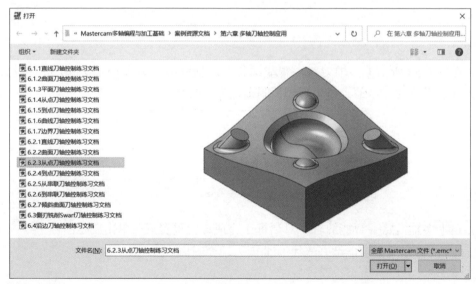

图 6-57　项目文件打开

（2）智能综合流线加工

1）在【刀路】选项卡中，单击如图 6-44 所示多轴加工选项中的【智能综合】刀路策略选项。

2）在【多轴刀路—智能综合】对话框中，对【刀具】选项进行选择设置，单击选择"1 号"刀具。

智能综合流线加工

3）在图 6-58 所示【多轴刀路—智能综合】对话框中，对【切削方式】选项进行设置，在【模式】选项下，单击添加自动行图标 ，【样式】选项设置为"中心 - 渐变"，在【加工】选项下对【加工几何图形】进行选择，单击其右侧的选择图素图标 ，如图所示选择曲面图素，单击【结束选择】，其余参数设置如图所示。

图 6-58　智能综合切削方式设置

4）在图 6-59 所示【多轴刀路—智能综合】对话框中，对【刀轴控制】进行设置，将【输出方式】设置为"5 轴"，将【刀轴控制】选为"从点"，单击其右侧的选择图素图标 ，打开层别 2，如图所示选取点。

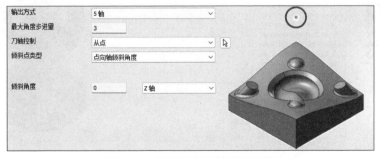

图 6-59　智能综合刀轴控制设置

5）在【多轴刀路—智能综合】对话框中完成以上设置后，单击确定图标 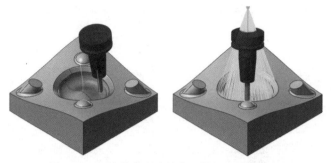，计算并生成如图 6-60 所示的智能综合自动从点刀轴控制加工路径。

图 6-60　智能综合自动从点刀轴控制加工路径

## 6.2.4　到点刀轴控制

（1）模型输入　如图 6-61 所示项目文件打开方式，打开随书文件夹"Mastercam 多轴编程与加工基础 / 案例资源文档 / 第六章 多轴刀轴控制应用"中的"6.2.4 到点刀轴控制练习文档"项目文件。

模型输入

图 6-61　项目文件打开

（2）智能综合自动加工

1）在【刀路】选项卡中，单击如图 6-44 所示多轴加工选项中的【智能综合】刀路策略选项。

2）在【多轴刀路—智能综合】对话框中，对【刀具】选项进行选择设置，单击选择"1 号"刀具。

3）在图 6-62 所示【多轴刀路—智能综合】对话框中，对【切削方式】选项进行设置，在【模式】选项下，单击添加自动行图标 ，【样式】选项设置为"曲面边界 - 平行"，在【加工】选项下对【加工几何图形】进行选择，单击其右侧的选择图素图标 ，打开层别 2，如图选择曲面图素，单击【结束选择】，勾选【排序】选项下【切换步进方向】，其余参数设置如图所示。

智能综合自动加工

图 6-62　智能综合切削方式设置

4）在图 6-63 所示【多轴刀路—智能综合】对话框中，对【刀轴控制】进行设置，将【输出方式】设置为"5 轴"，将【刀轴控制】选为"到点"，单击其右侧的选择图素图标 ，如图所示选取点。

图 6-63　智能综合刀轴控制设置

5）在图6-64所示【多轴刀路—智能综合】对话框中，对【碰撞控制】进行设置，勾选【2】选项后面的【避让几何图形】，单击其右侧的选择图素图标 ，如图选择曲面图素，单击【结束选择】，其余参数设置如图。

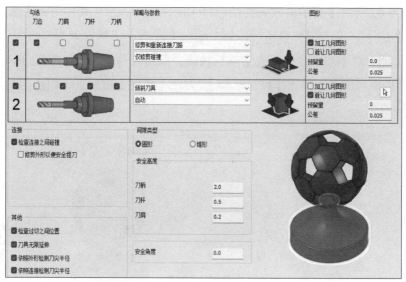

图6-64　智能综合碰撞控制设置

6）在【多轴刀路—智能综合】对话框中完成以上设置后，单击确定图标 ，计算并生成如图6-65所示的智能综合自动到点刀轴控制加工路径。

图6-65　智能综合自动到点刀轴控制加工路径

【操作技巧】

通过【碰撞控制】参数的设置，可以避免刀具、刀柄与模型发生干涉碰撞，有效提高刀具路径的安全性，但【碰撞控制】优化后的路径刀轴摆动角度大，有不可预见性，会影响机床实际切削的稳定性和加工质量，而通过【刀轴控制】参数中的【限制】选项对刀轴角度进行限制，同样可避免干涉碰撞现象发生，且设置简单直观，更易达到理想效果。

7）在【多轴刀路—智能综合】对话框中，在【刀轴控制】页面勾选【限制】，对图 6-66 所示【刀轴控制】下的【限制】进行设置，勾选【锥形限制】并设置参数如图。

8）在【多轴刀路—智能综合】对话框中完成以上设置后，单击确定图标 ，计算并生成如图 6-67 所示的智能综合自动到点刀轴控制加工路径。

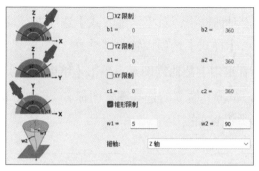

图 6-66  智能综合限制设置

图 6-67  智能综合自动到点刀轴控制加工路径

## 6.2.5  从串连刀轴控制

（1）模型输入  图 6-68 所示为项目文件打开方式，打开随书文件夹 "Mastercam 多轴编程与加工基础 / 完成文档 / 第六章 多轴刀轴控制应用" 中的 "6.2.5 从串连刀轴控制参考文档" 项目文件。

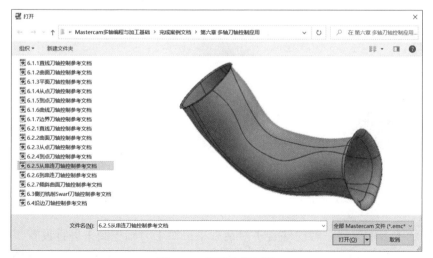

模型输入

图 6-68  项目文件打开

（2）智能综合垂直加工

1）在【刀路】选项卡中，单击图 6-44 所示的多轴加工选项中的【智能综合】刀路策略选项。

2）在【多轴刀路—智能综合】对话框中，对【刀具】选项进行选择设置，单击选择"1 号"刀具。

3）在图 6-69 所示【多轴刀路—智能综合】对话框中，对【切削方式】选项进行设置，在【模式】选项下，单击添加曲线行图标 ⟋，【样式】选项设置为"垂直"，单击其右下侧的选择图素图标 ⬉，打开层别 3，如图选择管道内上侧曲线图素，单击【结束选择】。在【加工】选项下对【加工几何图形】进行选择，单击其右侧的选择图素图标 ⬉，如图 6-70 窗选全部曲面图素，单击【结束选择】，其余参数设置如图所示。

智能综合垂直加工

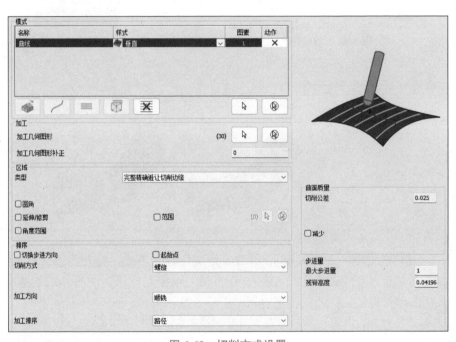

图 6-69　切削方式设置

图 6-70　图素选择

4）在图 6-71 所示【多轴刀路—智能综合】对话框中，对【刀轴控制】进行设置，将【刀轴控制】选为"从串连"，单击其右侧的选择图素图标 ⬉，打开层别 3，如图选择管道外上段串连曲线图素，【曲线倾斜方式】选为"从开始到结束"，其余参数设置如图。

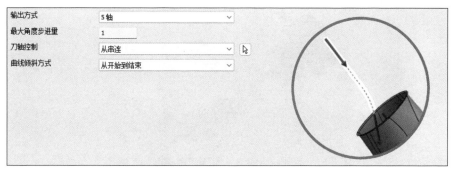

图 6-71　智能综合刀轴控制设置

5）在图 6-72 所示【多轴刀路—智能综合】对话框中，对【连接方式】进行设置，设置【进 / 退刀】选项下【开始点】为"使用切入"，【结束点】为"使用切出"，其余参数默认。

图 6-72　连接方式设置

6）在图 6-73 所示【多轴刀路—智能综合】对话框中，对【连接方式】下的【默认切入 / 切出】进行设置，设置【切入】选项下的【类型】为"切弧"，单击 >> 应用于【切出】，其余参数设置如图示。

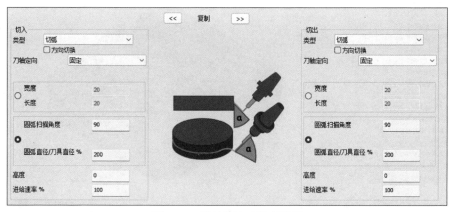

图 6-73　默认切入 / 切出设置

7）在图 6-73 所示【多轴刀路—智能综合】对话框中完成以上设置后，单击确定图

标 ，计算并生成如图 6-74 所示的智能综合垂直从串连刀轴控制加工路径。

图 6-74　智能综合垂直从串连刀轴控制加工路径

## 6.2.6　到串连刀轴控制

模型输入

（1）模型输入　如图 6-75 所示项目文件打开方式，打开随书文件夹 "Mastercam 多轴编程与加工基础 / 完成案例文档 / 第六章 多轴刀轴控制应用" 中的 "6.2.6 到串连刀轴控制参考文档" 项目文件。

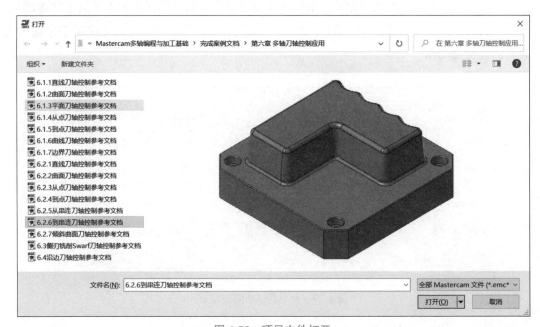

图 6-75　项目文件打开

（2）智能综合渐变加工

1）在【刀路】选项卡中，单击图 6-44 所示多轴加工选项中的【智能综合】刀路策略选项。

2）在【多轴刀路—智能综合】对话框中，对【刀具】选项进行选择设置，单击选择"1 号"刀具。

3）在图 6-76 所示【多轴刀路—智能综合】对话框中，对【切削方式】选项进行设置，在【模式】选项下，单击添加曲线行图标 ，【样式】选项设置为"渐变"，单击其右下侧的选择图素图标 ，打开层别 2，如图选择单一导线图素，单击【结束选择】，重复上述步骤，如图选取另一条导线图素。

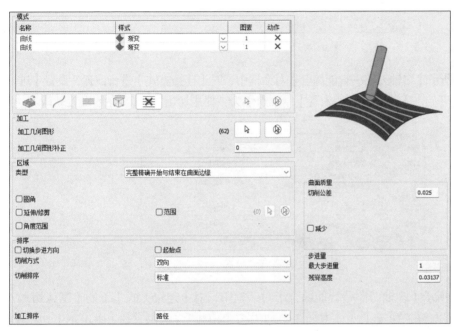

智能综合渐变加工

图 6-76　智能综合渐变切削参数

在【加工】选项下对【加工几何图形】进行选择，单击其右侧的选择图素图标 ，如图 6-77 选择曲面图素，单击【结束选择】，并重新单击选择【样式】为"渐变"，其余参数设置默认。

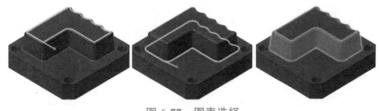

图 6-77　图素选择

4）在图 6-78 所示【多轴刀路—智能综合】对话框中，对【刀轴控制】进行设置，将

【输出方式】设置为"5轴",【刀轴控制】选为"倾斜曲面",设置【侧倾角】为[45]。

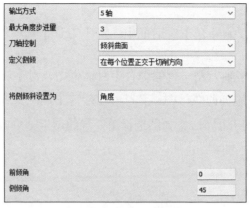

图 6-78　刀轴控制设置

5）在图 6-79 所示【多轴刀路—智能综合】对话框中,对【连接方式】进行设置,设置【进/退刀】选项下的【开始点】为"使用切入",【结束点】为"使用切出",其余参数设置默认。

图 6-79　连接方式设置

6）在图 6-80 所示【多轴刀路—智能综合】对话框中,对【连接方式】下的【默认切入/切出】进行设置,设置【切入】选项下的【类型】为"切弧",单击 >> 应用于【切出】,其余参数设置如图示。

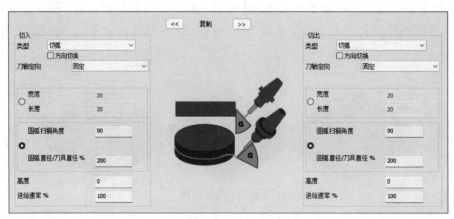

图 6-80　默认切入/切出设置

7）在【多轴刀路—智能综合】对话框中完成以上设置后，单击确定图标 ，计算并生成如图 6-81 所示的智能综合渐变倾斜曲面刀轴控制加工路径。

图 6-81　智能综合渐变倾斜曲面刀轴控制加工路径

【操作技巧】

　　如表 6-4 所示刀具路径模拟结果，存在干涉碰撞和刀轴剧烈偏摆现象。虽然改变【倾斜曲面】刀轴控制方式中的"侧倾角"可以避开刀具干涉，但表中轮廓内拐角位置的刀轴左右偏摆动作会造成刀具夹持部位的干涉碰撞，且轮廓其他拐角位置也存在刀轴连续偏摆现象，因此刀具路径不能用于实际加工。需要注意在刀轴控制参数设置时，通常要根据具体情况尝试不同的参数设置，以获得安全高效的刀轴控制结果。

表 6-4　刀具路径模拟

| 问题 1：刀柄与工件干涉碰撞 | 问题 2：刀轴连续左右偏摆 |
| --- | --- |
| 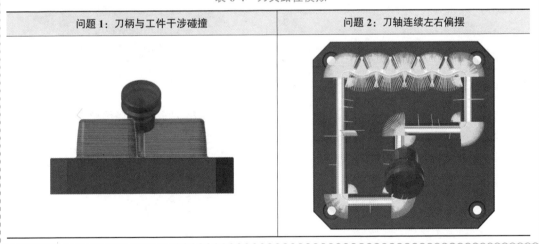 | |

8）选择"从串连"刀轴控制方式进行比较，复制路径或重新选择策略，在图 6-82 所示【多轴刀路—智能综合】对话框中，对【刀轴控制】进行设置，将【刀轴控制】选为"从串连"，单击其右侧的选择图素图标 ，打开层别 3，如图所示选择曲线图素，其余参数不变。

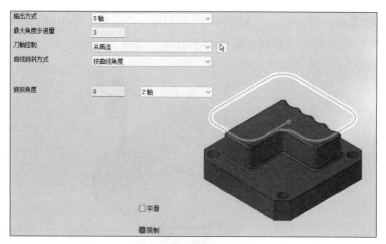

图 6-82　刀轴控制设置

9）在图 6-83 所示【多轴刀路—智能综合】对话框中，对【刀轴控制】选项下【限制】进行设置，勾选【锥形限制】，参数设置如图。

10）在【多轴刀路—智能综合】对话框中完成以上设置后，单击确定图标 ，计算并生成如图 6-84 所示的智能综合渐变从串连刀轴控制加工路径。

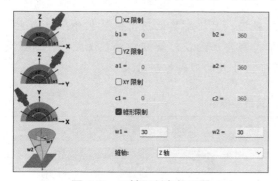

图 6-83　刀轴限制参数设置

图 6-84　智能综合渐变从串连刀轴控制加工路径

11）选择"到串连"刀轴控制方式进行比较，复制路径或重新选择策略，在图 6-85 所示【多轴刀路—智能综合】对话框中，对【刀轴控制】进行设置，将【刀轴控制】选为"到串连"，单击其右侧的选择图素图标 🔲，打开层别 4，如图选择曲线图素，其余参数不变。

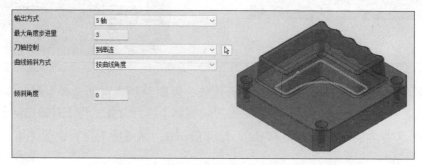

图 6-85　智能综合渐变刀轴控制设置

12）在【多轴刀路—智能综合】对话框中完成以上设置后，单击确定图标 ，计算并生成如图 6-86 所示的智能综合渐变到串连刀轴控制加工路径。

图 6-86　智能综合渐变到串连刀轴控制加工路径

【操作技巧】

1. 使用【从串连】与【到串连】两种刀轴控制方式时，需注意所选串连图素须连续平滑，串连转角处尤其重要；此外串连图素与加工面偏置距离会影响刀轴倾斜角度，需根据实际需求取适当值，偏执距离不适合也会影响投影接触点的完整性和偏摆角度的变化程度。

2. 由表 6-5 所示的两种刀轴向量可知，通过限制【从串连】刀轴控制的角度，可将刀具路径控制为 4 轴联动状态，以此减小刀轴在切削过程中的变化程度，在提高加工质量和效率的同时，改善刀具寿命和机床稳定性。

表 6-5　从串连与到串连区别对比

| 从串连刀轴向量 | 到串连刀轴向量 |
| --- | --- |
| 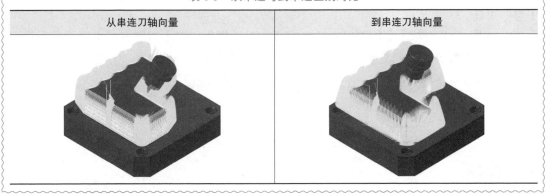 | |

### 6.2.7　倾斜曲面刀轴控制

（1）模型输入　图 6-87 所示为项目文件打开方式，打开随书文件夹"Mastercam 多轴编程与加工基础 / 完成案例文档 / 第六章 多轴刀轴控制应用"中的"6.2.7 倾斜曲面刀轴控制参考文档"项目文件。

模型输入

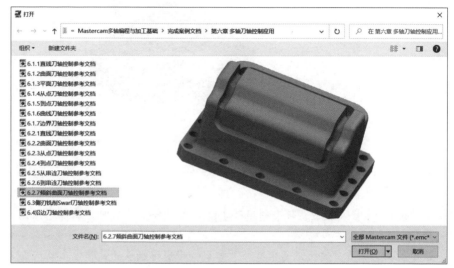

图 6-87　项目文件打开

（2）智能综合投影加工

1）在【刀路】选项卡中，单击多轴加工选项中的【智能综合】刀路策略选项。

2）在【多轴刀路—智能综合】对话框中，对【刀具】选项进行选择设置，单击选择"1 号"刀具。

3）在图 6-88 所示【多轴刀路—智能综合】对话框中，对【切削方式】选项进行设置，在【模式】选项下，单击添加曲线行图标 ，【样式】选项设置为"投影"，单击其右下侧的选择图素图标 ，打开层别 3，按图 6-89 选择曲面图素。

智能综合投影加工

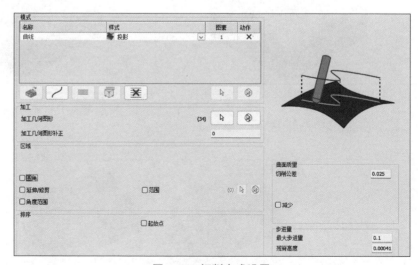

图 6-88　切削方式设置

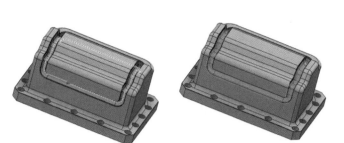

图 6-89 图素选择

在【加工】选项下对【加工几何图形】进行选择，单击其右侧的选择图素图标 ⊾，按图 6-89 选择模型槽底曲面图素，单击【结束选择】，其余参数设置如图所示。

4）在图 6-90 所示【多轴刀路—智能综合】对话框中，对【切削方式】选项下【投影曲线选项】进行设置，设置【最大投影距离】为［0.05］。

图 6-90 智能综合投影曲线选项设置

5）在图 6-91 所示【多轴刀路—智能综合】对话框中，对【刀轴控制】进行设置，将【输出方式】设置为"5 轴"，将【刀轴控制】选为"倾斜曲面"，其余参数默认。

图 6-91 智能综合投影刀轴控制设置

6）在【多轴刀路—智能综合】对话框中完成以上设置后，单击确定图标 ⊘ ，计算并生成如图 6-92a 所示的智能综合投影倾斜曲面刀轴控制加工刀具路径。

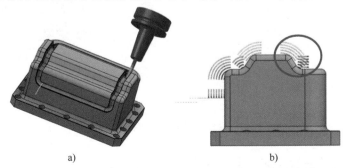

a)                                                        b)

图 6-92 智能综合投影倾斜曲面刀轴控制加工刀具路径与刀轴向量图

【操作技巧】

　　如图 6-92b 中的刀轴向量图所示，图中圈出的位置刀具进行了不必要的摆动，此处刀轴保持 90° 正交姿态就可以满足加工需求，对于这种情况，可通过限制刀轴角度的方式去除刀轴的不必要偏摆动作，限制优化后可得到如图 6-94 圈中的刀轴向量效果。

　　7）在【刀轴控制】界面中勾选【限制】，在图 6-93 所示限制选项卡中勾选【YZ 限制】，完成设置后，单击确定图标 ，计算并生成如图 6-94 所示的智能综合投影倾斜曲面刀轴控制加工刀具路径。

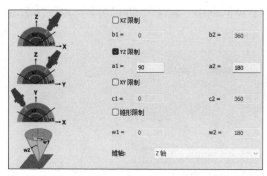

图 6-93　刀轴控制限制设置

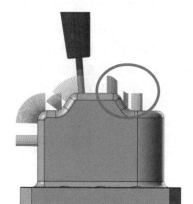

图 6-94　智能综合投影倾斜曲面刀轴控制
加工刀具路径

　　8）选择不同的刀轴控制方式，复制路径或重新点选策略，在图 6-95 所示【多轴刀路—智能综合】对话框中，对【刀轴控制】进行设置，将【刀轴控制】选为"从串连"，单击其右侧的选择图素图标 ，打开层别 1，如图选择曲线图素，勾选【限制】，其余参数不变。

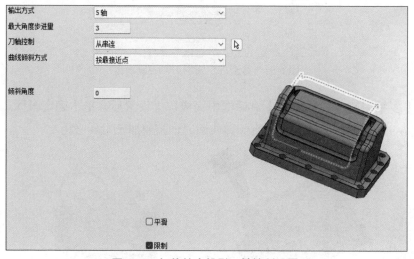

图 6-95　智能综合投影刀轴控制设置

　　9）在【多轴刀路—智能综合】对话框中完成以上设置后，单击确定图标 ，计算并生成如图 6-96 所示的智能综合投影从串连刀轴控制加工刀具路径。

图 6-96 智能综合投影从串连刀轴控制加工刀具路径

【操作技巧】

通过图 6-97 刀具路径向量对比图可以看出，虽然倾斜曲面刀轴控制方式可以有效避开刀具和刀柄对碰撞干涉问题，但是路径中偏摆角度更大。为了获取更好的加工效果，对于相同的加工面和加工策略，需选择更合适的刀轴控制方式。

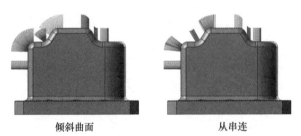

倾斜曲面　　　　　　　　　　从串连

图 6-97 不同刀轴控制方式刀具路径向量对比图

## 6.3 侧刃铣削策略刀具轴向控制

（1）模型输入　如图 6-98 所示项目文件打开方式，打开随书文件夹"Mastercam 多轴编程与加工基础 / 案例资源文档 / 第六章 多轴刀轴控制应用"中的"6.3 侧刃铣削 Swarf 刀

轴控制练习文档"项目文件。

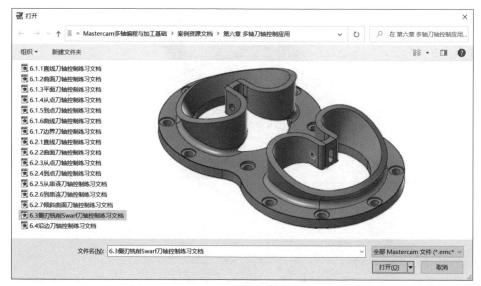

图 6-98　项目文件打开

模型输入

（2）侧刃铣削加工

1）在【刀路】选项卡中，单击如图 6-99 所示多轴加工选项中的【侧刃铣削】刀路策略选项。

2）在【多轴刀路—侧刃铣削】对话框中，对【刀具】选项进行选择设置，单击选择"1 号"刀具。

图 6-99　多轴加工选项

3）在图 6-100 所示【多轴刀路—侧刃铣削】对话框中，对【切削方式】选项进行设置。勾选【选择图形】选项下的【沿边几何图形】，单击其右侧的选择图素图标 ，如图所示选择曲面图素，其余参数设置默认。

侧刃铣削加工

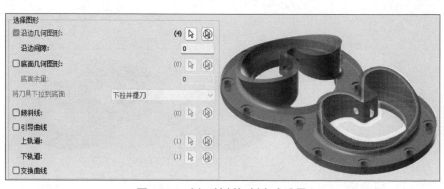

图 6-100　侧刃铣削切削方式设置

4）在图 6-101 所示的【多轴刀路—侧刃铣削】对话框中，对【刀轴控制】选项进行设置，选择【输出方式】为 "5 轴"，勾选【尽量减少旋转轴的变化】，其余参数设置如图所示。

5）在图 6-102 所示【多轴刀路—侧刃铣削】对话框中，对【连接方式】选项进行设置，选择【进 / 退刀】为 "使用切入" 和 "使用切出"，其余参数设置默认。

图 6-101 刀轴控制设置

图 6-102 连接方式设置

6）在【多轴刀路—智能综合】对话框中，对【连接方式】下的【默认切入 / 切出】进行设置，设置【切入】选项下的【类型】为 "切弧"，单击 >> 应用于【切出】，其余参数设置默认。

7）在【多轴刀路—侧刃铣削】对话框中完成以上设置后，单击确定图标 ✅，计算并生成如图 6-103 所示的侧刃铣削五轴刀轴控制加工路径。

图 6-103 侧刃铣削五轴刀轴控制加工路径

## 6.4 沿边策略刀具轴向控制

（1）模型输入　图 6-104 所示为项目文件打开方式，打开随书文件夹"Mastercam 多轴编程与加工基础 / 案例资源文档 / 第六章 多轴刀轴控制应用"中的"6.4 沿边刀轴控制练习文档"项目文件。

模型输入

图 6-104　项目文件打开

（2）沿边加工

1）在【刀路】选项卡中，单击如图 6-105 所示多轴加工选项中的【沿边】刀路策略选项。

2）在【多轴刀路—沿边】对话框中，对【刀具】选项进行选择设置，单击选择"2 号"刀具。

3）在【多轴刀路—沿边】对话框中，对【切削方式】选项进行设置，单击选择【壁边】选项为【曲面】，单击其右侧的选择图素图标 ，如图 6-106 所示选择内侧曲面图素，设置最大步进量为［0.1］，其余参数设置默认。

图 6-105　多轴加工选项

沿边加工

图 6-106　切削方式设置

4）在【多轴刀路—沿边】对话框中，对【刀轴控制】选项进行设置，选择【输出方式】为 "5 轴"。

5）在【多轴刀路—沿边】对话框中，对【碰撞控制】选项进行设置，【刀尖控制】点选为【底部轨迹】并设置为［–1.0］，其余参数设置如图 6-107 所示。

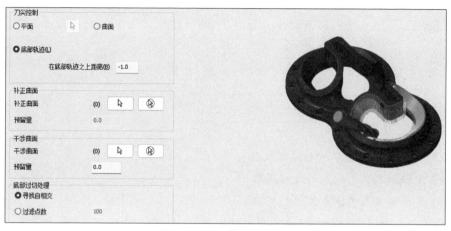

图 6-107　碰撞控制设置

6）在【多轴刀路—沿边】对话框中，对【连接】选项下的【进／退刀】进行设置，勾选【进／退刀】，其余参数设置如图 6-108 所示。

7）在【多轴刀路—沿边】对话框中完成以上设置后，单击确定图标 ，计算并生成如图 6-109 所示的沿边加工路径。

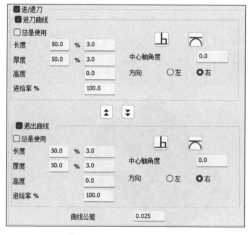

图 6-108　进／退刀设置

图 6-109　沿边刀轴控制加工路径

# 第7章

## 五轴编程与加工应用

> **本章知识点**
>
> ➤ 五轴综合案例工艺分析与编程策略
>
> ➤ 3+2 定轴加工工艺特点与编程思路
>
> ➤ 4+1 定轴加工工艺特点与编程思路
>
> ➤ Mastercam 3+2 自动粗切策略应用技巧

五轴编程与加工通常包含定轴和联动两种方式，采用五轴加工机床的零部件绝大多数采用定轴加工方式。五轴定轴加工又分为 3+2 和 4+1 两种：① 3+2 轴定轴加工即五个机械轴中的两个轴固定在某一位置或角度（通常为回转轴），其他三个轴联动加工；② 4+1 轴定轴加工则是某一个轴固定在某一位置或角度（通常为回转轴），其他四个轴联动加工。本章将以箱体零件和单叶片零件为例，分别介绍 3+2 定轴加工和 4+1 定轴加工工艺及编程流程。

## 7.1 五轴 3+2 定轴编程与加工

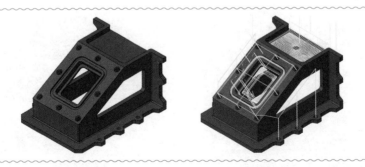

### 7.1.1 工艺分析与编程思路

图 7-1 所示箱体零件毛坯为铸造毛坯，需要铣削加工的内容包括箱体零件顶面、斜面以及侧面的几何特征。

　　对图 7-2 所示箱体零件进行特征拆分和工艺分析，根据零件特征对工件进行工艺划分，包含钻孔加工和轮廓铣削加工。由图可知，零件的加工内容分别在水平面和倾斜面内，倾斜面上的加工内容可采用建立刀具平面的方式实现定轴加工的加工平面建立，其他加工内容可直接通过俯视图作为刀具平面实现三轴加工；全部加工内容的工艺流程见表 7-1。

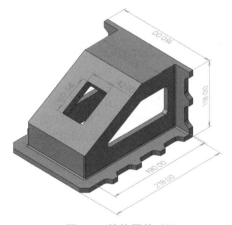

图 7-1　箱体零件毛坯

图 7-2　箱体零件模型

表 7-1　加工策略与工艺流程

| 工步号 | 加工策略 | 图示 | 刀具 | 加工内容 |
|---|---|---|---|---|
| 1 | 多轴刀路<br>（3+2 自动粗切） | | T01<br>D16_R1 圆鼻铣刀 | 使用 D16_R1 圆鼻铣刀，粗加工图示零件顶面凹槽、倾斜面凹槽及倾斜面镂空结构轮廓，侧面留余量 0.05mm，底面留余量 0.05mm |
| 2 | 2D 高速刀路<br>（2D 区域） | | T03<br>D8 平铣刀 | 使用 D8 平铣刀，精加工图示零件顶面凹槽轮廓底面，侧面留余量 0.02mm，底面留余量 0mm |
| 3 | 2D 刀路<br>（外形铣削） | | T03<br>D8 平铣刀 | 使用 D8 平铣刀，精加工图示零件顶面凹槽轮廓侧面 |

（续）

| 工步号 | 加工策略 | 图示 | 刀具 | 加工内容 |
|---|---|---|---|---|
| 4 | 2D 刀路<br>（平面铣削） |  | T01<br>D16_R1 圆鼻铣刀 | 使用 D16_R1 圆鼻铣刀，精加工图示零件倾斜面，底面留余量 –0.1mm |
| 5 | 2D 刀路<br>（外形铣削） |  | T02<br>D4 平铣刀 | 使用 D4 平铣刀，粗加工图示零件倾斜面环形凹槽，侧面预留量 0mm，底面留余量 0.05mm |
| 6 | 2D 刀路<br>（2D 挖槽） |  | T02<br>D4 平铣刀 | 使用 D4 平铣刀，精加工图示零件倾斜面环形凹槽 |
| 7 | 2D 刀路<br>（外形铣削） |  | D8 平铣刀 | 使用 D8 平铣刀，精加工图示零件倾斜面镂空结构侧面 |
| 8 | 2D 高速刀路<br>（2D 动态铣削） |  | T03<br>D8 平铣刀 | 使用 D8 平铣刀，半精加工图示零件倾斜面凹槽，侧面预留量 0.05mm，底面留余量 0.05mm |
| 9 | 2D 刀路<br>（外形铣削） |  | T03<br>D8 平铣刀 | 使用 D8 平铣刀，精加工图示零件倾斜面凹槽 |

（续）

| 工步号 | 加工策略 | 图示 | 刀具 | 加工内容 |
|---|---|---|---|---|
| 10 | 深孔琢钻<br>（G83） | | T04<br>D8.5 钻头 | 使用 D8.5 钻头，钻加工图示零件上 D8.5 孔 |
| 11 | 倒角钻削 | | T05<br>D14_C90 倒角刀 | 使用 D14_C90 倒角刀，加工图示零件 D8.5 孔上倒角 |

## 7.1.2 基本设定与过程实施

### 1. 基本设定

Mastercam 编程的基本设定操作包括模型导入、毛坯建立、刀具设定和坐标系设置，正确完成基本设定的操作内容才能进行程序编制。

（1）模型输入 图 7-3 所示为项目文件打开方式，打开随书文件夹"Mastercam 多轴编程与加工基础 / 案例资源文档 / 第七章 五轴编程与加工应用"中的"7.1 箱体五轴编程与加工练习文档"项目文件。

模型输入

图 7-3　项目文件打开

225

（2）毛坯建立　在【刀路】管理面板中单击【毛坯设置】选项，打开【机床群组设置】对话框中的【毛坯设置】选项卡，单击【从选择】添加图标。在图7-4所示【层别】管理面板中，点选"4号"层至高亮状态，显示实体，点选实体用作毛坯，点击确定图标完成毛坯设置。

毛坯建立

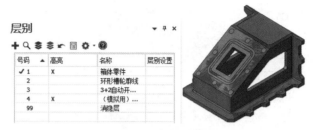

图7-4　图素毛坯设置

（3）刀具平面建立　本例为3+2定轴加工，需使刀具平面与被加工轮廓所在平面平行或重合，保证零件二维轮廓所在平面的法向矢量方向与刀具轴线一致。因此，需根据零件待加工几何特征建立刀具平面。如图7-5所示，将箱体零件的倾斜面设置为"倾斜面"，其他加工内容在俯视图平面进行编程加工（为此，需提前创建一个平面，以用于倾斜面的刀路创建）。

刀具平面建立

图7-5　刀具平面建立

### 2. 五轴3+2定轴编程实施过程

根据前文"工艺分析与编程思路"所述五轴定轴加工内容，分别对零件顶面凹槽、侧面镂空结构、倾斜面环形凹槽、倾斜面凹槽、倾斜面镂空结构、倾斜面孔和边缘孔轮廓进行加工，采用3+2自动粗切、2D高速刀路（2D区域）、外形铣削（2D）、平面铣、外形铣削（斜插）、2D挖槽、2D动态残料、深孔啄钻及倒角钻削刀路策略。

（1）箱体零件顶面凹槽、倾斜面凹槽及镂空结构粗加工

1）在【平面】管理面板中单击"俯视图"作为【刀具面】，在【刀路】中选择【多轴加工】选项卡中的【3+2自动粗切】策略，如图7-6所示（本零件工作坐标系一直为"俯视图"坐标系，【3+2自动粗切】属于五轴加工刀路，所以需激活"俯视图"作为刀具平面）。

2）在图 7-7 所示【多轴刀路—3+2 自动粗切】对话框中，单击选择【模型图形】选项进行参数设置，单击【加工图形】中的选择图素图标 ，选择零件顶面凹槽、倾斜面凹槽及倾斜面镂空结构，将【壁边预留量】设置为［0.05］，【底面预留量】设置为［0.05］；单击【避让图形】中的选择图素图标 ，选择除加工图形外的其余区域，将【壁边预留量】设置为［1］，【底面预留量】设置为［1］。

图 7-6 多轴加工选项卡

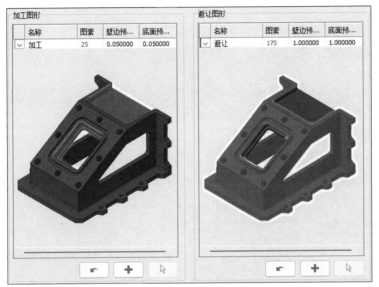

自动粗切

图 7-7 多轴刀路 3+2 自动粗切模型图形设置

3）在【多轴刀路—3+2 自动粗切】对话框中，对【刀具】选项进行选择设置，单击选择"1 号"刀具。

4）在图 7-8 所示【多轴刀路—3+2 自动粗切】对话框中，对【毛坯】选项进行设置，勾选【毛坯】设置【依照选择图形】，单击其右侧的选择图素按钮 ，打开层别 3，如图选择零件顶面及倾斜面毛坯。

图 7-8 多轴刀路 3+2 自动粗切毛坯设置

图 7-8 所示的毛坯模型，为独立的两个部分实体，Mastercam 软件中的"3+2 自动粗切"策略能够仅在设置毛坯模型的位置处生成刀具路径，这种分区域设置毛坯的方式，能够使该策略生成的刀具路径更加整齐合理。

5）在【多轴刀路—3+2 自动粗切】对话框中，对【切削方式】选项进行设置，将【模式】选项的【深度分层】设置为【层数】并输入 [1]，设置【排序】选项下【切削方式】为"双向"，其余参数设置如图 7-9 所示。

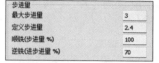

图 7-9　多轴刀路 3+2 自动粗切切削方式设置

6）在【多轴刀路—3+2 自动粗切】对话框中，对【切削方式】选项下【深度分层】进行设置，勾选【加工平面】。

7）在【多轴刀路—3+2 自动粗切】对话框中，对【切削方式】选项下的【高度】进行设置，勾选【限制高度】，并设置为"用户定义的"，输入 [15.0]。

8）在图 7-10 所示【多轴刀路—3+2 自动粗切】对话框中，对【刀轴控制】选项进行设置。选择【手动】模式，右键单击【选择刀具平面】，在弹出的【选择视图】窗口中单击【命名平面】，在弹出的【平面选择】界面，单击添加【倾斜面】。

图 7-10　多轴刀路 3+2 自动粗切刀轴控制设置

若在"3+2 自动粗切"刀轴控制中选用【自动】模式，生成的刀路可能比较杂乱，建议此处手动添加合适的刀具平面，即需要提前构建刀具平面。

9）在【多轴刀路—3+2 自动粗切】对话框中，对【连接方式】选项进行设置，设置【默认连接】选项下【分界值大小】为 [100] % 刀具直径，其余参数设置默认。

10）在【多轴刀路—3+2 自动粗切】对话框中完成以上设置后，单击确定图标 ✓ ，计算并生成如图 7-11 所示的零件顶面凹槽、倾斜面凹槽及倾斜面镂空结构粗加工刀具路径。

（2）箱体零件顶面凹槽底面精加工

1）单击如图 7-12 所示【2D】选项卡中的【区域】选项（本次加工需保持 wcs，c，t 依旧在俯视图，本步骤为基于俯视图的定轴加工）。

图 7-11　粗加工刀具路径

顶面凹槽底面精加工

图 7-12　铣削 2D 选项卡

2）在图 7-13 所示的【串连选项】对话框中单击选择自动范围图标，在弹出的【实体串连】对话框中单击 "实体面" 选取方式，如图点选上表面，并单击 完成选取。

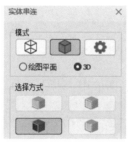

图 7-13　图素选择

3）在【2D 高速刀路—区域】对话框中，单击选择【刀具】选项进行设置，单击选择 "3 号" 刀具。

4）在【2D 高速刀路—区域】对话框中，对【切削参数】选项进行设置，设置【壁边预留量】为 [0.02]，【底面预留量】为 [0]，其余参数设置如图 7-14 所示。

5）在图 7-15 所示【2D 高速刀路—区域】对话框中，对【连接参数】进行参数设置，勾选【安全高度】，其余参数设置如图所示。

图 7-14　区域切削参数设置

6）在【2D 高速刀路—区域】对话框中完成以上设置后，单击确定图标 ，计算并生成如图 7-16 所示的箱体零件顶面凹槽底面精加工刀具路径。

229

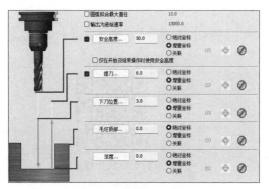

图 7-15　区域连接参数设置

图 7-16　顶面凹槽底面精加工刀具路径

（3）箱体零件顶面凹槽侧面精加工

1）单击图 7-17 所示【2D】选项卡中的【外形】选项。

2）如图 7-18 所示，在弹出的【实体串连】对话框中单击  "外部共享边缘"【选择方式】，如图单击选择上表面获取串连，并单击 ✓ 完成选取。

顶面凹槽侧面精加工

图 7-17　铣削 2D 选项卡

图 7-18　图素选择

3）在【2D 刀路—外形铣削】对话框中，对【刀具】选项进行选择设置，单击选择"3号"刀具。

4）在【2D 刀路—外形铣削】对话框中，对【切削方式】选项进行设置，将【底面预留量】设置为［0.05］，其余参数设置默认。

5）在图 7-19 所示【2D 刀路—外形铣削】对话框中，对【切削参数】选项中的【进 / 退刀设置】进行设定，取消勾选【在封闭轮廓中点位置执行进 / 退刀】，其余参数设置如图所示。

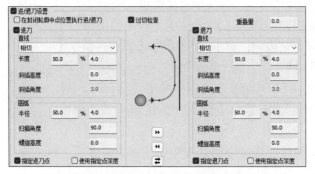

图 7-19　外形铣削进 / 退刀设置

6）在图 7-20 所示【2D 刀路—外形铣削】对话框中，对【连接参数】选项进行设置，勾选【安全高度】选项，其余参数设置如图所示。

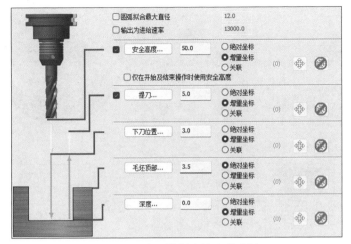

图 7-20　外形铣削连接参数设置

7）在【2D 刀路—外形铣削】对话框中完成以上设置后，单击确定图标 ，计算并生成如图 7-21 所示的箱体零件顶面凹槽侧面精加工刀具路径。

倾斜面精加工

（4）箱体零件倾斜面精加工

1）打开【平面】管理面板，如图 7-22 所示激活"倾斜面"坐标系。

图 7-21　顶面凹槽侧面精加工刀具路径

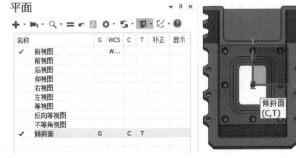

图 7-22　平面管理面板设置

2）单击如图 7-23 所示【2D】选项卡中的【面铣】选项。

3）如图 7-23 所示，在弹出的【实体串连】对话框中单击 　　　　 "环"【选择方式】，如图选取倾斜面外边框，单击 　　 完成选取。

4）在【2D 刀路—平面铣削】对话框中，单击选择【刀具】选项进行设置，单击选择"1 号"刀具。

5）在【2D 刀路—平面铣削】对话框中，对【切削参数】进行设置，【切削方式】设置为"动态"，【底面预留量】设置为［–0.1］，其余参数设置默认。

6）在图 7-24 所示【2D 刀路—平面铣削】对话框中，对【连接参数】选项进行参数设置，勾选【安全高度】，其余参数设置如图所示。

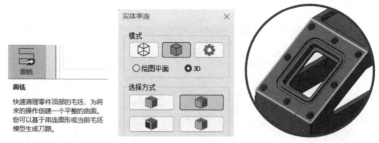

图 7-23　面铣图素选择

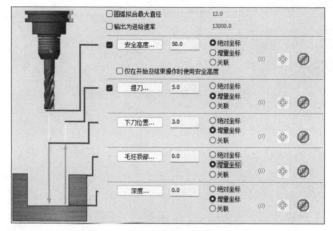

图 7-24　平面铣削连接参数设置

倾斜面环形凹槽粗加工

7）在【2D 刀路—平面铣削】对话框中完成以上设置后，单击确定图标 ，计算并生成如图 7-25 所示的箱体零件倾斜面精加工刀具路径。

（5）箱体零件倾斜面环形凹槽粗加工

1）单击图 7-17 所示【2D】选项卡中的【外形】选项。

2）如图 7-26 所示，在弹出的【线框串连】对话框中单击 "串连"【选择方式】，打开层别 2，单击选择环形槽轮廓线，并单击 完成选取。

图 7-25　倾斜面精加工刀具路径

图 7-26　图素选择

3）在【2D 刀路—外形铣削】对话框中，对【刀具】选项进行选择设置，点选 "2 号" 刀具。

4）在图 7-27 所示【2D 刀路—外形铣削】对话框中，对【切削方式】选项进行设置，设置【补正方式】为 "关"，将【外形铣削方式】设置为 "斜插"，将【底面预留量】设置为 [0.05]，其余参数设置如图所示，关闭【切削方式】选项下的【进 / 退刀设置】。

5）在图 7-27 所示【2D 刀路—外形铣削】对话框中，对【连接参数】选项进行设置，参数设置如图所示。

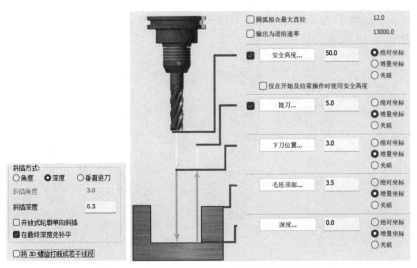

图 7-27　外形铣削切削方式及连接参数设置

6）在【2D 刀路—外形铣削】对话框中完成以上设置后，单击确定图标 ，计算并生成如图 7-28 所示的箱体零件倾斜面环形凹槽粗加工刀具路径。

（6）箱体零件倾斜面环形凹槽精加工

1）单击图 7-29 所示【2D】选项卡中的【挖槽】选项。

2）如图 7-30 所示，在弹出的【实体串连】对话框中单击 "实体面"【选择方式】，单击选择图示槽底面获取轮廓线。

图 7-28　倾斜面环形凹槽
粗加工刀具路径

倾斜面环形凹槽精加工

图 7-29　铣削 2D 选项卡

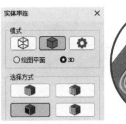

图 7-30　图素选择

3）在【2D刀路—挖槽】对话框中，单击选择【刀具】选项进行设置，点选"2号"刀具。

4）在【2D刀路—挖槽】对话框中，对【切削参数】选项进行设置，设置【壁边预留量】和【底面预留量】均为［0］。

5）在【2D刀路—挖槽】对话框中，对【切削参数】下【粗切】选项进行设置，取消勾选【粗切】，在【进刀方式】选项中，单击选择【斜插】，其余参数设置如图7-31所示。

6）在【2D刀路—挖槽】对话框中，对【切削参数】下【精修】选项进行设置，设置【精修】选项下【间距】为［0.1］，勾选【由最接近的图素开始精修】。【精修】选项下【进/退刀设置】如图7-32所示。

图7-31　挖槽进刀方式设置

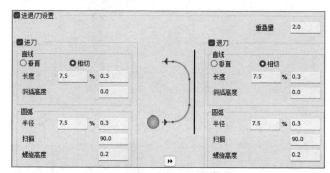

图7-32　挖槽进/退刀设置

7）在【2D刀路—挖槽】对话框中，对【连接参数】选项进行参数设置，勾选【安全高度】，其余参数设置如图7-33所示。

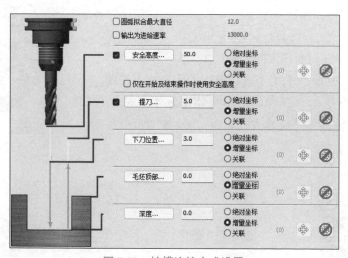

图7-33　挖槽连接方式设置

8）在【2D刀路—挖槽】对话框中完成以上设置后，单击确定图标 ，计算并生成如图7-34所示的箱体零件倾斜面环形凹槽精加工刀具路径。

（7）箱体零件倾斜面镂空结构侧面精加工

1）单击图 7-17 所示【2D】选项卡中的【外形】选项。

2）如图 7-35 所示，在弹出的【实体串连】对话框中单击  "型腔"【选取方式】，如图点选型腔底面，选取内部轮廓线，并单击 ✅ 完成选取。

倾斜面镂空结构
侧面精加工

图 7-34　倾斜面环形凹槽　　　　　　　图 7-35　图素选择
精加工刀具路径

3）在【2D 刀路—外形铣削】对话框中，对【刀具】选项进行设置，点选 "3 号" 刀具。

4）在【2D 刀路—外形铣削】对话框中，对【切削参数】选项进行设置，设置【补正方式】为 "电脑"，设置【外形铣削方式】为 "2D"，设置【底面预留量】为［0］。

5）在【2D 刀路—外形铣削】对话框中，对【切削参数】选项中的【进 / 退刀设置】进行设定，勾选【在封闭轮廓中点位置执行进 / 退刀】，其余参数设置如图 7-36 所示。

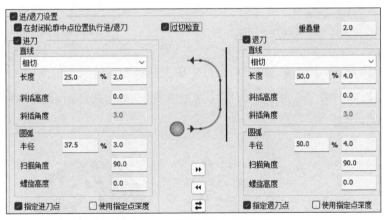

图 7-36　外形铣削进 / 退刀设置

6）在图 7-37 所示【2D 刀路—外形铣削】对话框中，对【连接参数】选项进行参数设置，设置【安全高度】为【绝对坐标】，其余参数设置如图所示。

7）在【2D 刀路—外形铣削】对话框中完成以上设置后，单击确定图标 ✅ ，计算并生成如图 7-38所示的箱体零件倾斜面矩形内腔侧面精加工刀具路径。

（8）倾斜面凹槽半精加工

1）单击如图 7-39 所示【2D】选项卡中的【动态铣削】选项。

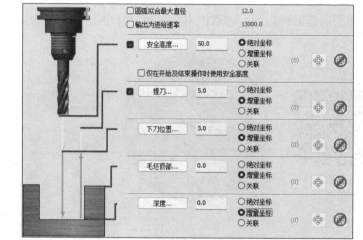

图 7-37 外形铣削连接参数设置

图 7-38 倾斜面矩形内腔侧面精加工刀具路径

动态铣削

完全利用刀具刃长进行切削、快速加工封闭型腔、开放凸台或先前操作剩余的残料区域。

图 7-39 铣削 2D 选项卡

2）如图 7-40 所示，【串连选项】对话框中单击选择加工范围下的图标 ⬚ ，在弹出的【实体串联】对话框中单击 ⬚ "环"【选取方式】，单击选择图示型腔底面获取轮廓线，并单击 ⬚ 完成选取。

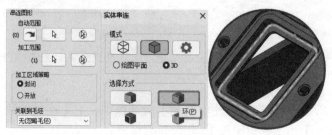

图 7-40 加工范围选择

在【串连选项】对话框中单击 ⬚ 图标"选择空切串连"，如图 7-41 所示，在弹出的

【实体串连】对话框中单击 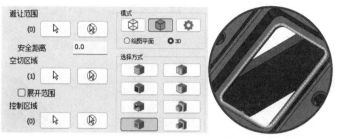"型腔"【选取方式】，如图选择型腔底面，获取内部轮廓线，并单击 完成选取。

图 7-41　空切区域选择

3）在【2D 高速刀路—动态铣削】对话框中，单击选择【刀具】选项进行设置，单击选择"3 号"刀具。

4）在【2D 高速刀路—动态铣削】对话框中，单击选择【毛坯】选项进行设置，勾选【剩余毛坯】，设置【计算剩余毛坯依照】为【粗切刀具】，并设置【直径】为［16.0］，【转角半径】为［8.0］。

5）在【2D 高速刀路—动态铣削】对话框中，对【切削参数】选项进行设置，点选【进刀引线长度】为"顶部中心"，设置【壁边预留量】和【底面预留量】为［0.05］，其余参数设置如图 7-42 所示。

图 7-42　动态铣削切削参数设置

6）在图 7-43 所示【2D 高速刀路—动态铣削】对话框中，对【连接参数】进行设置，勾选【安全高度】，其余参数设置如图所示。

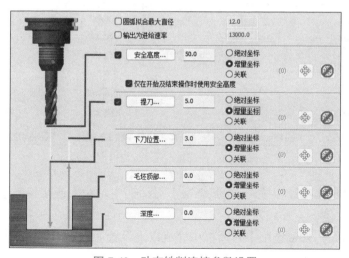

图 7-43　动态铣削连接参数设置

7）在【2D 高速刀路—动态铣削】对话框中完成以上设置后，单击确定图标 ，计算并生成如图 7-44 所示的倾斜面凹槽半精加工刀具路径。

倾斜面凹槽精加工

（9）倾斜面凹槽精加工

1）单击图 7-17 所示【2D】选项卡中的【外形】选项。

2）如图 7-45 所示，在弹出的【实体串连】对话框中单击  "环"【选择方式】，如图选择底面外轮廓线，并单击 ✓ 完成选取。

图 7-44　倾斜面凹槽半精加工刀具路径

图 7-45　图素选择

3）在【2D 刀路—外形铣削】对话框中，对【刀具】选项进行设置，单击选择"3 号"刀具。

4）在图 7-46 所示【2D 刀路—外形铣削】对话框中，对【切削参数】选项的【进 / 退刀设置】进行设置，参数设置如图所示。

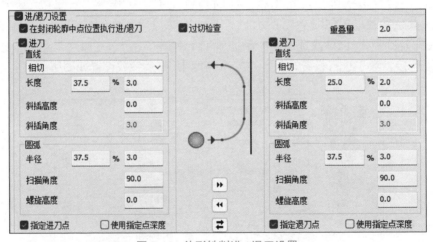

图 7-46　外形铣削进 / 退刀设置

5）在图 7-47 所示【2D 刀路—外形铣削】对话框中，对【连接参数】选项进行设置，参数设置如图所示。

6）在【2D 刀路—外形铣削】对话框中完成以上设置后，单击确定图标 ✓ ，计算并生成如图 7-48 所示的倾斜面凹槽精加工刀具路径。

（10）零件孔加工

1）打开【平面】管理面板，激活"俯视图"坐标系。单击图 7-49 所示【2D】选项卡中的【钻孔】选项。

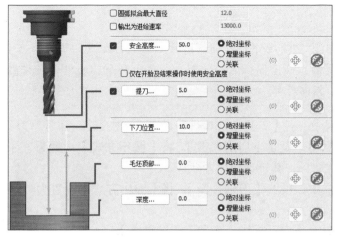

图 7-47　外形铣削连接参数设置

零件孔加工

图 7-48　倾斜面凹槽精加工刀具路径

图 7-49　铣削 2D 选项

2）单击选择如图 7-50 所示实体上全部孔实体面，在【刀路孔定义】对话框中自动添加孔信息，如图完成全部孔选取后，选择【排序】为"X 双向 +　Y–"，单击 ⊙ 图标确认选取。

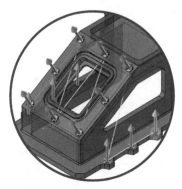

图 7-50　孔选取

【操作技巧】

如此选取，可自动提取孔的中轴线作为刀轴，同时无需进行深度的设置，可自动计算孔深度。若不是选取孔的壁面，而是圆弧点，便需自行画出每个孔的中轴线作为刀轴。需注意刀轴箭头方向要正确，指向外部。

3）在【2D—钻孔】对话框中，对【刀具】选项进行设置，单击选择"4号"刀具。

4）在【2D—钻孔】对话框中，设置【切削参数】，将【循环方式】设置为"深孔啄钻（G83）"，【Peck】每次钻深输入［1］，其余参数设置默认。

5）在【2D—钻孔】对话框中，设置【刀轴控制】，将【输出方式】设置为"5轴"，其余参数设置默认。

6）在图7-51所示【2D—钻孔】对话框中，设置【连接参数】，勾选【刀尖补正】，参数设置如图所示。

（孔与通孔最好不要一起生成，这里仅作为生成五轴刀路的参考。）

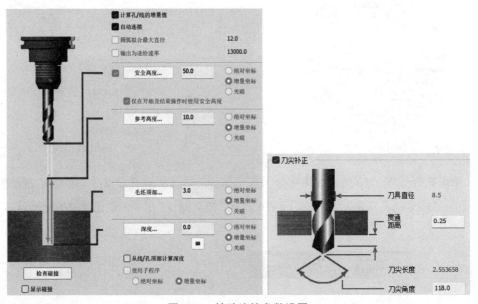

图7-51　钻孔连接参数设置

7）在【2D—钻孔】对话框中完成以上设置后，单击确定图标 ⊘ ，计算并生成如图7-52所示的零件孔加工刀具路径。

（11）零件倒角加工

倒角加工

1）单击图7-53所示【2D】选项卡中的【倒角钻削】选项。

2）点选图7-54所示斜面上全部倒角面特征，在【刀路孔定义】对话框中自动添加孔信息，如图所示完成孔选取后，选择【排序】为"Y双向+X+"，单击 ⊘ 图标确认选取。

3）在【2D—倒角钻削】对话框中，对【刀具】选项进行设置，单击选择"5 号"刀具。

图 7-52　零件孔加工刀具路径

图 7-53　铣削 2D 选项卡

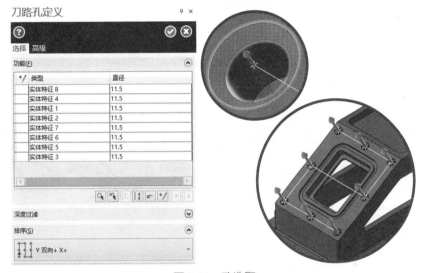

图 7-54　孔选取

4）在【2D—倒角钻削】对话框中，设置【刀轴控制】，将【输出方式】设置为"5 轴"，其余参数设置默认。

5）在【2D—倒角钻削】对话框中，设置【连接参数】，设置【安全高度】为［50.0］。

6）在【2D—倒角钻削】对话框中完成以上设置后，单击确定图标 ，计算并生成如图 7-55 所示的零件倒角加工刀具路径。

### 7.1.3　实体切削验证

图 7-55　零件倒角加工刀具路径

单击【刀路】面板的"实体仿真所选操作"图标 ，打开如图 7-56 所示实体仿真窗口，单击图示"播放"按键，执行切削仿真，得到如图 7-57 所示实体切削仿真验证结果，实体切削验证可以验证刀具系统于工件之间的过切、碰撞和干涉情况。

图 7-56　实体切削验证操作

实体切削验记

图 7-57　实体切削仿真验证结果

## 7.2　五轴 4+1 定轴编程与加工

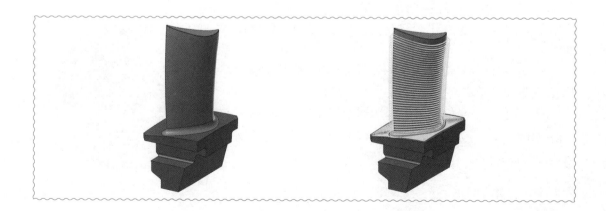

### 7.2.1　工艺分析与编程思路

图 7-58 所示的单叶片零件的毛坯模型，需要铣削加工的内容为如图 7-59 所示模型的叶

片和叶片根部的曲面特征部分。

图 7-58　单叶片零件毛坯

图 7-59　单叶片零件模型

对图 7-59 所示单叶片零件进行特征拆分和工艺分析，根据零件特征对工件进行工艺划分。通过模型尺寸可知，首先需使刀具轴垂直于叶片两侧完成粗加工，然后进行叶片曲面、根部圆角曲面和叶片底部曲面半精加工和精加工，叶片曲面加工方式为五轴 4+1 定轴加工，具体工艺分析和编程步骤见表 7-2。

表 7-2　加工策略与工艺流程

| 工步号 | 加工策略 | 图示 | 刀具 | 加工内容 |
|---|---|---|---|---|
| 1 | 3+2 自动粗切 | | T01<br>D10_R1.5 圆鼻铣刀 | 使用 D10_R1.5 圆鼻铣刀，粗加工图示零件叶片轮廓，侧面留余量 0.3mm，底面留余量 0.3mm |
| 2 | 智能综合渐变 | | T01<br>D10_R1.5 圆鼻铣刀 | 使用 D10_R1.5 圆鼻铣刀，半精加工叶片曲面，侧壁底部均不留余量 |

（续）

| 工步号 | 加工策略 | 图示 | 刀具 | 加工内容 |
|---|---|---|---|---|
| 3 | 智能综合渐变 | | T02<br>D6_R3 球刀 | 使用 D6_R3 球刀，加工顶部圆角 |
| 4 | 智能综合渐变 | | T02<br>D6_R3 球刀 | 使用 D6_R3 球刀，精加工叶片曲面，侧壁底部均不留余量 |
| 5 | 智能综合渐变 | | T02<br>D6_R3 球刀 | 使用 D6_R3 球刀，精加工叶片根部曲面，侧壁底部均不留余量 |

## 7.2.2 基本设定与过程实施

模型输入

毛坯建立

1. 基本设定

基本设定操作包括模型导入、毛坯建立、刀具设定和坐标系设置，正确完成基本设定的操作内容才能进行程序编制。

（1）模型输入　如图 7-60 所示，打开随书文件夹 "Mastercam 多轴编程与加工基础 / 案例资源文档 / 第七章　五轴编程与加工应用" 中的 "7.2 叶片五轴编程与加工练习文档" 项目文件。

（2）毛坯建立　在【刀路】管理面板中单击【毛坯设置】选项，打开【机床群组设置】对话框中的【毛坯设置】选项卡，单击【从选择】添加图标。在图 7-61 所示【层别】管理面板中，点选 "1 号" 层至高亮状态显示实体，点选实体用作毛坯，单击确定图标完成毛坯设置。

图 7-60　项目文件打开

图 7-61　图素毛坯设置

（3）刀具平面建立　定轴加工时，需使用刀具平面与被加工轮廓所在平面平行或重合，保证零件二维轮廓所在平面的法向矢量与刀具轴线一致。因此，需根据零件待加工几何特征建立刀具平面。单叶片零件粗加工时需两次定轴，图 7-62 所示为两次定轴平面，分别命名为"第一次定轴粗切面"和"第二次定轴粗切面"。

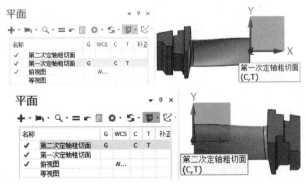

刀具平面建立

图 7-62　刀具平面建立

### 2. 五轴 4+1 定轴加工过程实施

根据前文"工艺分析与编程思路"所述五轴定轴加工内容，对叶片曲面及叶片根部进行加工，采用 3+2 自动粗切、智能综合渐变刀路等策略。

（1）叶片粗加工

1）单击图 7-63 所示【多轴加工】选项中的【3+2 自动粗切】策略。

图 7-63 多轴加工选项

2）在图 7-64 所示【多轴刀路—3+2 自动粗切】对话框中，单击选择【模型图形】选项进行参数设置，单击【加工图形】中的选择图素图标 ⓐ，选择整个模型，【壁边预留量】与【底面预留量】均设置为 [0.3]；单击【避让图形】中的添加新群组图标 ➕，然后单击选择图素图标 ⓐ，选择除叶片、圆角及底面外的其余区域，【壁边预留量】和【底面预留量】均设置为 [0.5]。

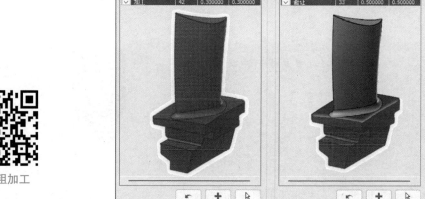

叶片粗加工

图 7-64 多轴刀路 3+2 自动粗切模型图形设置

3）在【多轴刀路—3+2 自动粗切】对话框中，对【刀具】选项进行选择设置，单击选择"1 号"刀具。

4）在【多轴刀路—3+2 自动粗切】对话框中，对【切削方式】选项进行设置，将【模式】选项的【深度分层】设置为【固定切深】并输入 [4.9]，设置【排序】选项下【切削方式】为"双向"，设置【曲面质量】下【切削公差】为 [0.05]，设置【步进量】选项下【最大步进量】为 [1]。

5）在图 7-65 所示【多轴刀路—3+2 自动粗切】对话框中，对【刀轴控制】选项进行设置。选择【手动】模式，右键"移除"第一个现有平面"俯视图平面"，右键单击【选择刀具平面】，在弹出的【选择视图】窗口中单击【命名平面】，在弹出的【平面选择】界面，分别点选添加【第一次定轴粗切面】和【第二次定轴粗切面】。

6）在【多轴刀路—3+2 自动粗切】对话框中，对【连接方式】选项进行设置，设置【默认连接】选项下【群组内】为"使用斜插"，【群组间】为"不使用斜插"，设置【安全区域】选项下【方向】为"加工方向"。

7）在【多轴刀路—3+2 自动粗切】对话框中完成以上设置后，单击确定图标 ，计算并生成如图 7-66 所示的叶片粗加工刀具路径。

图 7-65　多轴刀路 3+2 自动粗切刀轴控制设置　　　　图 7-66　叶片粗加工刀具路径

【操作技巧】

　　本例的叶片粗加工，除使用上述 3+2 自动粗切策略外，同样也可以采用 3D 高速刀路（优化动态粗切）定轴方式来进行粗加工，两种粗加工方式都需要首先建立两个定轴刀具平面，具体做法详见随书资源中的参考文档。

优化动态粗切

（2）叶片曲面半精加工

1）在【刀路】选项卡中，单击图 7-67 所示多轴加工选项中的【智能综合】刀路策略选项。

2）在【多轴刀路—智能综合】对话框中，项进行选择设置，单击选择"1 号"刀具。

3）在图 7-68 所示【多轴刀路—智能综合】对话框中，对【切削方式】选项进行设置，在【模式】选项下，单击添加曲线行图标 ，【样式】选项设置为【渐变】，单击其右下方的选择图素图标 ，打开层别 2，如图 7-69 所示选择单一导线图素，单击

智能综合

使用选定的加工几何图形上的曲线、曲面、自动或平面模型创建刀路。您可以更改输入模型以匹配零件的轮廓，而不会丢失您的设置。

图 7-67　多轴加工选项

对【刀具】选

叶片曲面半精加工

【结束选择】，重复上述步骤如图选取另一条导线图素。选取完毕后，再次单击【样式】下拉菜单，选择为【渐变】策略，在【加工】选项下对【加工几何图形】进行选择，单击其右侧的选择图素图标 ，如图选择叶片曲面及根部倒角，单击【结束选择】，设置【加工几何图形补正】为［0.3］，【区域】选项下【类型】设置为"完整精确开始与结束在曲面边缘"，【排序】选项下【切削方式】设置为"螺旋"，【最大步进量】设置为［0.5］。

　　将【切削方式】下【曲面质量高级选项】选项内【步进量计算】的【方法】设置为"精确"，在【边界】选项内，设置【终止边界】为［0.5］。

4）在【多轴刀路—智能综合】对话框中，对【刀轴控制】进行设置，勾选【限制】，在【刀轴控制】下【限制】选项中勾选【锥形限制】，设置【w1】为［40］、【w2】为［40］。

5）在【多轴刀路—智能综合】对话框中，对【碰撞控制】进行设置，取消勾选【1】

号，其余参数设置默认。

图 7-68　智能综合渐变切削方式设置

图 7-69　叶片曲面加工图素选择

6）在【多轴刀路—智能综合】对话框中，对【连接方式】进行设置，设置【进／退刀】选项下【开始点】和【结束点】分别为"使用切入"和"使用切出"，设置【安全区域】选项下【类型】为"平面"，其余参数设置默认。

7）在【多轴刀路—智能综合】对话框中完成以上设置后，单击确定图标　，计算并生成如图 7-70 所示的叶片曲面半精加工刀具路径。

8）复制上一刀路，单击【参数】进入【多轴刀路—智能综合】对话框中，对【刀具】选项进行选择设置，单击选择"2 号"刀具。

9）在图 7-71 所示【多轴刀路—智能综合】对话框中，对【切削方式】选项进行设置，在【模式】选项下，单击添加曲线行图标　，如图 7-72 所示选择图

图 7-70　叶片曲面半精加工刀具路径

素。选取完毕后，再次单击【样式】下拉菜单，选择为【渐变】策略，在【加工】选项下对【加工几何图形】进行选择，如图 7-72 选择叶片顶部圆角，单击【结束选择】，将【区域】选项下【类型】设置为"完整精确避让切削边缘"，【切削公差】设置为［0.01］，【最大步进量】设置为［0.1］。

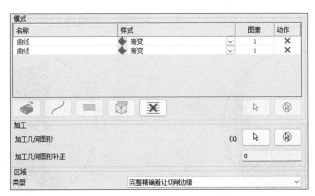

图 7-71　智能综合渐变切削方式

图 7-72　叶片圆角图素选择

10）在所示【多轴刀路—智能综合】对话框中，对【刀轴控制】进行设置，设置【输出方式】为 "3 轴"。

11）在【多轴刀路—智能综合】对话框中完成以上设置后，单击确定图标 ，计算并生成如图 7-73 所示的叶片顶部圆角加工刀具路径。

（3）叶片曲面精加工

1）复制叶片半精加工刀路，单击【参数】进入【多轴刀路—智能综合】对话框中，对【刀具】选项进行选择设置，单击选择 "2 号" 刀具。

2）在【多轴刀路—智能综合】对话框中，对【切削方式】选项进行设置，设置【最大步进量】为 [0.2]，其余参数设置不变。

叶片曲面精加工

3）在【多轴刀路—智能综合】对话框中，对【连接方式】进行设置，【安全区域】选项下【高度】设置为 [200]，勾选【距离】选项为【刀具平面的快速距离】。

4）在【多轴刀路—智能综合】对话框中完成以上设置后，单击确定图标 ，计算并生成图 7-74 所示的叶片曲面精加工刀具路径。

（4）叶片根部精加工

1）再次点选【智能综合】刀路策略，在【多轴刀路—智能综合】对话框中，对【刀具】选项进行选择设置，单击选择 "2 号" 刀具。

叶片根部精加工

2）在图 7-75 所示【多轴刀路—智能综合】对话框中，对【切削方式】选项进行设置，在【模式】选项下，单击添加曲线行图标，【样式】选项设置为【渐变】，单击选择图素图标，打开层别 2，如图 7-76 所示，选择单一导线图素，单击

【结束选择】，重复上述步骤如图选取另一条导线图素，完成后设置【渐变】。

图 7-73 叶片顶部圆角加工刀具路径

图 7-74 叶片曲面精加工刀具路径

图 7-75 智能综合渐变切削参数

图 7-76 叶片根部加工图素选择

在【加工】选项下对【加工几何图形】进行选择，单击其右侧的选择图素图标 ⟋，如图所示选择叶片底面，单击【结束选择】，并设置【加工几何图形补正】为 [0.05]。

设置【区域】选项中的【类型】为"完整精确避让切削边缘"，【排序】选项中的【切削方式】设置为"双向"，【切削公差】设置为 [0.01]，【最大步进量】设置为 [0.2]。

3）在【切削方式】下【曲面质量高级选项】选项内，【刀路平滑】勾选为【平滑刀路】，其余参数设置默认。

4）在图 7-77 所示【多轴刀路—智能综合】对话框中，对【刀轴控制】进行设置，设置输出方式为"5 轴"，设置【刀轴控制】为"从串连"，打开层别 5，如图所示选取串连，勾选【平滑】，取消勾选【限制】。

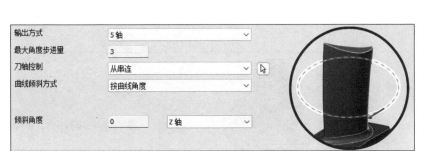

图 7-77　智能综合刀轴控制

5）在【多轴刀路—智能综合】对话框中，对【连接方式】进行设置，设置【进 / 退刀】均为"不使用切入"与"不使用切出"，设置【默认连接】选项均为"平滑曲线"，【安全区域】选项中的【高度】设置为［150］，取消勾选【距离】选项中的【刀具平面的快速距离】。

6）在【多轴刀路—智能综合】对话框中完成以上设置后，单击确定图标 ，计算并生成如图 7-78 所示的叶片根部精加工刀具路径。

图 7-78　叶片根部精加工刀具路径

【操作技巧】

本例随书参考项目文档编制了"智能综合渐变""智能综合渐变平滑控制"和"智能综合导线"三条刀路。三种刀路均能实现叶片根部曲面精加工，但通过表 7-3 刀路对比可以看出，文中采用的刀路更适合此类曲面的加工。

平滑和导线

表 7-3　刀路细节对比

| 智能综合渐变 | | 内部圆角处有刀路不平滑现象发生，无多余刀路 |
| --- | --- | --- |
| 智能综合渐变平滑控制 | | 内部圆角过渡圆滑，无多余刀路 |

（续）

| | | |
|---|---|---|
| 智能综合导线 |  | 内部圆角轻微不平滑，多余刀路明显 |

### 7.2.3　实体切削验证

单击【刀路】面板中的"实体仿真所选操作"图标 ，打开如图 7-79 所示实体仿真窗口，单击图示"播放"按键，执行切削仿真，得到如图 7-80 所示实体切削仿真验证结果，实体切削验证可以验证刀具系统于工件之间的过切、碰撞和干涉情况。

实体切削验证

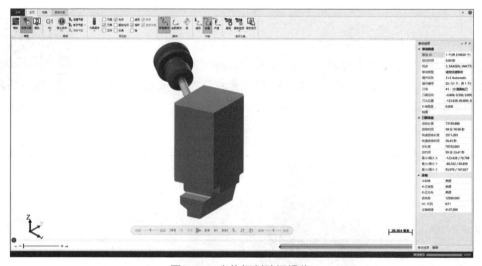

图 7-79　实体切削验证操作

图 7-80　实体切削仿真验证结果

# 第**8**章

## 多轴编程参数设置与优化

本章知识点

➤ 五轴刀具路径优化与精度提高

➤ 五轴摆动范围控制方式

➤ 五轴加工干涉与碰撞控制

➤ 五轴进退刀与连接参数设置

➤ 五轴数控机床回转轴行程极限设置

五轴加工需结合零件的尺寸精度、几何公差、技术要求等，选择适合的工艺和加工策略进行编程。但是由于五轴加工过程复杂，影响加工精度和质量的因素较多，尤其五轴联动情况下，参与插补运动的机械轴较多，需考虑五轴机床的动态运动性能，通过 Mastercam 软件中的选项和参数，可以对刀具路径的精度和运动方式进行控制和优化，从而提高五轴加工的整体精度和效率，使切削加工达到最佳效果。五轴加工过程中影响加工效果的主要因素和具体表现形式见表 8-1。

表 8-1　主要影响因素及具体表现形式

| 项数 | 影响因素 | 表现形式 | 优化效果 |
| --- | --- | --- | --- |
| 1 | 刀轴变化与摆动程度 | 剧烈刀轴摆动及拐角位置刀轴变化使加工表面产生刀痕和振纹，且切削抖动效率低 | 改善表面质量，降低粗糙度值，提高加工效率 |
| 2 | 转台行程极限位置限制、换向与避让 | 机床过行程，刀轴剧烈摆动，出现干涉碰撞 | 避免机床超行程报警和碰撞干涉，改善刀轴摆动幅度，提高加工精度效率 |
| 3 | 静点切削现象 | 刀具切削速度为零的位置参与切削，形成挤削，表面质量差，精度不稳定，刀具寿命降低 | 改变刀轴姿态角，避开静点位置，改善加工质量和刀具寿命 |
| 4 | 刀具路径安全可靠性 | 主轴、刀具、刀柄与工作台、夹具、工件之间产生干涉碰撞 | 机床模拟检测刀具路径的安全性 |

表 8-1 中列出的内容与 CAM 软件直接关联，可通过 Mastercam 软件中的功能对刀具路径进行调整优化，在编程阶段能有效提高输出程序的质量，使数控程序更加适合不同机械结

构的五轴加工中心运行，改善机床运动的稳定性，从而改善加工质量，提高生产效率。

## 8.1　五轴刀具路径优化与精度提高

为了在提升加工效率的同时获得更好的表面质量，可以在编程的过程中对刀位点分布进行设置。刀位点分布常见于三轴机床加工，五轴加工中也同样适用。尤其在车辆或航空航天领域应用更为广泛，例如车灯模具反射面、航天结构件、叶轮叶片加工等，基本可以获得免抛光的表面质量。以下将从切削方式和刀轴控制两个方面对刀位点分布设置进行详细介绍。

### 8.1.1　切削方式中刀位点分布设置

图 8-1a 为没有经过刀位点控制的刀具路径，图 8-1b 为经过刀位点控制的刀具路径。通过两个图的对比，可以很明显地看出图 8-1b 所示刀具路径上的点位明显更多并且更加均匀，图中的点位影响最终输出 NC 程序每行 X\Y\Z 值的数量。点位的增加优化可以有效提高刀具路径的精度，使加工曲面更加平滑。

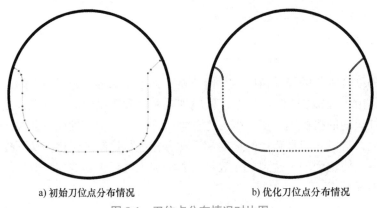

a) 初始刀位点分布情况　　　　　　　　b) 优化刀位点分布情况

图 8-1　刀位点分布情况对比图

按照图 8-1a 所示的刀具路径加工时，加工过程中切削进给速度会忽快忽慢，甚至出现加工停顿。尤其是在特征拐角处或造型曲面落差变化较大时，机床会加减速频繁，从而导致加工效率降低，且工件的表面质量较差。

按照图 8-1b 所示的刀具路径进行加工时，因为路径上点位分布均匀，可以减少机床的运算时间，从而提高加工效率。由于点位更加密集，可以提高加工精度，并且让机床以平顺的加速速率进行五轴联动加工，这样不但提升了加工效率，也可以有效改善表面质量。

通过改变策略中切削方式的不同参数，进行刀位点的分布设置，一般对【切削公差】、【刀路连接方式距离】（点分布）、【刀路连接方式最大步进量】、【添加距离】（向量）、【添加角度】及【刀具向量强度】等参数进行优化调整，可以提高刀具路径精度。

以下是 Mastercam 软件关于点分布参数设置的相关解释：

（1）【切削公差】　其为刀具路径的运算精度公差，公差值可定义至小数点后第五位。所定义的公差值越小，生成的刀具路径越精确。公差值会影响刀具路径的运算速度以及输出 NC 程序的大小。

（2）【刀路连接方式距离】 定义距离值来控制刀具路径向量之间的分布距离，较小的值可以运算出较高精度的刀具路径。但不合理的点分布距离会导致刀具路径运算的时间过长，或出现机床加工时抖动过于频繁的情况。

【操作技巧】

机床加工时，若有抖动的情况发生，降低进给速率，若机床不抖动，则与参数设置无关。如果依然抖动，则可能与点分布距离设定不合理有关。

（3）【添加距离】 此数值是参考刀具行进路径的线性距离。当切削公差的运算向量大于此数值设定的增量值时，刀具路径将额外增加一个向量做运算，以增加点的高精度分布。

（4）【刀路连接方式距离】 当定义该参数时，刀具路径的点分布是依据定义的距离均匀分布的。

（5）【增加距离】 定义该参数时，刀具路径的点分布依据定义的向量距离值插入分布点。

通过表 8-2 所示刀具路径点分布对比，可以看出【刀路连接方式距离】和【增加距离】的区别。

表 8-2 刀具路径点分布对比图

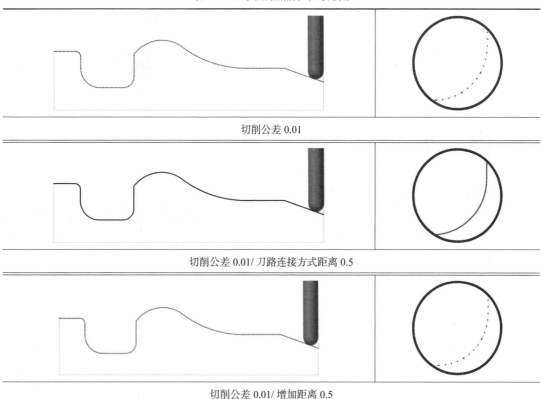

切削公差 0.01

切削公差 0.01/ 刀路连接方式距离 0.5

切削公差 0.01/ 增加距离 0.5

【操作技巧】

　　一般情况下，为了提升加工效率以及加工质量，会对【刀路连接方式距离】和【增加距离】选项同时设置，两个选项同时设置会比只设置一项所生成的刀具路径更佳。

## 8.1.2　刀轴控制中刀位点分布设置

　　除刀位点常规优化调整外，多轴刀具路径还需考虑刀轴变化对刀位点的影响，以下是Mastercam 软件有关于多轴点分布参数设置的相关解释。

　　（1）【添加角度】　通过定义角度值来控制刀具路径向量之间点的分布距离，当向量之间角度值大于设定值时，将向刀具路径中添加一个附加向量。此功能主要用于控制两点间的最大轴向运动角度，通过设定较小的值，可以创建更精确的刀具路径，从而避免由于转角处刀轴剧烈变化导致加工质量不佳的问题，同时提高加工效率，刀轴控制页面如图 8-2 所示。

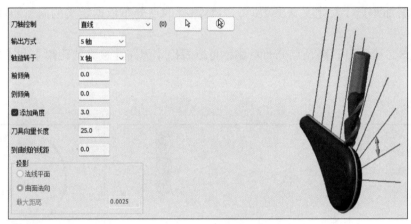

图 8-2　刀轴控制页面

　　使用【添加角度】参数的优点为：

　　1）解决零件转角过大导致机床极限旋转的问题。

　　2）平顺刀路控制和刀轴偏摆角度，以此获得更好的表面质量。

　　通过表 8-3 所示刀具路径优化对比，可以看出【添加角度】、【刀路连接方式距离】与【添加距离】之间的差异性。

表 8-3　多轴刀具路径优化对比图

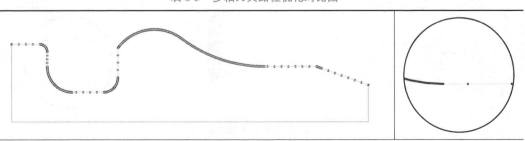

切削公差 0.01/ 添加角度 0.5

（续）

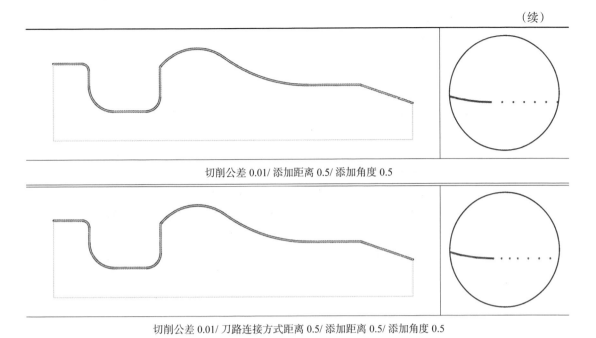

切削公差 0.01/ 添加距离 0.5/ 添加角度 0.5

切削公差 0.01/ 刀路连接方式距离 0.5/ 添加距离 0.5/ 添加角度 0.5

【操作技巧】

　　五轴加工编程时，针对【添加角度】功能，建议搭配【刀路连接方式距离】与【添加距离】同时使用，所产生的刀具路径点分布会更加合理，有利于加工效率与零件表面质量的提升。

　　（2）【刀具向量长度】　确定刀位点刀轴矢量的长度，可以用作 NCI 当中的向量长度。一般刀具都使用默认值 25mm 作为刀具的向量长度，以此更直观地了解刀轴偏摆时的变化，为刀具路径更改提供更准确的参考。

## 8.2　五轴摆动范围控制方式

　　受结构限制，五轴机床的两个转动轴有其固定的转动角度范围，以本书第 1 章图 1-2 Mikron AC 轴结构五轴机床为例，A 轴为摆动轴，转动极限为 −125°~+95°，对应刀轴仰角变化范围；C 轴为回转轴，转动范围为 ±360° 无限制，对应刀轴方位角变化范围。不同结构五轴机床回转轴的范围也不相同，因此在编制数控程序时需考虑所用五轴机床是否能够达到刀具路径设置的加工位置，并限制方位角和仰角，以保证 NC 程序正确。

　　图 8-3 所示为 AC 结构五轴机床方位角和仰角不同设置情况下的刀具路径效果。方位角是以 XY 平面为基准面（2D），逆时针方向绕 Z 轴旋转的角度一般为 ±360°；仰角是自 XY 平面往上（+90°）或者往下（−90°）的角度，为绕 X 轴的旋转角度（BC 结构五轴机床则为绕 Y 轴的旋转角度）。如果将图 8-3a 所示仰角改为 0°~−90°，方位角为 0°~360°，则刀具路径计算结果在下半球，但无法用于实际加工。

　　Mastercam 软件提供了刀轴范围的限制功能和参数，通过参数设置，可以将五轴机床的两个回转轴限制在一个合理的角度范围内，从而控制加工过程中的刀轴摆动幅度，提高加工面的质量。图 8-4 和图 8-5 所示【限制】设置在各刀路策略的【刀轴控制】选项下，部分策略需在【刀轴控制】页面勾选【限制】才能进入选项页面，进行刀轴范围的设定，即限制加工过程中的方位角和仰角。

a) 仰角0°~+90°/方位角0°~360°设置结果　　　　b) 仰角0°~+90°/方位角0°~-360°设置结果

图 8-3　方位角和仰角设置示例图

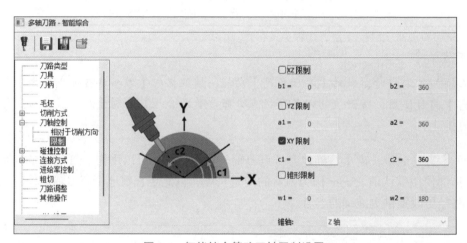

图 8-4　智能综合策略刀轴限制设置

图 8-4 所示刀轴角度范围控制方式需结合五轴机床的机械结构进行考虑，即 XZ 限制对应 B 轴机床结构，单独限制 B 轴仰角范围；YZ 限制对应 A 轴机床结构，单独限制 A 轴仰角范围；XY 限制对应 C 轴机床结构，单独限制 C 轴方位角范围；锥形限制则设定某一角度范围同时对方位角和仰角范围进行限制。

图 8-5 所示的刀轴范围控制方式同样需要考虑机床结构，区别在于限制角度为设置刀具轴绕某一线性轴回转摆动，同时限制刀具轴的仰角和方位角。【限制】选项主要用于限制刀轴的偏摆角度范围，可以有效地避免机床超行程、刀轴剧烈偏摆及干涉碰撞的问题发生。下面通过案例，介绍【限制】功能的一般设置方式。

如图 8-6 所示项目文件打开方式，打开随书文件夹"Mastercam 多轴编程与加工基础 / 案例资源文档 / 第八章 多轴编程参数设置与优化"中的"8.2 多轴摆动范围控制参考文档"项目文件。项目文件中包含了三条已经计算完成的五轴刀具路径。

图 8-5　曲线加工策略刀轴限制设置

图 8-6　项目文件打开

　　单击选择图 8-7 所示"1- 五轴沿面"刀具路径，单击【参数】开启沿面策略对话框，单击选择【刀轴控制】，单击【限制】的页面（此刀具路径，没有进行限制设置）。观察图示刀具路径的模拟结果可以发现，靠近根部的位置有刀轴偏摆角度过大和刀柄干涉碰撞的问题。

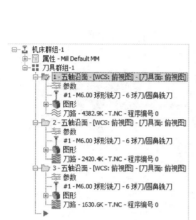

图 8-7　刀轴角度无限制刀具路径

单击选择如图 8-8 所示"2- 五轴沿面"刀具路径，单击【参数】开启沿面策略对话框，单击选择【刀轴控制】。单击【限制】的页面（此刀具路径，对 Z 轴进行了限制）。设置【最小值】为［0.0］，【最大值】为［90.0］，勾选【修改超过限制的运动】。

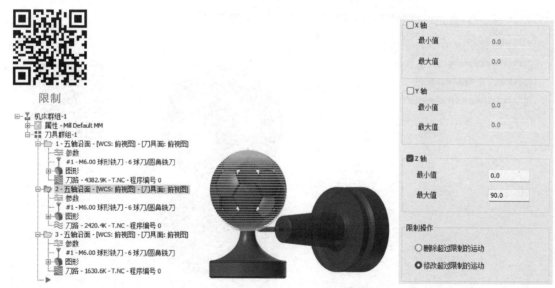

图 8-8　刀轴角度 Z 轴限制刀具路径

通过刀具路径模拟可以看出，刀轴偏摆的角度被限制在 0°~90°。虽然这条刀具路径已经提升了加工的安全性，但是考虑工件质量与加工效率，此刀路还可继续优化。

为避免静点切削问题，无需将刀轴偏摆至 90°，即可加工到根部。

单击选择如图 8-9 所示"3- 五轴沿面"刀具路径，单击【参数】开启沿面策略对话框，单击选择【刀轴控制】。单击【限制】的页面（此刀具路径，对 Z 轴进行了限制优化）。设置【最小值】为［15.0］，【最大值】为［75.0］，勾选【修改超过限制的运动】。

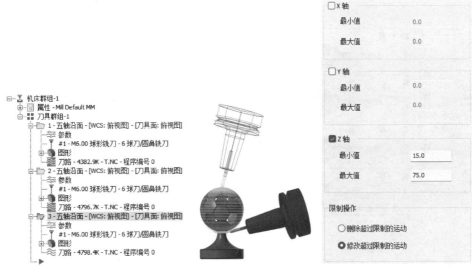

图 8-9　刀轴角度 Z 轴限制优化刀具路径

通过刀具路径模拟可以看出，此刀具路径不仅解决了安全问题，同时也解决静点切削的问题。

【操作技巧】

　　使用 [限制] 功能时，无需复杂的设定或建立 CAD 曲面进行辅助，即可确保刀具处于的安全偏摆范围内，避免超行程问题的发生。

## 8.3　五轴加工干涉与碰撞控制

　　五轴加工过程中发生变化的轴数可达五个，除三个线性轴外还有两个回转轴，回转轴的变化将改变刀具与工件之间的相对位置关系。这个过程中，整个工艺系统组成部分的相对位置关系，都将根据刀轴的姿态变化而发生改变。如果不能有效控制工艺系统各组成部分间的变化趋势，可能出现干涉、过切、碰撞等情况，使工件、刀具或机床发生损坏。

　　五轴刀具路径非常复杂，编程过程中难以确保全部刀具路径安全可靠，因此需对刀具路径进行安全验证，并设置碰撞参数，以保证刀具路径的安全性。可以使用 Mastercam 软件的碰撞控制功能，对整个工艺系统的组成部件进行预设检测，使刀具始终在安全区域内变化和移动。

干涉与碰撞控制

　　碰撞控制可用于检查验证刀具路径的过切、干涉和碰撞情况，可针对刀齿、刀肩、刀杆和刀柄分别进行检查。Mastercam 软件提供了 4 组碰撞检查选项（图 8-10），可以针对不同的工件曲面和刀具组件，定义不同的参数策略进行干涉碰撞检查。策略中提供了刀具自动倾斜避让功能，可通过定义刀杆和刀柄的安全间隙，在不设置刀轴偏摆范围的情况下，自动进行干涉偏摆、倾斜或提刀避让控制。

　　碰撞控制选项中的【连接】参数可直接使用默认设置，【间隙类型】的分类为圆形和锥形，锥形会比较接近刀具尖端，可根据实际情况自行定义（图 8-11）。

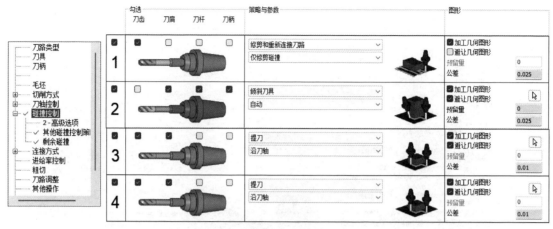

图 8-10　智能综合碰撞控制选项

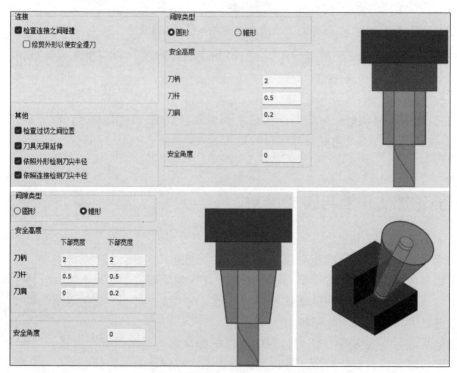

图 8-11　智能综合碰撞控制其他选项

选择自动倾斜刀具时，高级选项中提供了倾斜的策略应用（图 8-12），可依据刀具路径的轨迹方向，选择优先倾斜或旋转，并设置角度范围的限制，用以优化刀具路径。下面通过案例，介绍【碰撞控制】功能的一般设置方式。

如图 8-13 所示项目文件打开方式，打开随书文件夹"Mastercam 多轴编程与加工基础 / 案

图 8-12　碰撞控制设置高级选项

例资源文档 / 第八章 多轴编程参数设置与优化"中的"8.3 多轴加工干涉与碰撞控制参考文档"项目文件。项目文件中包含两条已经计算完成的五轴刀具路径。

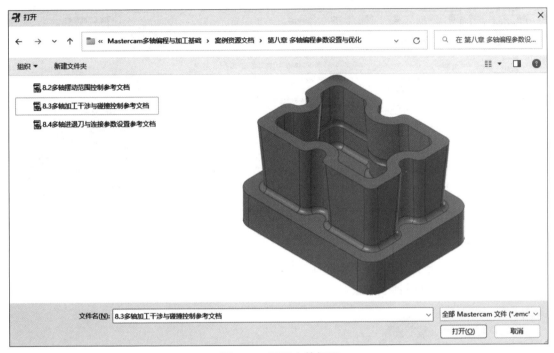

图 8-13　项目文件打开

　　点选项目文档中"1- 智能综合投影刀具路径"，单击【参数】开启智能综合策略对话框，点选【碰撞控制】（此刀具路径，只定义了刀刃过切检查）。通过如图 8-14 所示刀具路径模拟可以看出，刀轴垂直于被加工表面，刀肩和刀杆发生了碰撞。

　　如图 8-15 所示，单击选择项目文档中"2- 智能综合投影刀具路径"，单击【参数】开启智能综合策略对话框，单击选择【碰撞控制】（此刀具路径定义了第二组过切验证检查）。碰撞检查勾选刀肩、刀杆和刀柄，【策略与参数】选择"倾斜刀具"和"自动"，单击【避让几何图形】右侧的 ↳ 图标，选择如图 8-16 所示曲面。设置【间隙类型】为"圆形"，【安全高度】分别设置"刀柄"为［2］，"刀杆"为［2］，"刀肩"为［1］，【安全角度】设置为［3］。

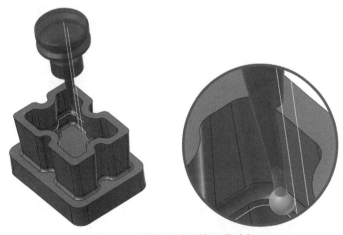

图 8-14　存在干涉碰撞刀具路径

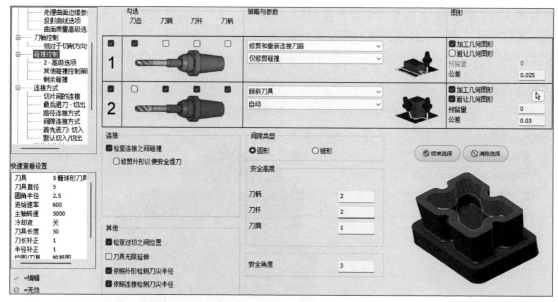

图 8-15　智能综合碰撞控制设置

通过如图 8-16 所示刀具路径模拟可以看出，优化后的刀具路径，其刀具角度自动倾斜，刀肩和刀杆的碰撞问题得到了解决。

图 8-16　避开干涉碰撞刀具路径

【操作技巧】

使用不同策略时，［碰撞控制］选项内的设置会有所不同。图 8-17 所示为曲线加工策略的碰撞控制，其参数解释和作用如下。

干涉曲面：［干涉曲面］选项设置，若［预留量］设定为负值，则刀具路径会往曲面内缩进。

过切处理：［寻找自相交］选项设置，主要防止封闭区域或多曲面加工时，在拐角或衔接处发生过切。此选项同 2.5D 外形加工策略中的［寻找自相交］类似。［过滤点数］最大值为 32000，根据实际情况所需进行设置。

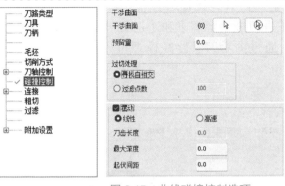

图 8-17　曲线碰撞控制选项

优化处理：[摆动]选项设置，可以使刀具有规律的进行起伏，此设置可避免长时间使用刀具侧刃某一段进行切削，可有效降低刀具损耗。

## 8.4　五轴进退刀与连接参数设置

由于五轴刀具路径的复杂程度较高，除干涉和碰撞参数设置，还需检测刀具路径之间连接移动的安全性。因此需对刀具路径的连接参数进行优化设置，以保证路径间的连接移动安全可靠。Mastercam 软件可以对多轴刀路的连接方式进行设定，主要是进/退刀与安全提刀的移动方式。通常五轴加工的碰撞大多发生在提刀移动，或者倾斜面定轴转换过程中。此外由于机床行程有限，换刀过程中刀柄、刀杆易发生碰撞，也有部分情况是由于后处理未考虑机床行程极限，导致刀轴转换时发生碰撞。连接方式设

进退刀与
连接参数

置除考虑到安全性，还可以优化提刀路径，从而节省加工时间，提高加工效率。下面通过案例，介绍【连接方式】的一般设置方式。

如图 8-18 所示项目文件打开方式，打开随书文件夹"Mastercam 多轴编程与加工基础/案例资源文档/第八章 多轴编程参数设置与优化"中的"8.4 多轴进退刀与连接参数设置参考文档"项目文件。项目文件中包含了两条已经计算完成的五轴刀具路径。

单击选择项目文档"1-曲线投影刀具路径"，单击【参数】开启智能综合策略对话框，点选【连接方式】；参数设置如图 8-19 所示。"默认连接"【大间隙】单击选择为"返回提刀高度"；"安全区域"【类型】设置为"平面"，【方向】设置为"Z 轴"，【高度】与【增量高度】设置为［100］；"距离"设置【快速距离】为［5］，【进刀进给距离】和【退刀进给距离】设置为［1］，【空刀移动安全距离】设置为［20］；"修圆"勾选【进给距离】，并设置【圆弧半径】为［5］。

通过如图 8-19 所示刀具路径模拟可以看出，此刀具路径以平面的方式提刀。对于该路径虽保证了安全性，但仍可以对提刀进行优化，安全区域选项的类型包含"自动"、"平面"、"圆柱"和"球形"等几种方式，可以根据模型的外形，选取合适的提刀类型。

点选"2-曲线投影刀具路径"，单击【参数】开启智能综合策略对话框，单击选择【连接方式】，参数设置如图 8-20 所示。"默认连接"【大间隙】点选为"返回增量高度"；

"安全区域"【类型】设置为"球形",设置球心点,并设置【半径】为[30];"距离"设置【快速距离】为[2],【进刀进给距离】和【退刀进给距离】设置为[1],【空刀移动安全距离】设置为[5]。通过图示刀具路径模拟可以看出,此刀具路径按球形方式提刀。

图 8-18 项目文件打开

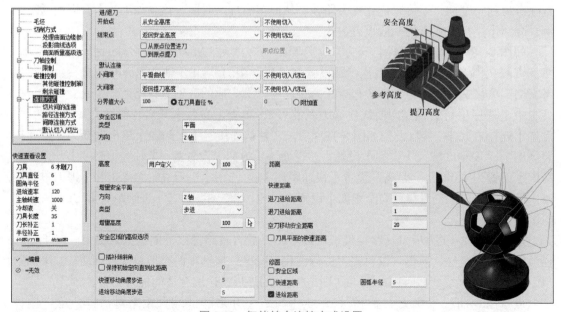

图 8-19 智能综合连接方式设置

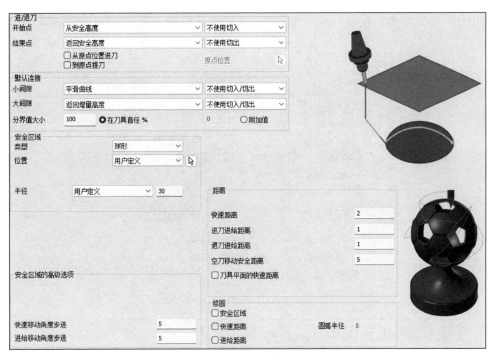

图 8-20　智能综合连接方式设置

【操作技巧】

　　使用［进／退刀］时，可通过［默认切入／切出］选项页面，来设定最佳化的进退刀方式，其余参数设置可根据提刀方式进行选择。

　　［修圆］连接选项主要用于提刀移动时，将转角圆弧化，可以避免惯性加速，从而提高加工效率。

　　图 8-21 所示为连接方式进／退刀选项设置，切削开始点和切削结束点可以选择是否使用切入／切出移动，同时切削刀具路径间会存在小间隙和大间隙两种连接距离，除选择连接方式，还可以选择是否在间隙连接路径处使用切入／切出移动，一般情况下，开始点和结束点使用切入／切出路径。

图 8-21　智能综合连接方式进／退刀

　　图 8-22 所示为进给率控制参数设置，连接移动方式确定后，提到距离会随之变化，不

同距离的连接和提刀可以控制其移动速度，以优化连接刀具路径的速率，使连接移动更加安全高效。

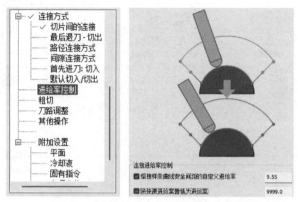

图 8-22　智能综合进给率控制参数设置

## 8.5　五轴数控机床回转轴行程极限设置

五轴数控机床依据结构不同，回转轴有不同的角度限制，当编写五轴刀具路径时，需了解机床的特性和行程极限，尽可能避开以下问题：刀具路径超行程，极限点回转，回转轴反复回转，角度累加极限及超行程等，下面将对这些问题展开介绍。

### 8.5.1　刀具路径超行程

若刀具路径出现超行程运动，则无法后置处理和运行 NC 程序，若后置处理中未限制行程极限，输出至机床后会超行程报警。正常情况下，CAM 软件后处理需要限制机床的行程极限，图 8-23a 所示刀轴角度超过了机床摆动轴最大极限角度，如后置处理文件未对机床行程进行限制，则输出的 NC 程序无法在五轴数控机床上执行；可通过调整刀轴控制方式，或者使用【限制】功能，并勾选连接方式下的"修改超过极限的运动"来调整刀具路径的超行程运动，产生如图 8-23b 所示刀具路径。

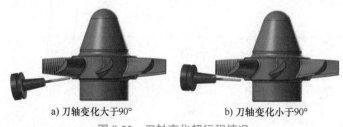

a) 刀轴变化大于90°　　　　　b) 刀轴变化小于90°

图 8-23　刀轴变化超行程情况

如后置处理文件限制了回转轴极限，对图 8-23a 所示刀具路径进行后置处理时，则会发出如图 8-24 所示提示信息，显示回转轴超出行程极限，停止后置处理 NC 程序。

当五轴数控机床为双摆头结构型时，C 轴极限角度一般在 ±200°~±360°，C 轴无法进行连续旋转加工，一般选用双向切削方式进行编程。在双向切削刀具路径的编程过程当中，若遇到角度极限点回转或超行程提刀问题，可采用以下两种方式进行优化：

1）增加一小段刀具路径作为起始的输出角度，累加下一条刀具路径的角度，以此避开 C 轴行程极限的问题。

2）移动下刀点的位置，改变刀具路径的输出起始点。

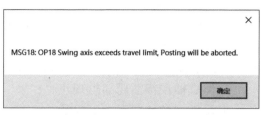

MSG18: OP18 Swing axis exceeds travel limit, Posting will be aborted.

确定

### 8.5.2　回转轴极限位置

图 8-24　超行程后置处理报错界面

图 8-25 所示的加工案例，会出现极限点刀轴回转问题，此问题常发生在五轴数控机床上，不仅影响加工质量和效率，还可能产生过切，甚至发生碰撞干涉，因此编程过程中需注意此类情况。以某小型双转台数控机床为例，A 轴行程极限范围为 –110°~+30°，加工所示刀具路径由左至右 180° 加工，刀轴限制在 ±45° 之间。

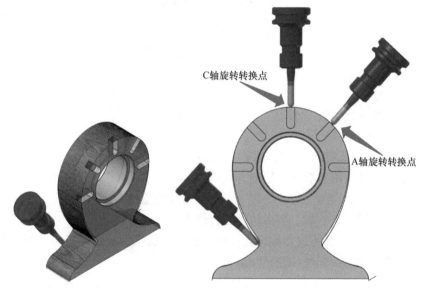

C轴旋转转换点

A轴旋转转换点

图 8-25　极限点回转情况

问题分析：

1）刀具路径从 A–45° 加工到 0° 时，C 轴需旋转 180° 才能偏摆至 A+ 角度，此处会因为机床的精度与稳定性问题，产生换向切削痕。

2）刀具路径旋转到 A+ 后，到达极限位置 A+30° 时，会因极限位置产生断点提刀，C 轴再次旋转 180°，并在相同角度位置点下刀，产生接刀痕。

3）上述刀具移动若未在 C 轴旋转前提刀，则会导致碰撞干涉或过切的问题发生。

解决方法：

1）尽可能避开行程极限，选择单侧路径，角度限制在 –110°~0°。

2）通过机床模拟功能，将工件转换至可以连续加工的方向。

3）通过后处理设置，使用专用指令代码控制轴向摆动。

4）制作专用夹具，通过反转工件，避开行程极限点。

### 8.5.3 回转轴反复回转

遇到此问题大多是由于刀具路径在旋转移动时，有逆时针方向的移动，导致 C 轴来回旋转。通常加工有多个圆弧特征的零件时，在圆弧变化位置出现回转轴双向反复回转，刀轴控制方式多采用倾斜角度。如图 8-26 所示，内壁凹凸圆弧特征加工，在内弧位置有此类问题发生，图示圆弧特征增加，则回转轴双向反复回转更加频繁。

这种 C 轴在特征局部出现正负方向反复回转的状况，不仅造成表面质量不佳，刀具磨损也会增大；可通过更改刀轴控制的方式，改为"从点刀轴控制方式"并限制偏摆角度，进行四轴联动加工，即可有效避免此类情况发生。

图 8-26　倾斜角度内壁加工

### 8.5.4 超行程处理方式

多轴机床回转轴设置有累加角度极限，一般为 99999.00°，超过角度极限则无法后置数控程序或者机床超行程报错。多轴经常有零件需通过采用螺旋加工路径减少刀痕，当工件过长或行距过小，就有可能遇到此类问题，以下有几点建议：

1）刀具路径可以使用"双向"切削方式。

2）机床控制器需要有角度归零的命令码，再由软件输出。

3）机床控制器需修改参数，再由软件配合输出。

部分五轴数控系统可以通过参数设置，使五轴数控机床不做角度累加，因此不存在上述因回转轴角度累加产生的超行程极限问题。

此外，工件大小和在工作台上的装夹摆放位置，都会影响机床的加工极限，尤其大工件或尺寸落差较大的工件。实际切削加工前，需使用仿真软件进行机床模拟加工验证，尽量避免这类问题发生。若加工过程中遇到此问题，需要移动工件或在 CAM 软件中进行调整，具体的处理方法有：

1）更改刀具路径的安全间隙与高度。

2）移动起始下刀点位置，与五轴联动移动同侧。

3）更改刀具路径的安全高度类型，使用球形或圆柱方式。

4）多增加一段刀具路径当作引导线。

5）依刀具路径退回。

# 第**9**章

## 镂空足球加工案例

 **本章知识点**

➤ 镂空足球五轴加工工艺分析

➤ 镂空足球五轴编程及加工方法

➤ 多曲面模型加工策略选择与参数设置

➤ 受限内腔体五轴加工与刀轴控制方法

## 9.1 工艺分析与编程思路

根据前置工序的不同，可以选择如图 9-1 或图 9-2 所示两种不同外形尺寸的毛坯，如采用图 9-2 所示车削后的毛坯形状，可以省掉采用圆柱体毛坯所必须的 3+2 定轴粗加工铣削工步，减少铣削时间，此例为了展示软件功能和工艺流程，选择如图 9-1 所示的圆柱体毛坯进行刀路编制。

图 9-3 所示为镂空足球模型，通过尺寸分析可知，足球的粗加工需沿轴线分两次进行，通过两次 3+2 定轴方式完成。粗加工完成后需考虑足球内部曲面和外部曲面的加工方式，通过内部曲面粗精加工建立多个锥度曲面，采用"侧刃铣削"和"通道"加工策略进行刀路编制。内部曲面粗加工和精加工是镂空足球加工的重点，粗加工需使用圆鼻刀和糖球型铣刀进行多次分层粗加工，最终采用糖球铣刀进行内壁曲面精加工。内部精加工完成后，进行足球外部曲面精加工，再粗精加工各个镂空多边形侧壁，最后精加工足球外部曲面的接缝曲面和镂空多边形边缘曲面。具体的编程步骤与工艺流程见表 9-1。

图 9-1　圆柱体毛坯

图 9-2　车削后的毛坯形状

图 9-3　镂空足球模型

表 9-1　加工策略与工艺流程

| 工步号 | 加工策略 | 图示 | 刀具 | 加工内容 |
|---|---|---|---|---|
| 1 | 3D 高速刀路（优化动态铣削） | | T01 D12_R0.5 圆鼻铣刀 | 使用 D12_R0.5 圆鼻铣刀，粗加工图示左侧外形，底面及侧壁余量均为 0.2mm |
| 2 | 3D 高速刀路（优化动态铣削） | | T01 D12_R0.5 圆鼻铣刀 | 使用 D12_R0.5 圆鼻铣刀，粗加工图示右侧外形，底面及侧壁余量均为 0.2mm |
| 3 | 深孔啄钻（G83） | | T05 D12 钻头 | 使用 D12 钻头，钻图示深 51mm 孔 |
| 4 | 2D 高速刀路（2D 动态铣削） | | T04 D6_R0.5 圆鼻铣刀 | 使用 D6_R0.5 圆鼻铣刀，粗加工顶部五边形轮廓，底面及侧壁余量均为 0.2mm |

| 工步号 | 加工策略 | 图示 | 刀具 | 加工内容 |
|---|---|---|---|---|
| 5 | 曲面精修等高 |  | T02<br>D10_R1 圆鼻<br>铣刀 | 使用 D10_R1 圆鼻铣刀，粗加工型腔，毛坯预留量 0.1mm |
| 6 | 侧刃铣削 |  | T02<br>D10_R1 圆鼻<br>铣刀 | 使用 D10_R1 圆鼻铣刀，粗加工型腔下侧，毛坯预留量为 0.1~0.2mm |
| 7 | 通道 | 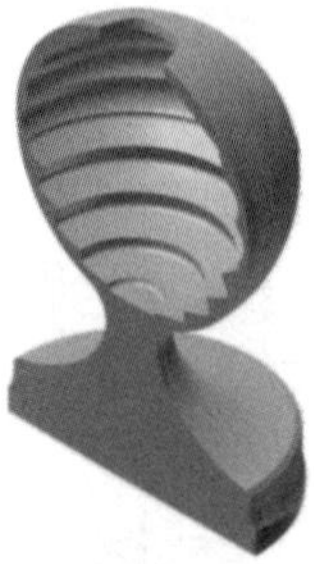 | T03<br>D10 糖球型<br>铣刀 | 使用 D10 糖球型铣刀，粗加工型腔上侧，毛坯预留量为 0.1mm |
| 8 | 通道 | 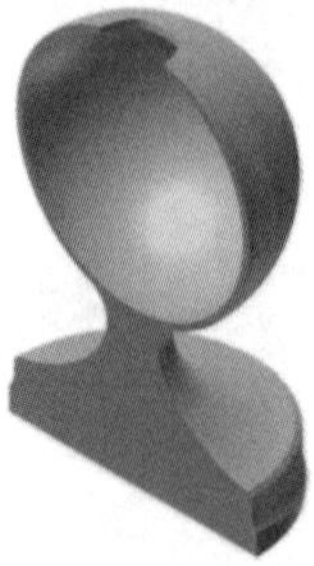 | T03<br>D10 糖球型<br>铣刀 | 使用 D10 糖球型铣刀，精加工型腔 |
| 9 | 3D 高速刀路<br>（优化动态粗切） | 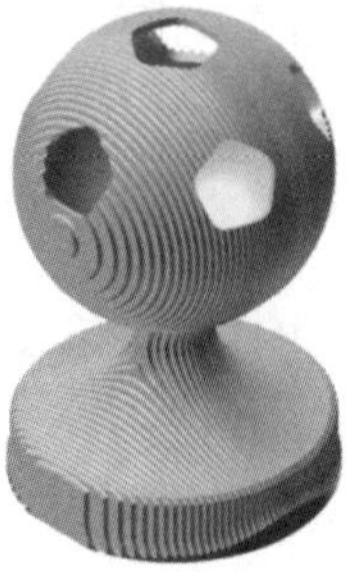 | T04<br>D6_R0.5 圆鼻<br>铣刀 | 使用 D6_R0.5 圆鼻铣刀，定轴粗加工第二层五边形特征，毛坯预留量为 0.2mm，并生成旋转刀路 |

（续）

| 工步号 | 加工策略 | 图示 | 刀具 | 加工内容 |
|---|---|---|---|---|
| 10 | 3D 高速刀路（优化动态粗切） |  | T04<br>D6_R0.5 圆鼻铣刀 | 使用 D6_R0.5 圆鼻铣刀，定轴粗加工第三层五边形特征，毛坯预留量为 0.2mm，并生成旋转刀路 |
| 11 | 侧刃铣削 | 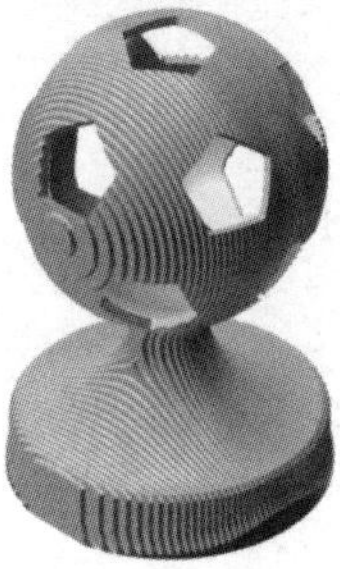 | T06<br>D2 平铣刀 | 使用 D2 平铣刀，定轴精加工五边形特征侧壁，并生成旋转刀路 |
| 12 | 曲面 |  | T07<br>D8_R4 球形铣刀 | 使用 D8_R4 球形铣刀，精加工外形 |
| 13 | 智能综合流线 |  | T08<br>D1_R0.5 球形铣刀 | 使用 D1_R0.5 球形铣刀，精加工顶面五边形圆角及顶层接缝曲面，并生成旋转刀路 |
| 14 | 智能综合流线 |  | T08<br>D1_R0.5 球形铣刀 | 使用 D1_R0.5 球形铣刀，精加工第二层五边形圆角、第一层接缝曲面、第二层接缝曲面，并生成旋转刀路 |

（续）

| 工步号 | 加工策略 | 图示 | 刀具 | 加工内容 |
|:---:|:---:|:---:|:---:|:---|
| 15 | 智能综合流线 |  | T08 D1_R0.5 球形铣刀 | 使用 D1_R0.5 球形铣刀，精加工第三层五边形圆角、第三层接缝曲面、第四层接缝曲面、最末层接缝曲面，并生成旋转刀路 |

## 9.2　基本设定与过程实施

### 9.2.1　基本设定

（1）模型输入　图 9-4 所示为项目文件打开方式，打开随书文件夹"Mastercam 多轴编程与加工基础 / 案例资源文档 / 第九章 镂空足球加工案例"中的"镂空足球加工案例练习文档"项目文件。

图 9-4　项目文件打开

（2）毛坯建立　在【刀路】管理面板中单击【毛坯设置】选项，打开【机床群组设置】

对话框中的【毛坯设置】选项卡，单击【从选择】添加图标。在图 9-5 所示【层别】管理面板中，单击选择"5 号"层至高亮状态，显示实体，单击选择实体用作毛坯，单击确定图标完成毛坯设置。

图 9-5　图素毛坯设置

（3）刀具平面建立　本例中的加工内容包含定轴加工和五轴联动加工，表 9-2 列出了镂空足球不同加工内容所对应的刀具平面。

表 9-2　刀具平面建立

| 序号 | 刀具平面 | 加工内容 | 序号 | 刀具平面 | 加工内容 |
|---|---|---|---|---|---|
| 1 | | 第一面粗加工 | 3 | | 内、外部曲面加工，顶部五边形及接缝曲面加工 |
| 2 | | 第二面粗加工 | 4 | | 第二层镂空五边形处曲面加工 |

（续）

| 序号 | 刀具平面 | 加工内容 | 序号 | 刀具平面 | 加工内容 |
|---|---|---|---|---|---|
| 5 |  第三层坐标系(C,T) | 第三层镂空五边形处曲面加工 | 8 |  第三层接缝曲面(C,T) | 第三层曲面五边形接缝处曲面加工 |
| 6 |  第一层接缝曲面(C,T) | 第一层曲面五边形接缝处曲面加工 | 9 |  第四层接缝曲面(C,T) | 第四层曲面五边形接缝处曲面加工 |
| 7 |  第二层接缝曲面(C,T) | 第二层曲面五边形接缝处曲面加工 | 10 |  最末层接缝曲面(C,T) | 最末层曲面五边形接缝处曲面加工 |

## 9.2.2　过程实施

（1）足球外形粗加工

1）单击【毛坯】选项卡中的【毛坯模型】，打开层别 5，选取全部图素，建立工步毛坯模型 0。

2）打开【平面】管理面板，激活"前视图"坐标系。

3）单击图 9-6 所示【3D】选项卡中的【优化动态粗切】选项。

4）在图 9-7 所示【3D 高速曲面刀路—优化动态粗切】对话框中，对【模型图形】进行设置，单击【加工图形】选项右侧的"图素选取"图标 ，打开层别 2，如图选取足球外侧曲面，并单击【结束选择】，设置【壁边预留量】与【底面预留量】均为［0.2］。

5）在图 9-8 所示【3D 高速曲面刀路—优化动态粗切】对话框中，对【刀路控制】进行设置，单击【边界串连】选项右侧的"图素选取"图标 ，打开层别 6，如图选取边界框。单击选择【补正到】为【外部】，设置【补正距离】为［2.0］，勾选【包括刀具半径】。

6）在【3D 高速曲面刀路—优化动态粗切】对话框中，对【刀具】选项进行选择设置，点选"1 号"刀具。

足球外形粗加工

优化动态...　　挖槽　　投影

**优化动态粗切**

完全利用刀具刃长进行切削，快速移除材料。

图 9-6　铣削 3D 选项卡

图9-7　优化动态粗切模型图形设置

图9-8　优化动态粗切刀路控制设置

7）在图9-9所示【3D高速曲面刀路—优化动态粗切】对话框中，对【毛坯】选项进行设置，勾选【剩余材料】，设置【先前操作】为"指定操作"，并选择第一步建立的工步毛坯模型1。

图9-9　优化动态粗切毛坯设置

8）在图9-10所示【3D高速曲面刀路—优化动态粗切】对话框中，对【切削参数】进行设置，设置【步进量】下【距离】为［15.0］，勾选【步进量】，其余参数设置如图所示。

9）在图9-11所示【3D高速曲面刀路—优化动态粗切】对话框中，对【陡斜/浅滩】进行设置，勾选【最高位置】与【最低位置】，其余参数设置如图所示。

图9-10　优化动态粗切切削参数设置

图9-11　优化动态粗切陡斜/浅滩设置

10）在【3D 高速曲面刀路—优化动态粗切】对话框中，对【连接参数】进行设置，设置【提刀】选项下【线性进入 / 退出】为［0］，设置【引线】选项下【斜插角度】为［0］，取消勾选【第二引线】，其余参数设置默认。

11）在图 9-12 所示【3D 高速曲面刀路—优化动态粗切】对话框中，对【圆弧过滤 / 公差】进行设置，勾选【线 / 圆弧过滤设置】，其余参数设置如图所示。

12）在【3D 高速曲面刀路—优化动态粗切】对话框中完成以上设置后，单击确定图标 ，计算并生成如图 9-13 所示的足球外形第一侧粗加工刀具路径。

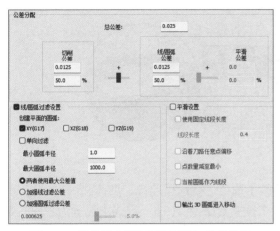

图 9-12 优化动态粗切圆弧过滤 / 公差设置

图 9-13 足球外形第一侧粗加工刀具路径

13）单击【毛坯】选项卡中的【毛坯模型】，建立工步毛坯模型 1。

14）复制第一侧刀路，单击【参数】进入【3D 高速曲面刀路—优化动态粗切】对话框，对毛坯进行设置，选择毛坯模型 1。

15）在图 9-14 所示【3D 高速曲面刀路—优化动态粗切】对话框中，对【刀具平面】与【绘图平面】进行重新选取，单击"选择刀具平面"图标 ，选择"后视图"，其余参数设置如图所示。

16）在【3D 高速曲面刀路—优化动态粗切】对话框中完成以上设置后，单击确定图标 ，计算并生成如图 9-15 所示的足球外形第二侧粗加工刀具路径。

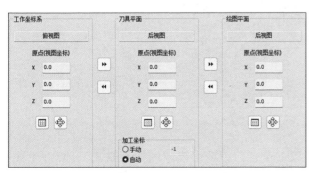

图 9-14 优化动态粗切平面设置

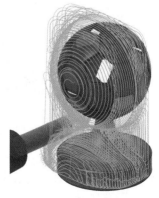

图 9-15 足球外形第二侧粗加工刀具路径

【操作技巧】

通过【毛坯模型】建立工步毛坯2，用于计算镂空足球正反两面粗加工路径的加工状态与余量情况。

17）打开【平面】管理面板，激活"俯视图"坐标系。如图9-16所示，单击【2D】选项卡中的【钻孔】选项，选取足球上侧五边形中心点，在【刀路孔定义】对话框中自动添加孔信息，单击 ✅ 图标确认选取。

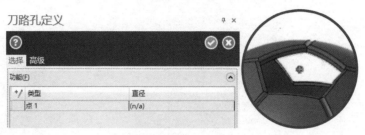

图9-16　刀路孔定义

18）在【2D—钻孔】对话框中，对【刀具】选项进行选择设置，点选"5号"刀具。

19）在【2D—钻孔】对话框中，设置【切削参数】，将【循环方式】设置为"深孔啄钻（G83）"，【Peck】每次钻深输入［1］。

20）在图9-17所示【2D—钻孔】对话框中，对【连接参数】选项进行设置，勾选【安全高度】，其余参数设置如图所示。

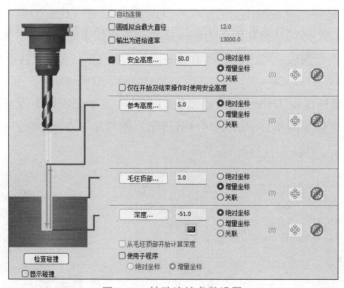

图9-17　钻孔连接参数设置

21）在【2D—钻孔】对话框中完成以上设置后，单击确定图标 ✅ ，计算并生成如图9-18所示的钻孔加工刀具路径。

22）单击【2D】选项卡中的【动态铣削】选项，如图 9-19 所示，在弹出的【串连选项】对话框中单击选择加工范围图标 ⟨ ⟩ ，打开层别 8，如上图选择五边形边框，在弹出的【线框串连】对话框中单击 ⟨✓⟩ 完成选取。单击【串连选项】对话框中点击选择空切串连图标 ⟨ ⟩ ，如下图选择中心圆，单击 ⟨✓⟩ 完成选取。

图 9-18　钻孔加工刀具路径

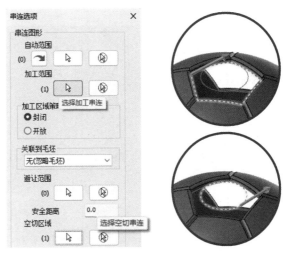

图 9-19　动态铣削范围选取

23）在【2D 高速刀路—动态铣削】对话框中，点选【刀具】选项进行设置，点选"4号"刀具。

24）在【2D 高速刀路—动态铣削】对话框中，对【切削参数】进行设置，【壁边预留量】与【底面预留量】均设置为 [0.2]。

25）在【2D 高速刀路—动态铣削】对话框中，对【连接参数】进行设置，点选【深度】为【绝对坐标】并设置为 [-4.0]，其余参数设置默认。

26）在【2D 高速刀路—动态铣削】对话框中完成以上设置后，单击确定图标 ⟨✓⟩ ，计算并生成如图 9-20 所示的顶部五边形加工刀具路径。

（2）足球内部粗加工

1）如图 9-21 所示单击【3D】选项卡中的【传统等高】选项。

图 9-20　顶部五边形加工刀具路径

足球内部粗加工

图 9-21　3D 铣削选项卡

2）在图 9-22 所示弹出的【刀路曲面选择】对话框中，单击【加工面】选项下选择图标 [↖]，打开层别 4，选取图 9-23 所示加工面 1，单击【干涉面】选项下选择图标 [↖]，打开层别 3，如图 9-24 所示，选取干涉面，单击【切削范围】选项下选择图标 [↖]，打开层别 8，如图 9-25 所示选取切削范围，单击 [✓] 完成选取。

图 9-22　刀路曲面选择对话框

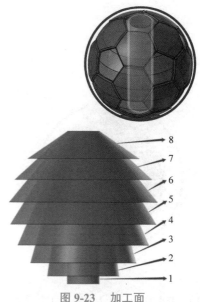

图 9-23　加工面

图 9-24　干涉面

图 9-25　切削范围

3）在【曲面精修等高】对话框中，单击选择【刀具参数】选项进行设置，点选 "2 号" 刀具。

4）在图 9-26 所示【曲面精修等高】对话框中，对【曲面参数】选项进行设置，勾选【安全高度】，勾选【进 / 退刀】，其余参数设置如图所示。

5）在【曲面精修等高】对话框中，单击选择【等高精修参数】选项进行设置，设置【Z 最大步进量】为 [0.5]，单击选择【两区段间路径过渡方式】为【沿着曲面】，勾选【螺旋进刀】，并对【螺旋进刀】进行设置，参数设置如图 9-27 所示。

6）在【曲面精修等高】对话框中完成以上设置后，单击确定图标 [✓]，计算并生成如图 9-28 所示的足球第一次内部粗加工刀具路径。

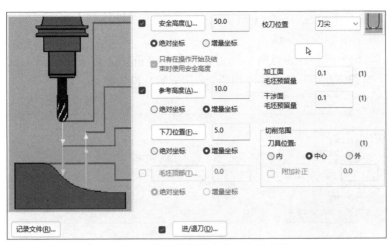

图 9-26 曲面精修等高曲面参数设置

图 9-27 曲面精修等高螺旋进刀设置

图 9-28 足球第一次内部粗加工刀具路径

7）单击图 9-29 所示【多轴加工】选项卡中的【侧刃铣削】刀路策略选项。

8）在【多轴刀路—侧刃铣削】对话框中，对【刀具】选项进行选择设置，单击选择"2号"刀具。

9）在图 9-30 所示【多轴刀路—侧刃铣削】对话框中，对【切削方式】选项进行设置。在【选择图形】选项下，单击【沿边几何图形】右侧的选择图素图标 ，打开层别 4，选取图 9-23 所示 2 号加工面。勾选【底面几何图形】，单击其右侧的选择图素图标 ，打开层别 3，如图 9-24 选择球面，设置【加工】选项下【侧面】为"内"，其余参数设置如图所示。

图 9-29 多轴加工选项卡

图 9-30 侧刃铣削切削方式设置

10）在【多轴刀路—侧刃铣削】对话框中，设置【刀轴控制】选项，勾选【尽量减少旋转轴的变化】，其余参数设置默认。

11）在图9-31所示【多轴刀路—侧刃铣削】对话框中，设置【连接方式】选项，选择【进/退刀】为"使用切入"和"使用切出"，其余参数设置默认。

图9-31　侧刃铣削连接方式设置

12）在【多轴刀路—侧刃铣削】对话框中，设置【分层切削】选项，选择【深度切削步进】为【按距离分层】并设置为［1］，其余参数设置默认。

13）在【多轴刀路—侧刃铣削】对话框中完成以上设置后，单击确定图标 ✓ ，计算并生成如图9-32所示的足球第二次内部粗加工刀具路径。

14）复制上一刀路，单击【参数】进入【多轴刀路—侧刃铣削】对话框中，对【切削方式】选项进行更改。在【选择图形】选项下，单击【沿边几何图形】右侧的选择图素图标 ，打开层别4，选取如图9-23所示3号加工面。勾选【底面几何图形】，单击其右侧的选择图素图标 ，打开层别3，如图9-24选择球面，其余参数设置不变。

15）在【多轴刀路—侧刃铣削】对话框中完成以上设置后，单击确定图标 ✓ ，计算并生成如图9-33所示的足球第三次内部粗加工刀具路径。

图9-32　足球第二次内部粗加工刀具路径　　　　图9-33　足球第三次内部粗加工刀具路径

16）复制上一刀路，单击【参数】进入【多轴刀路—侧刃铣削】对话框中，对【切削方式】选项进行更改。在【选择图形】选项下，单击【沿边几何图形】右侧的选择图素图标 ，打开层别4，选取如图9-23所示4号加工面。勾选【底面几何图形】，单击其右侧的选择图素图标 ，打开层别3，如图9-24所示选择球面，设置【底面余量】为［0.3］，其余参数设置不变。

17）在【多轴刀路—侧刃铣削】对话框中完成以上设置后，单击确定图标 ⊘ ，计算并生成如图 9-34 所示的足球第四次内部粗加工刀具路径。

18）复制上一刀路，单击【参数】进入【多轴刀路—侧刃铣削】对话框中，对【切削方式】选项进行更改。在【选择图形】选项下，单击【沿边几何图形】右侧的选择图素图标 🔲 ，打开层别 4，选取如图 9-23 所示 5 号加工面，设置【沿边间隙】为 [0]。勾选【底面几何图形】，单击其右侧的选择图素图标 🔲 ，打开层别 3，如图 9-24 所示选择球面，设置【底面余量】为 [0.2]，其余参数设置不变。

19）在【多轴刀路—侧刃铣削】对话框中完成以上设置后，单击确定图标 ⊘ ，计算并生成如图 9-35 所示的足球第五次内部粗加工刀具路径。

图 9-34　足球第四次内部粗加工刀具路径

图 9-35　足球第五次内部粗加工刀具路径

20）在【刀路】选项卡中，单击图 9-36 所示多轴加工选项中的【通道专家】刀路策略选项。

21）在【多轴刀路—通道专家】对话框中，对【刀路类型】进行选择设置，单击选择【通道】。

22）在【多轴刀路—通道】对话框中，对【刀具】选项进行选择设置，单击选择"3 号"刀具。

图 9-36　多轴加工选项

23）在图 9-37 所示【多轴刀路—通道】对话框中，对【切削方式】选项进行设置，单击【曲面】选项右侧的选择图素图标 🔲 ，打开层别 4，选取图 9-23 所示 8 号加工面，在弹出的【流线数据】对话框中，确认【补正方向】等设置如图所示，单击【结束选择】。【切削方向】设置为"螺旋"，设置【加工面预留量】为 [0.8]，其余参数设置如图所示。

24）在图 9-38 所示【多轴刀路—通道】对话框中，对【刀轴控制】选项进行设置，设置【刀轴控制】选项为"从点"，单击其右侧的选择图素图标 🔲 ，如图选点；选择【输出方式】选项为"5 轴"，其余参数设置如图所示。

25）在【多轴刀路—通道】对话框中，对【碰撞控制】选项下进行设置，单击选择【模型选项】为【延伸底部图形】。

26）在图 9-39 所示【多轴刀路—通道】对话框中，对【连接】选项下的【进 / 退刀】进行设置，勾选【进 / 退刀】选项下的【进刀曲线】和【退出曲线】，其余参数设置如图所示。

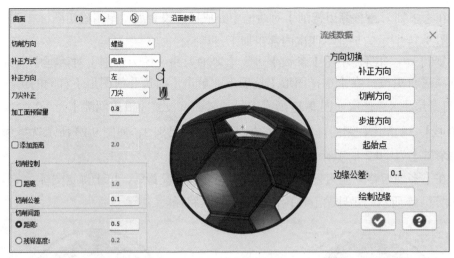

图 9-37　通道切削方式设置

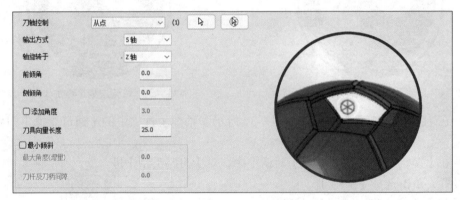

图 9-38　通道刀轴控制设置

27）在【多轴刀路—通道】对话框中完成以上设置后，单击确定图标 ◎，计算并生成如图 9-40 所示的足球第六次内部粗加工刀具路径。

28）复制上一刀路，单击【参数】进入【多轴刀路—通道】对话框中，对【切削方式】选项进行设置，单击【曲面】选项右侧的选择图素图标 ◩，打开层别 4，选取如图 9-23 所示 7 号加工面，其余参数设置不变。

29）在【多轴刀路—通道】对话框中，对【碰撞控制】选项下进行设置，单击选择【模型选项】为【延伸顶部图形】。

30）在【多轴刀路—通道】对话框中完成以上设置后，单击确定图标 ◎，计算并生成如图 9-41 所示的足球第七次内部粗加工刀具路径。

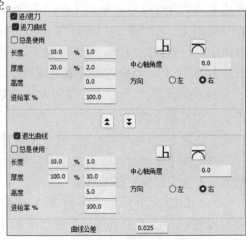

图 9-39　通道进 / 退刀设置

图 9-40　足球第六次内部粗加工刀具路径

图 9-41　足球第七次内部粗加工刀具路径

31）复制上一刀路，单击【参数】进入【多轴刀路—通道】对话框中，对【切削方式】选项进行设置，单击【曲面】选项右侧的选择图素图标 ⇱，打开层别 4，选取如图 9-23 所示 6 号加工面，其余参数设置不变。

32）在【多轴刀路—通道】对话框中完成以上设置后，单击确定图标 ✅，计算并生成如图 9-42 所示的足球第八次内部粗加工刀具路径。

（3）足球内部精加工

1）重新选择【通道】策略。在图 9-43 所示【多轴刀路—通道】对话框中，对【切削方式】选项进行设置，单击【曲面】选项右侧的选择图素图标 ⇱，打开层别 9，如图选取曲面，确认【补正方向】如图所示，单击【结束选择】。设置【加工面预留量】为 [0.0]，其余参数设置如图所示。

图 9-42　足球第八次内部粗加工刀具路径

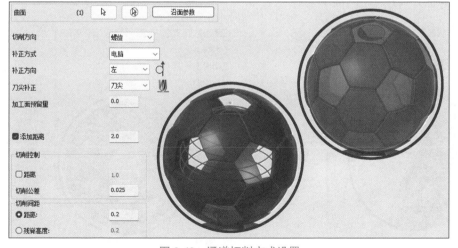

图 9-43　通道切削方式设置

足球内部精加工

2）在【多轴刀路—通道】对话框中，对【刀轴控制】选项进行设置，设置【刀轴控制】选项为"从点"，单击其右侧的选择图素图标 ⇱，如图 9-38 选点，其余参数设置默认。

3）在图 9-44 所示【多轴刀路—通道】对话框中，对【连接】选项下的【进 / 退刀】进行设置，勾选【进 / 退刀】选项下的【进刀曲线】，其余参数设置如图所示。

4）在【多轴刀路—通道】对话框中完成以上设置后，单击确定图标 ，计算并生成如图 9-45 所示的足球内部精加工刀具路径。

图 9-44　通道进 / 退刀设置　　　　图 9-45　足球内部精加工刀具路径

足球五边形
特征粗加工

（4）足球五边形特征粗加工

1）打开【平面】管理面板，激活"第二层"坐标系。

2）单击如图 9-6 所示【3D】选项卡中的【优化动态粗切】选项。

3）在图 9-46 所示【3D 高速曲面刀路—优化动态粗切】对话框中，对【模型图形】进行设置，单击【加工图形】选项右下方的"图素选取"图标 ，如图选取五边形侧壁，并单击【结束选择】，设置【壁边预留量】与【底面预留量】均为［0.2］。

4）在图 9-47 所示【3D 高速曲面刀路—优化动态粗切】对话框中，对【刀路控制】进行设置，单击【边界串连】选项右侧的"图素选取"图标 ，打开层别 6，如图选取边界框，单击选择【补正到】为【内部】。

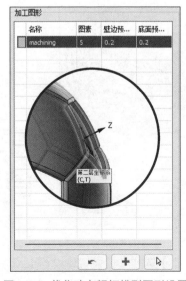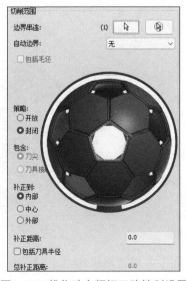

图 9-46　优化动态粗切模型图形设置　　　图 9-47　优化动态粗切刀路控制设置

5）在【3D 高速曲面刀路—优化动态粗切】对话框中，对【刀具】选项进行选择设置，单击选择"4 号"刀具。

6）在【3D 高速曲面刀路—优化动态粗切】对话框中，对【毛坯】选项进行设置，取消勾选【剩余毛坯】。

7）在图 9-48 所示【3D 高速曲面刀路—优化动态粗切】对话框中，对【切削参数】进行设置，设置【步进量】下【距离】为［10.0］，取消勾选【步进量】，其余参数设置如图所示。

8）在图 9-49 所示【3D 高速曲面刀路—优化动态粗切】对话框中，对【陡斜／浅滩】进行设置，勾选【最低位置】，其余参数设置如图所示。

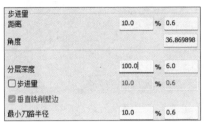

图 9-48　优化动态粗切切削参数设置

图 9-49　优化动态粗切陡斜／浅滩设置

9）在【3D 高速曲面刀路—优化动态粗切】对话框中，对【连接参数】进行设置，设置【提刀】选项下【线性进入／退出】为［0.5］，设置【引线】选项下【斜插角度】为［10.0］，其余参数设置默认。

10）在【3D 高速曲面刀路—优化动态粗切】对话框中，对【进刀移动】进行设置，设置【进刀移动】选项下【螺旋半径】为［3.0］，设置【Z 安全间距】为［1.0］。

11）在【3D 高速曲面刀路—优化动态粗切】对话框中，对【圆弧过滤／公差】进行设置，关闭【线／圆弧过滤设置】。

12）在【3D 高速曲面刀路—优化动态粗切】对话框中完成以上设置后，单击确定图标，计算并生成如图 9-50 所示的五边形特征粗加工刀具路径。

13）单击【刀路转换】选项，在弹出的【转换操作参数】对话框中对【刀路转换类型与方式】进行设置，将【类型】设置为【旋转】，【方式】设置为【刀具平面】，【来源】设置为【NCI】，【加工坐标系编号】设置为【维持原始操作】，【原始操作】如图 9-51 所示，点选上一步所生成刀路。

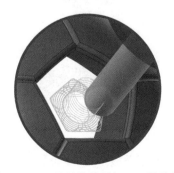

图 9-50　五边形特征粗加工刀具路径

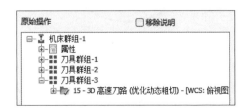

图 9-51　刀路转换类型与方式设置

14）对【转换操作参数】对话框中的【旋转】进行设置，设置如图 9-52 所示。

15）在【转换操作参数】对话框中完成以上设置后，单击确定图标 ，计算并生成如图 9-53 所示的足球第二层其余五边形特征粗加工刀具路径。

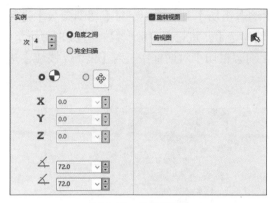

图 9-52　旋转设置

图 9-53　足球第二层其余五边形特征粗加工刀具路径

16）打开【平面】管理面板，激活"第三层"坐标系。

17）再次点选【优化动态粗切】策略，在图 9-54 所示【3D 高速曲面刀路—优化动态粗切】对话框中，对【模型图形】进行设置，单击【加工图形】选项右下方的"图素选取"图标 ，如图选取五边形侧壁，并单击【结束选择】，其余参数设置不变。

18）在【3D 高速曲面刀路—优化动态粗切】对话框中，对【刀路控制】进行设置，单击【边界串连】选项右侧的"图素选取"图标 ，打开层别 6，如图 9-55 所示选取边界框，其余参数设置不变。

图 9-54　优化动态粗切模型图形设置

图 9-55　优化动态粗切刀路边界

19）在【3D 高速曲面刀路—优化动态粗切】对话框中，对【进刀移动】进行设置，设置【进刀移动】选项下的【螺旋半径】为［2.25］。

20）在【3D 高速曲面刀路—优化动态粗切】对话框中完成以上设置后，单击确定图标 ，计算并生成如图 9-56 所示的五边形特征粗加工刀具路径。

21）再次单击【刀路转换】选项，设置同前，【原始操作】如图 9-57 所示，单击选择上一步所生成刀路，其余参数设置不变。

图 9-56 五边形特征粗加工刀具路径

图 9-57 刀路转换类型与方式设置

22）在【转换操作参数】对话框中完成以上设置后，单击确定图标 ，计算并生成如图 9-58 所示的足球第三层其余五边形特征粗加工刀具路径。

（5）五边形侧壁精加工

1）打开【平面】管理面板，激活"俯视图"坐标系。单击如图 9-29 所示【多轴加工】选项卡中的【侧刃铣削】刀路策略选项。

2）在【多轴刀路—侧刃铣削】对话框中，对【刀具】选项进行选择设置，单击选择"6 号"刀具。

3）在图 9-59 所示【多轴刀路—侧刃铣削】对话框中，对【切削方式】选项进行设置。在【选择图形】选项下，单击【沿边几何图形】右侧的选择图素图标 ，选取顶面五边形侧壁。取消勾选【底面几何图形】，其余参数设置不变。

图 9-58 足球第三层其余五边形特征粗加工刀具路径

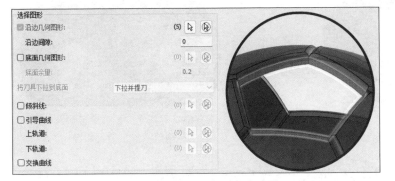

图 9-59 侧刃铣削切削方式设置

五边形侧壁精加工

4）在【多轴刀路—侧刃铣削】对话框中，对【分层切削】选项进行设置，选择【深度切削步进】为【按数量分层】并设置为［1］，其余参数设置默认。

5）在【多轴刀路—侧刃铣削】对话框中完成以上设置后，单击确定图标 ，计算并生成如图 9-60 所示的足球顶面五边形侧壁精加工刀具路径。

6）复制上一刀路，单击【参数】进入【多轴刀路—侧刃铣削】对话框中，对【切削方式】选项进行更改。在【选择图形】选项下，单击【沿边几何图形】右侧的选择图素图标 ，按图 9-61 选取五边形侧壁，对【附加设置】下的【平面】选项进行设置，设置【刀具平面】与【绘图平面】为"第二层坐标系"，其余参数设置不变。

图 9-60　足球顶面五边形侧壁精加工刀具路径 　　　　图 9-61　五边形侧壁选择

7）在【多轴刀路—侧刃铣削】对话框中完成以上设置后，单击确定图标 ，计算并生成如图 9-62 所示的五边形特征侧壁精加工刀具路径。

8）单击【刀路转换】选项，在【原始操作】选项中，单击选择上一步所生成刀路，其余参数设置不变。

9）在【转换操作参数】对话框中完成以上设置后，单击确定图标 ，计算并生成如图 9-63 所示的足球第二层其余五边形特征侧壁精加工刀具路径。

图 9-62　五边形特征侧壁精加工刀具路径　　　图 9-63　足球第二层其余五边形特征
　　　　　　　　　　　　　　　　　　　　　　　　　　　侧壁精加工刀具路径

10）复制【侧刃铣削】刀路，单击【参数】进入【多轴刀路—侧刃铣削】对话框中，对【切削方式】选项进行更改。在【选择图形】选项下，单击【沿边几何图形】右侧的选择图素图标 ，如图 9-64 所示选取五边形侧壁，对【附加设置】下的【平面】选项进行设置，设置【刀具平面】与【绘图平面】为"第三层坐标系"，其余参数设置不变。

11）在【多轴刀路—侧刃铣削】对话框中完成以上设置后，单击确定图标 ，计算并生成如图 9-65 所示的五边形特征侧壁精加工刀具路径。

图 9-64　五边形侧壁选择　　　　　　　图 9-65　五边形特征侧壁精加工刀具路径

12）单击【刀路转换】选项，在【原始操作】选项中，单击选择上一步所生成刀路，其余参数设置不变。

13）在【转换操作参数】对话框中完成以上设置后，单击确定图标 ，计算并生成如图 9-66 所示的足球第三层其余五边形特征侧壁精加工刀具路径。

（6）足球外部精加工

1）单击图 9-67 所示【多轴加工】选项中的【多曲面】刀路策略选项。

足球外部精加工

图 9-66　足球第三层其余五边形特征侧壁精加工刀具路径

图 9-67　多轴加工选项

2）在【多轴刀路—多曲面】对话框中，对【刀具】选项进行选择设置，单击选择"7号"刀具。

3）在图 9-68 所示【多轴刀路—多曲面】对话框中，对【切削方式】选项进行设置，将【模型选项】选项设置为"圆柱"，单击其右侧的选择曲面图标 ，在弹出的【圆柱体选项】对话框中，进行如图所示设置，将【切削方向】设置为"螺旋"，其余参数设置如图所示。

4）在【多轴刀路—多曲面】对话框中，对【刀轴控制】进行设置，设置【刀轴控制】方式为"曲面"，将【前倾角】设置为［10.0］，其余参数设置默认。

5）在【多轴刀路—多曲面】对话框中，对【刀轴控制】下的【限制】选项进行设置，勾选【Z 轴】，设置【最小值】为［0］，【最大值】为［90.0］。

图 9-68　多曲面切削参数

6）在图 9-69 所示【多轴刀路—多曲面】对话框中，对【碰撞控制】选项进行设置，对
【刀尖控制】下的【补正曲面】选项进行选择，单击其右侧的选择图素图标 ，打开层别 2，
如图所示选择足球外侧面，确认后单击【结束选择】，其余参数设置不变。

图 9-69　多曲面碰撞控制设置

7）在【多轴刀路—多曲面】对话框中完成以上设置后，单击确定图标 ，计算并
生成如图 9-70 所示的足球外形精加工刀具路径。

8）打开【平面】管理面板，激活"俯视图"坐系。单击如图 9-71 所示【多轴加工】
选项中的【智能综合】刀路策略选项。

图 9-70　足球外形精加工刀具路径

图 9-71　多轴加工选项

9）在【多轴刀路—智能综合】对话框中，对【刀具】选项进行选择设置，单击选择"8 号"刀具。

10）在图 9-72 所示【多轴刀路—智能综合】对话框中，对【切削方式】选项进行设置，在【模式】选项下，单击添加曲面行图标 ▤，将【样式】选项设置为"流线 U"，在【加工】选项下对【加工几何图形】进行选择，单击其右侧的选择图素图标 ▨，如图所示选择五边形特征圆角面，单击【结束选择】，其余参数设置如图所示。

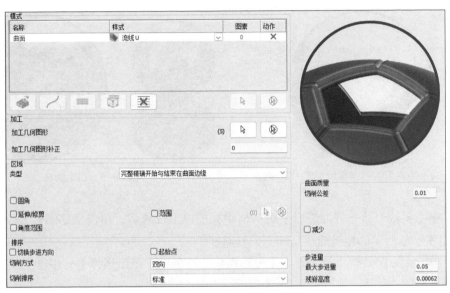

图 9-72　智能综合切削方式设置

11）在【多轴刀路—智能综合】对话框中，对【刀轴控制】进行设置，将【输出方式】设置为"3 轴"，其余参数设置默认。

12）在【多轴刀路—智能综合】对话框中，对【连接方式】进行设置，设置【进 / 退刀】选项下的【开始点】为"使用切入"，【结束点】为"使用切出"，其余参数设置默认。

13）在图 9-73 所示【多轴刀路—智能综合】对话框中，对【连接方式】下的【默认切入 / 切出】进行设置，参数设置如图所示。

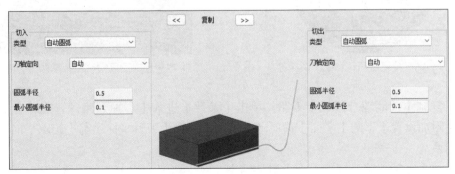

图 9-73　智能综合设置

14）在【多轴刀路—智能综合】对话框中完成以上设置后，单击确定图标 ，计算并生成如图 9-74 所示的顶面五边形圆角精加工刀具路径。

15）复制上一刀路，单击【参数】进入【多轴刀路—智能综合】对话框中，对【切削方式】选项进行更改。在【加工】选项下对【加工几何图形】进行选择，单击其右侧的选择图素图标 ，如图 9-75 所示选择接缝曲面，单击【结束选择】，取消勾选【切换步进方向】，其余参数设置不变。

图 9-74　顶面五边形圆角精加工刀具路径

图 9-75　图素选择

16）在【多轴刀路—智能综合】对话框中完成以上设置后，单击确定图标 ，计算并生成如图 9-76 所示的接缝曲面精加工刀具路径。

17）单击【刀路转换】选项，在【原始操作】选项中，单击选择上一步所生成刀路，其余参数设置不变。

18）在【转换操作参数】对话框中完成以上设置后，单击确定图标 ，计算并生成如图 9-77 所示的足球顶层细节圆角精加工刀具路径。

图 9-76　接缝曲面精加工刀具路径

图 9-77　足球顶层细节圆角精加工刀具路径

19）复制【智能综合流线】刀路，单击【参数】进入【多轴刀路—智能综合】对话框中，对【附加设置】下的【平面】选项进行设置，设置【刀具平面】与【绘图平面】为"第二层坐标系"。

20）在【多轴刀路—智能综合】对话框中，对【切削方式】选项进行更改，在【加工】选项下对【加工几何图形】进行选择，单击其右侧的选择图素图标 ，如图 9-78 所示，选择五边形圆角面,单击【结束选择】,勾选【切换步进方向】,其余参数设置不变。

21)在【多轴刀路—智能综合】对话框中,对【刀轴控制】进行设置,将【输出方式】设置为"3 轴",单击选择【其他方向】,并单击【刀具平面】。

22)在【多轴刀路—智能综合】对话框中完成以上设置后,单击确定图标 ,计算并生成如图 9-79 所示的五边形圆角面精加工刀具路径。

图 9-78    图素选择

图 9-79    五边形圆角面精加工刀具路径

23)单击【刀路转换】选项,在【原始操作】选项中,单击选择上一步所生成刀路,其余参数设置不变。

24)在【转换操作参数】对话框中完成以上设置后,单击确定图标 ⊘,计算并生成如图 9-80 所示的足球第二层五边形圆角精加工刀具路径。

25)打开【平面】管理面板,激活"第一层接缝曲面"坐标系。

26)再次点选【智能综合】策略,在【多轴刀路—智能综合】对话框中,对【切削方式】选项进行设置,在【模式】选项下,单击添加曲面行图标 ▬,将【样式】选项设置为"流线 U",在【加工】选项下对【加工几何图形】进行选择,单击其右侧的选择图素图标 ▷,如图 9-81 所示,选择接缝曲面,单击【结束选择】,勾选【修剪 / 延伸】,取消勾选【切换步进方向】,其余参数设置默认。

图 9-80    足球第二层五边形圆角精加工刀具路径

图 9-81    图素选择

27)在【多轴刀路—智能综合】对话框中,对【修剪 / 延伸】选项进行设置,设置【起始】与【结束】均为 [10]。

28)在【多轴刀路—智能综合】对话框中,对【刀轴控制】进行设置,将【输出方式】

设置为"3轴",单击【刀具平面】。

29）在【多轴刀路—智能综合】对话框中完成以上设置后，单击确定图标 ，计算并生成如图9-82所示的接缝曲面精加工刀具路径。

30）单击【刀路转换】选项，在【原始操作】选项中，单击选择上一步所生成刀路，其余参数设置不变。

31）在【转换操作参数】对话框中完成以上设置后，单击确定图标 ，计算并生成如图9-83所示的足球第一层接缝曲面精加工刀具路径。

图9-82　接缝曲面精加工刀具路径

图9-83　足球第一层接缝曲面精加工刀具路径

【操作技巧】

　　对于类似加工内容和相同加工策略编程时，可直接复制刀路或重新点选策略两种方式进行刀路编制。

　　1. 需要注意，直接复制刀路编程时，重设参数时需首先更改"刀具平面"，原始刀具路径的刀具平面不会根据激活坐标系自动变化。

　　2. 采用重新点选策略进行刀路编辑时，需在新建加工策略前首先在平面管理栏中激活所需刀具平面。

32）复制【智能综合流线】刀路，单击【参数】进入【多轴刀路—智能综合】对话框中，对【附加设置】下的【平面】选项进行设置，设置【刀具平面】与【绘图平面】为"第二层接缝曲面"。

33）在【多轴刀路—智能综合】对话框中，对【切削方式】选项进行更改，在【加工】选项下对【加工几何图形】进行选择，单击其右侧的选择图素图标 ，如图9-84所示，选择接缝曲面，单击【结束选择】，其余参数设置不变。

34）在【多轴刀路—智能综合】对话框中，对【刀轴控制】进行设置，单击选择【其他方向】，并单击【刀具平面】。

35）在【多轴刀路—智能综合】对话框中完成以上设置后，单击确定图标 ，计算并生成如图9-85所示的接缝曲面精加工刀具路径。

36）单击【刀路转换】选项，在【原始操作】选项中，单击选择上一步所生成刀路，其余参数设置不变。

图 9-84　图素选择

图 9-85　接缝曲面精加工刀具路径

37）在【转换操作参数】对话框中完成以上设置后，单击确定图标 ，计算并生成如图 9-86 所示的足球第二层接缝曲面精加工刀具路径。

38）复制【智能综合流线】刀路，单击【参数】进入【多轴刀路—智能综合】对话框中，对【附加设置】下的【平面】选项进行设置，设置【刀具平面】与【绘图平面】为"第三层坐标系"。

39）在【多轴刀路—智能综合】对话框中，对【切削方式】选项进行更改，在【加工】选项下对【加工几何图形】进行选择，单击其右侧的选择图素图标 ，如图 9-87 所示，选择五边形圆角面，单击【结束选择】，取消勾选【修剪/延伸】，勾选【切换步进方向】，其余参数设置不变。

图 9-86　足球第二层接缝曲面精加工刀具路径

图 9-87　图素选择

40）在【多轴刀路—智能综合】对话框中，对【刀轴控制】进行设置，单击选择【其他方向】，并单击【刀具平面】。

41）在【多轴刀路—智能综合】对话框中完成以上设置后，单击确定图标 ，计算并生成如图 9-88 所示的五边形圆角精加工刀具路径。

42）单击【刀路转换】选项，在【原始操作】选项中，单击选择上一步所生成刀路，其余参数设置不变。

43）在【转换操作参数】对话框中完成以上设置后，单击确定图标 ，计算并生成如图 9-89 所示的足球第三层五边形圆角精加工刀具路径。

图 9-88　五边形圆角精加工刀具路径

图 9-89　足球第三层五边形圆角精加工刀具路径

44）复制【智能综合流线】刀路，单击【参数】进入【多轴刀路—智能综合】对话框中，对【附加设置】下的【平面】选项进行设置，设置【刀具平面】与【绘图平面】为"第三层接缝曲面"。

45）在【多轴刀路—智能综合】对话框中，对【切削方式】选项进行更改，在【加工】选项下对【加工几何图形】进行选择，单击其右侧的选择图素图标 ，如图 9-90 所示，选择接缝曲面，单击【结束选择】，勾选【修剪 / 延伸】，取消勾选【切换步进方向】，其余参数设置不变。

46）在【多轴刀路—智能综合】对话框中，对【刀轴控制】进行设置，单击选择【其他方向】，并单击【刀具平面】。

47）在【多轴刀路—智能综合】对话框中完成以上设置后，单击确定图标 ，计算并生成如图 9-91 所示的接缝曲面精加工刀具路径。

图 9-90　图素选择

图 9-91　接缝曲面精加工刀具路径

48）单击【刀路转换】选项，在【原始操作】选项中，单击选择上一步所生成刀路，其余参数设置不变。

49）【转换操作参数】对话框中完成以上设置后，单击确定图标 ，计算并生成如图 9-92 所示的足球第三层接缝曲面精加工刀具路径。

50）复制【智能综合流线】刀路，单击【参数】进入【多轴刀路—智能综合】对话框中，对【附加设置】下的【平面】选项进行设置，设置【刀具平面】与【绘图平面】为"第四层接缝曲面"。

51）在【多轴刀路—智能综合】对话框中，对【切削方式】选项进行更改，在【加工】选项下对【加工几何图形】进行选择，单击其右侧的选择图素图标 ，如图 9-93 所示选择接缝曲面，单击【结束选择】，其余参数设置不变。

图 9-92　足球第三层接缝曲面精加工刀具路径　　　　　图 9-93　图素选择

52）在【多轴刀路—智能综合】对话框中，对【刀轴控制】进行设置，单击选择【其他方向】，并单击【刀具平面】。

53）在【多轴刀路—智能综合】对话框中完成以上设置后，单击确定图标 ，计算并生成如图 9-94 所示的接缝曲面精加工刀具路径。

54）单击【刀路转换】选项，在【原始操作】选项中，单击选择上一步所生成刀路，其余参数设置不变。

55）在【转换操作参数】对话框中完成以上设置后，单击确定图标 ，计算并生成如图 9-95 所示的足球第四层接缝曲面精加工刀具路径。

图 9-94　接缝曲面精加工刀具路径　　　　　图 9-95　足球第四层接缝曲面精加工刀具路径

56）复制【智能综合流线】刀路，单击【参数】进入【多轴刀路—智能综合】对话框中，对【附加设置】下的【平面】选项进行设置，设置【刀具平面】与【绘图平面】为"第四层接缝曲面"。

57）在【多轴刀路—智能综合】对话框中，对【切削方式】选项进行更改，在【加工】选项下对【加工几何图形】进行选择，单击其右侧的选择图素图标 ，如图 9-96 所示，选择接缝曲面，单击【结束选择】，其余参数设置不变。

58）在【多轴刀路—智能综合】对话框中，对【刀轴控制】进行设置，单击选择【其他方向】，并单击【刀具平面】。

59）在【多轴刀路—智能综合】对话框中完成以上设置后，单击确定图标 ，计算

并生成如图 9-97 所示的接缝曲面精加工路径。

图 9-96　图素选择

图 9-97　接缝曲面精加工刀具路径

60）单击【刀路转换】选项，在【原始操作】选项中，单击选择上一步所生成刀路，其余参数设置不变。

61）在【转换操作参数】对话框中完成以上设置后，单击确定图标  ，计算并生成如图 9-98 所示的足球最末层接缝曲面精加工刀具路径。

### 9.2.3　实体切削验证

单击【刀路】面板所示的"实体仿真所选操作"图标 ，打开如图 9-99 所示实体仿真窗口，单击图示"播放"按键，执行切削仿真，得到如

图 9-98　足球最末层接缝曲面精加工刀具路径

图 9-100 所示实体切削仿真验证结果，实体切削验证可以验证刀具系统于工件之间的过切、碰撞和干涉情况。

图 9-99　实体切削验证操作

图 9-100　实体切削仿真验证结果

# 第10章

# 医疗骨板加工案例

**本章知识点**

➤ 典型医疗骨板加工工艺分析

➤ 典型医疗骨板五轴编程与加工

➤ 不规则曲面加工策略选择与参数设置

➤ 不规则曲面五轴加工刀轴控制方法

## 10.1 工艺分析与编程思路

此例主要展示医疗骨板各特征刀具路径的编写流程，展示不同加工策略在医疗骨板类零件中的应用方式和特点。图 10-1 和图 10-2 所示骨板正反面毛坯仅用于路径编写，实际加工所用毛坯需根据具体情况调整；图 10-3 所示为此例骨板模型，医疗骨板通常有冲压成形后铣削成形和钛合金板材整体铣削成形两种加工方式，后者加工精度更高，表面质量更好，是目前医疗骨板五轴铣削加工的主要方式。

图 10-3a 所示为骨板模型凸曲面侧，通过模型分析可知，骨板有正反（凸曲面侧和凹曲面侧）两个主要加工面，凸曲面侧有大曲面、棱边圆角曲面、导针孔、锥度螺纹孔、螺纹孔口圆弧面等特征需要编程加工，可根据基本工艺原则分别加工。

图 10-1　正面编程毛坯

医疗骨板的锥度螺纹孔一般采用锥度螺纹铣刀进行螺纹铣削加工，孔加工步骤为小端底孔粗铣、成形锥度刀扩孔，最后使用锥度螺纹刀铣削螺纹。

图 10-2　反面编程毛坯

a) 骨板模型凸曲面侧

b) 骨板模型凹曲面侧

图 10-3　医疗骨板模型

　　图 10-3b 所示为骨板模型凹曲面侧，有大曲面、区域凹曲面、棱边圆角、三棱锥曲面等特征需编程加工，通过模型图可知凹曲面侧大曲面被三部分区域凹曲面打断，且区域凹曲面的最小凹圆弧较小，需采用 D2_R1 球头铣刀进行曲面铣削，因此区域凹曲面需要与大曲面拆分进行编程，具体编程步骤见表 10-1。

表 10-1　编程步骤

| 工步号 | 加工策略 | 图示 | 刀具 | 加工内容 |
|---|---|---|---|---|
| 1 | 3D 高速刀路（优化动态铣削） | | T01<br>D10_R1.5<br>圆鼻铣刀 | 使用 D10_R1.5 圆鼻铣刀，粗加工图示骨板凸面外形，底面及侧壁余量均为 1mm |
| 2 | 3D 高速刀路（优化动态铣削） | | T05<br>D5_R0.5<br>圆鼻铣刀 | 使用 D5_R0.5 圆鼻铣刀，半精加工图示图骨板凸面外形，底面及侧壁余量均为 0.2mm |
| 3 | 智能综合垂直 | | T06<br>D10 球刀 | 使用 D10 球刀，精加工骨板凸面上表面 |

（续）

| 工步号 | 加工策略 | 图示 | 刀具 | 加工内容 |
|---|---|---|---|---|
| 4 | 智能综合导线 |  | T10<br>D3 球刀 | 使用 D3 球刀，精加工骨板凸面圆角面 |
| 5 | 五轴 - 螺旋铣孔 |  | T02<br>D2 平铣刀 | 使用 D2 平铣刀，粗加工底孔，毛坯预留量 0.1mm |
| 6 | 五轴 - 钻孔 / 沉头钻 |  | T04<br>D6 锥度铣刀 | 使用 D6 锥度铣刀，半精加工锥螺纹底孔 |
| 7 | 五轴 - 螺纹铣削 |  | T03<br>D2 螺纹铣刀 | 使用 D2 螺纹铣刀，完成螺纹加工 |
| 8 | 五轴 - 深孔琢钻<br>（G83） |  | T07<br>D1.2 钻头 | 使用 D1.2 钻头，钻 $\phi$ 1.2mm 通孔 |

（续）

| 工步号 | 加工策略 | 图示 | 刀具 | 加工内容 |
|---|---|---|---|---|
| 9 | 五轴 - 深孔琢钻（G83） |  | T08 D0.8 钻头 | 使用 D0.8 钻头，钻 $\phi$ 0.8mm 导针孔 |
| 10 | 智能综合自动 |  | T09 D1 球刀 | 使用 D1 球刀，精加工弧面倒角 |
| 11 | 3D 高速刀路（优化动态粗切） |  | T05 D5_R0.5 圆鼻铣刀 | 使用 D5_R0.5 圆鼻铣刀，半精加工图示图骨板凹面外形，底面及侧壁余量均为 0.2mm |
| 12 | 智能综合垂直 |  | T10 D3 球刀 | 使用 D3 球刀，精加工骨板凹曲面 |
| 13 | 侧刃铣削 |  | T02 D2 平铣刀 | 使用 D2 平铣刀，精加工骨板外轮廓 |

（续）

| 工步号 | 加工策略 | 图示 | 刀具 | 加工内容 |
|---|---|---|---|---|
| 14 | 智能综合渐变 |  | T09 D1_R0.5 球形铣刀 | 使用 D1_R0.5 球形铣刀，精加工骨板凹面细节特征 |
| 15 | 智能综合导线 |  | T09 D1_R0.5 球形铣刀 | 使用 D1_R0.5 球形铣刀，精加工骨板凹面圆角 |
| 16 | 3D 高速刀路（等距环绕） |  | T09 D1_R0.5 球形铣刀 | 使用 D1_R0.5 球形铣刀，精加工骨板凹面三个尖角特征 |

## 10.2　基本设定与过程实施

### 10.2.1　正面加工基本设定

模型输入

（1）模型输入　图 10-4 所示为项目文件打开方式，打开随书文件夹"Mastercam 多轴编程与加工基础 / 案例资源文档 / 第十章 医疗骨板加工案例"中的"医疗骨板正面加工案例练习文档"项目文件。

毛坯建立

（2）毛坯建立　如图 10-5 所示，在【刀路】管理面板中单击【毛坯设置】选项，打开【机床群组设置】对话框中的【毛坯设置】选项卡。在所示【层别】管理面板中，单击【从边界框添加】，单击选择【全部显示】，并设置参数如图，单击确定图标完成毛坯设置。

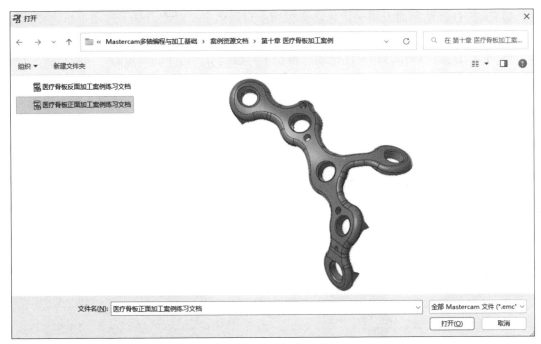

图 10-4　项目文件打开

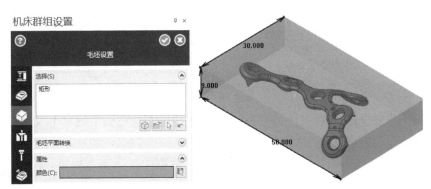

图 10-5　图素毛坯设置

## 10.2.2　正面加工过程实施

**1. 正面（凸面）特征加工**

（1）曲面加工

1）打开【平面】管理面板，激活"俯视图"坐标系。

2）单击如图 10-6 所示【3D】选项卡中的【优化动态粗切】选项。

3）在【3D 高速曲面刀路—优化动态粗切】对话框中，对【模型图形】进行设置，单击【加工图形】选项右下方的"图素选取"图标　，如图 10-7 所示窗选整个骨板，并单击【结束选择】，设置【壁边预留量】与【底面预留量】均为［1.0］。

曲面加工

优化动态…　挖槽　投影

**优化动态粗切**

完全利用刀具刃长进行切削，快速移除材料。

图 10-6　铣削 3D 选项卡

4）在【3D 高速曲面刀路—优化动态粗切】对话框中，对【刀具】选项进行选择设置，单击选择"1 号"刀具。

5）在【3D 高速曲面刀路—优化动态粗切】对话框中，对【切削参数】进行设置，设置【步进量】下【距离】为［10.0］，勾选【步进量】，其余参数设置如图 10-8 所示。

6）在【3D 高速曲面刀路—优化动态粗切】对话框中，对【陡斜 / 浅滩】进行设置，勾选【最高位置】与【最低位置】，其余参数设置如图 10-9 所示。

图 10-7　加工图形图素选取

图 10-8　优化动态粗切切削参数设置

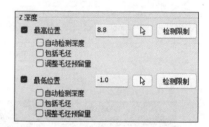

图 10-9　优化动态粗切陡斜 / 浅滩设置

7）在【3D 高速曲面刀路—优化动态粗切】对话框中，对【连接参数】进行设置，设置【提刀】选项下【安全平面】为［5.0］，单击选择【位置】选项为【增量】，选择【类型】为"最小垂直提刀"，其余参数设置默认。

8）在【3D 高速曲面刀路—优化动态粗切】对话框中完成以上设置后，单击确定图标 ，计算并生成如图 10-10 所示的骨板凸面粗加工刀具路径。

9）单击【毛坯】选项卡中的【毛坯模型】，建立工步毛坯模型 1。

10）复制上一刀路，单击【参数】进入，对【模型图形】进行设置，修改【壁边预留量】与【底面预留量】均为［0.2］。

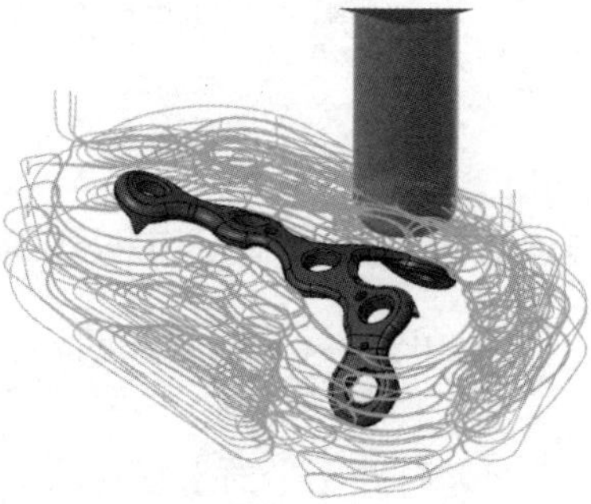

11）在【3D 高速曲面刀路—优化动态粗切】对话框中，对【刀具】选项进行选择设置，点选"5 号"刀具。

图 10-10　骨板凸面粗加工刀具路径

12）在【3D 高速曲面刀路—优化动态粗切】对话框，对毛坯进行设置，选择毛坯模型 1，如图 10-11 所示。

13）在【3D 高速曲面刀路—优化动态粗切】对话框中，对【切削参数】进行更改，设置【深度分层】为［40.0］%，修改【步进量】为［20.0］%，其余参数设置不变。

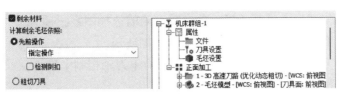

图 10-11 工步毛坯设置

14）在【3D 高速曲面刀路—优化动态粗切】对话框中完成以上设置后，单击确定图标 ✓，计算并生成如图 10-12 所示的骨板凸面半精加工刀具路径。

15）单击如图 10-13 所示【多轴加工】选项中的【智能综合】刀路策略选项。

图 10-12 骨板凸面半精加工刀具路径

图 10-13 多轴加工选项

16）在【多轴刀路—智能综合】对话框中，对【刀具】选项进行选择设置，单击选择"6 号"刀具。

17）在图 10-14 所示【多轴刀路—智能综合】对话框中，对【切削方式】选项进行设置，在【模式】选项下，单击添加曲线行图标 ∕，【样式】选项设置为"垂直"，单击其右下方的选择图素图标 ⬚，打开层别 4，如图选择导线图素，单击【结束选择】。在【加工】

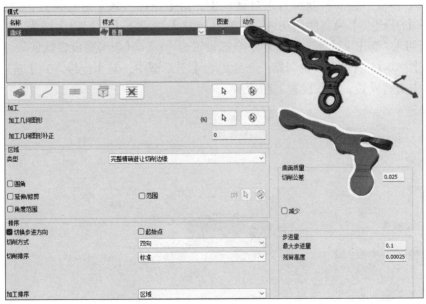

图 10-14 智能综合垂直切削方式设置

选项下对【加工几何图形】进行选择，单击其右侧的选择图素图标 🖟，打开层别2，单图选择上表面，单击【结束选择】，其余参数设置如图所示。

18）在【多轴刀路—智能综合】对话框中，对【刀轴控制】进行设置，将【刀轴控制】选为"固定轴角度"。

19）在图10-15所示【多轴刀路—智能综合】对话框中，对【碰撞控制】进行设置，将【1】号【策略与参数】选择为"倾斜刀具""自动"，并勾选【避让几何图形】，如图选择上表面全部圆角进行避让，其余参数设置如图所示。

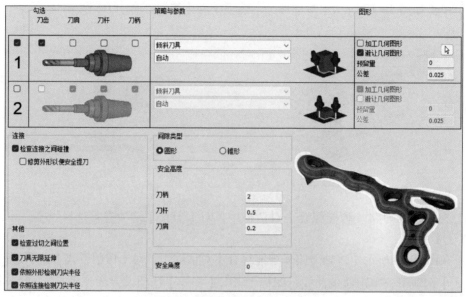

图10-15　智能综合垂直碰撞控制设置

20）在【多轴刀路—智能综合】对话框中，对【连接方式】进行设置，设置【进/退刀】选项下【开始点】为"使用切入"，【默认连接】选项下【大间隙】选为"返回提刀高度""使用切入/切出"，【距离】选项下全部设置为［1］，其余参数设置默认。

21）在图10-16所示【多轴刀路—智能综合】对话框中，对【连接方式】选项下【默认切入/切出】进行设置，参数设置如图所示。

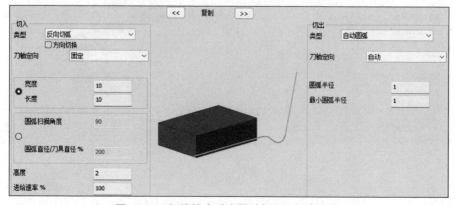

图10-16　智能综合垂直默认切入/切出设置

22）在【多轴刀路—智能综合】对话框中完成以上设置后，单击确定图标 ，计算并生成如图 10-17 所示的骨板凸面上表面精加工刀具路径。

23）重新点选策略，在【多轴刀路—智能综合】对话框中，对【刀具】选项进行选择设置，单击选择"9 号"刀具。

24）在【多轴刀路—智能综合】对话框中，对【切削方式】选项进行设置，在【模式】选项下，单击添加曲线行图标 ，【样式】选项设置为【导线】，单击图 10-18 右下方的选择图素图标 ，打开层别 3，如图 10-19 所示，选择圆角上边缘，作为第一导线，单击【结束选择】，重复上述步骤，打开层别 4，如图选取毛坯下边缘，作为第二导线。在【加工】选项下对【加工几何图形】进行选择，单击其右侧的选择图素图标 ，如图选择骨板凸面圆角面，单击【结束选择】，其余参数设置如图 10-19 所示。

图 10-17　骨板凸面上表面精加工刀具路径

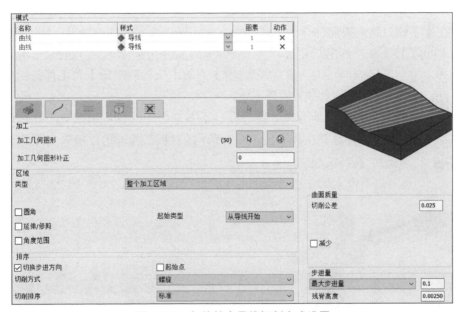

图 10-18　智能综合导线切削方式设置

图 10-19　曲线图素及加工几何图形选择

25）在【多轴刀路—智能综合】对话框中，对【碰撞控制】进行设置，勾选【1】号【避让几何图形】，如图选择上表面及侧面进行避让，其余参数设置如图 10-20 所示。

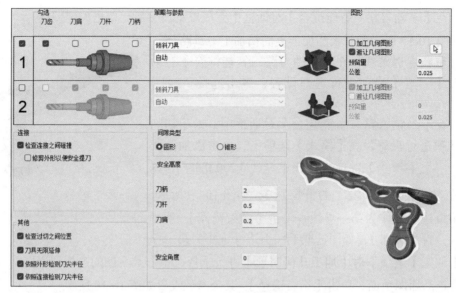

图 10-20　智能综合导线碰撞控制设置

26）在【多轴刀路—智能综合】对话框中，对【连接方式】进行设置，将【默认连接】选项下【大间隙】选为"平滑曲线"，【增量安全平面】的【方向】选为"直线"，并设置【增量高度】为 [10]，勾选【安全区域的高级选项】下的【插补倾斜角】及【保持初始定向直到此距离】，其余参数设置默认。

27）在【多轴刀路—智能综合】对话框中完成以上设置后，单击确定图标 ✓ ，计算并生成如图 10-21 所示的骨板凸面圆角面精加工刀具路径。

（2）孔特征加工

孔特征加工

1）单击【2D】选项卡中的【螺旋铣孔】选项，如图 10-22 所示。

图 10-21　骨板凸面圆角面精加工刀具路径　　　　图 10-22　铣削 2D 选项卡

2）在弹出的【刀路孔定义】对话框中，如图 10-23 所示，单击选择骨板 6 个实体孔特征，在【刀路孔定义】对话框中自动添加孔信息，单击 ✓ 图标确认选取。

3）在【2D 刀路—螺旋铣孔】对话框中，对【刀具】选项进行选择设置，点选"2 号"刀具。

4）在【2D 刀路—螺旋铣孔】对话框中，对【切削参数】进行设置，设置【壁边预留量】和【底面预留量】均为 [0.0]。【切削参数】下【粗/精修】选项中，【粗切】选项下【粗切间距】设置为 [0.1]。

图 10-23　孔特征添加

5）在【2D 刀路—螺旋铣孔】对话框中，对【刀轴控制】进行设置，选择【输出方式】为"5 轴"。

6）在【2D 刀路—螺旋铣孔】对话框中，对【连接参数】进行设置，设置【提刀】为 [2.0]，【下刀位置】设置为 [1.0]，【毛坯顶部】设置为 [0.3]。

7）在【2D 刀路—螺旋铣孔】对话框中完成以上设置后，单击确定图标 ，计算并生成如图 10-24 所示的骨板底孔粗加工刀具路径。

8）复制上一刀路，单击【参数】进入【2D 刀路—螺旋铣孔】对话框中，更改【刀路类型】为【钻孔】。

9）在【2D 刀路—钻孔】对话框中，对【刀具】选项进行选择设置，点选"4 号"刀具。

10）在【2D 刀路—钻孔】对话框中，对【切削参数】选项进行选择设置，设置【循环方式】为"钻头 /沉头钻"。

图 10-24　骨板底孔粗加工刀具路径

11）在【2D 刀路—钻孔】对话框中，对【刀轴控制】进行设置，选择【输出方式】为"5 轴"。

12）在图 10-25 所示【2D 刀路—钻孔】对话框中，对【连接参数】进行设置，勾选【连接参数】下的【刀尖补正】，其余参数设置如图所示。

13）在【2D 刀路—钻孔】对话框中完成以上设置后，单击确定图标 ，计算并生成如图 10-26 所示的骨板锥螺纹底孔半精加工刀具路径。

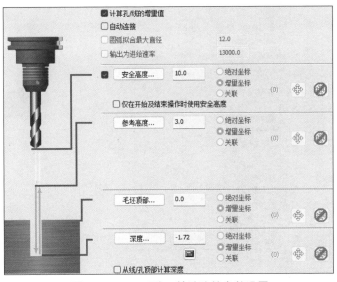

图 10-25　2D 刀路—钻孔连接参数设置

14）复制上一刀路，点击【参数】进入【2D 刀路—钻孔】对话框中，更改【刀路类型】为【螺纹铣削】。

15）在【2D 刀路—螺纹铣削】对话框中，对【刀具】选项进行选择设置，单击选择"3 号"刀具。

图 10-26　骨板锥螺纹底孔
半精加工刀具路径

【操作技巧】

　　由于锥度螺纹铣刀为定制刀具，在 Mastercam 软件中设置锥螺纹刀具时，需要依据锥度螺纹铣刀的小端直径进行螺纹刀设置，这样的设置将得到等直径螺纹铣刀，锥螺纹刀具路径则可以通过螺纹加工策略的锥度参数进行设置。

16）在【2D 刀路—螺纹铣削】对话框中，对【切削参数】选项进行选择设置，参数设置如图 10-27 所示，另设置【切削参数】下【进 / 退刀设置】的【进 / 退刀切弧半径】为［2］，【进 / 退刀圆弧角】为［90.0］，除【垂直进刀】其余选项全部勾选。

17）在【2D 刀路—螺纹铣削】对话框中，对【刀轴控制】进行设置，选择【输出方式】为"5 轴"。

18）在【2D 刀路—螺纹铣削】对话框中，对【连接参数】进行设置，勾选【计算孔 / 线的增量值】，勾选【安全高度】并设置为［50.0］，并勾选【仅在开始及结束操作时使用安全高度】，设置【提刀】为［5.0］，设置【下刀位置】为［5.0］，设置【螺纹顶部】为［0.5］，设置【螺纹深度】为［–0.5］。

19）在【2D 刀路—螺纹铣削】对话框中完成以上设置后，单击确定图标 ，计算并生成如图 10-28 所示的骨板锥螺纹加工刀具路径。

图 10-27　螺纹铣削切削参数设置

图 10-28　骨板锥螺纹加工刀具路径

20）复制上一刀路，单击【参数】进入【2D 刀路—螺纹铣削】对话框中，更改【刀路类型】为【钻孔】。

21）在图 10-29 所示【2D 刀路—钻孔】对话框中单击【加工图形】选项下 ⬚ 图标，如图拾取 $\phi$1.2 孔特征，在【刀路孔定义】对话框中自动添加孔信息，单击 ✅ 图标确认选取。

图 10-29　$\phi$ 1.2 孔特征拾取添加

22）在【2D 刀路—钻孔】对话框中，对【刀具】选项进行选择设置，单击选择"7 号"刀具。

23）在【2D 刀路—钻孔】对话框中，对【切削参数】选项进行选择设置，设置【循环方式】为"深孔啄钻 G83"，并设置【Peck】为［0.2］。

24）在【2D 刀路—钻孔】对话框中，对【连接参数】选项进行设置，设置【参考高度】为［1.0］，【毛坯顶部】为［0.2］。并勾选【连接参数】选项下【刀尖补正】，设置【贯通距离】为［0.5］，取消勾选【连接参数】选项下【安全区域】。

25）在【2D 刀路—钻孔】对话框中完成以上设置后，单击确定图标 ✅ ，计算并生成如图 10-30 所示的骨板 $\phi$1.2mm 孔钻加工刀具路径。

26）复制上一刀路，单击【参数】进入【2D 刀路—钻孔】对话框中，单击【加工图形】选项下 ⬚ 图标，

图 10-30　骨板 $\phi$1.2mm 孔钻加工刀具路径

如图 10-31 所示，拾取 $\phi$0.8mm 孔特征，在【刀路孔定义】对话框中自动添加孔信息，单击 ✅ 图标确认选取。

27）在【2D 刀路—钻孔】对话框中，对【刀具】选项进行选择设置，单击选择"8 号"刀具，其余参数设置不变。

28）在【2D 刀路—钻孔】对话框中完成以上设置后，单击确定图标 ✅ ，计算并生成如图 10-32 所示的骨板导针孔钻加工刀具路径。

29）单击【多轴加工】选项中的【智能综合】刀路策略选项，对【刀具】选项进行选择设置，点选"9 号"刀具。

图 10-31  φ0.8mm 孔特征拾取添加

图 10-32  骨板导针孔钻加工刀具路径

30）在图 10-33 所示【多轴刀路—智能综合】对话框中，对【切削方式】选项进行设置，在【模式】选项下，单击添加自动行图标 ，【样式】选项设置为【曲面边界—渐变】。在【加工】选项下对【加工几何图形】进行选择，单击其右侧的选择图素图标 ，如图选择骨板凸面第一孔圆角面，单击【结束选择】，其余参数设置如图所示。

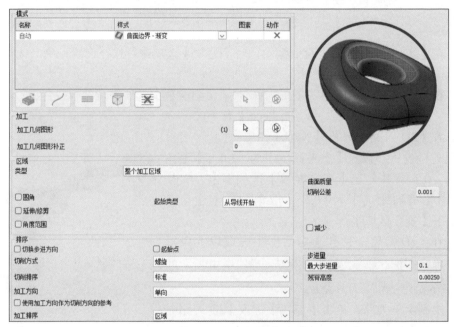

图 10-33  智能综合切削方式设置

31）在【多轴刀路—智能综合】对话框中，对【刀轴控制】进行设置，将【刀轴控制】选为"固定轴角度"，设置【倾斜角度】为［5］，勾选【平滑】。

32）在【多轴刀路—智能综合】对话框中，对【碰撞控制】进行设置，取消勾选【1】，其余参数设置默认。

33）在【多轴刀路—智能综合】对话框中，对【连接方式】进行设置，设置【进/退刀】选项下【开始点】为"使用切入"，【默认连接】选项下【大间隙】选为"平滑曲线"，【增量安全平面】的【方向】选为"直线"，并设置【增量高度】为［10］，勾选【安全区域的高级选项】下的【插补倾斜角】及【保持初始定向直到此距离】，其余参数设置默认。

34）在【多轴刀路—智能综合】对话框中完成以上设置后，单击确定图标 ，计算并生成如图 10-34 所示的骨板凸面第一孔圆角面精加工刀具路径。

35）复制上一刀路或重新点选策略，重复采用相同方式编写其余孔圆角面。最终，计算并生成如图 10-35 所示的骨板凸面其余孔圆角面精加工刀具路径。

图 10-34　骨板凸面第一孔圆角面
精加工刀具路径

图 10-35　骨板凸面其余孔圆角面
精加工刀具路径

反面毛坯建立

### 2. 反面毛坯建立

1）单击【刀路】面板（图 10-36）的"实体仿真所选操作"图标 ▶。

2）在图 10-37 所示实体仿真窗口，单击图示"播放"按键，执行切削仿真，得到实体切削仿真验证结果，如图 10-38 所示，单击【实体仿真】菜单栏下【图形】选项卡中的【将毛坯另存为 STL】，将仿真实体保存为"反面残料"文件。

刀路

图 10-36　刀路面板

图 10-37　实体仿真窗口

### 10.2.3　反面加工基本设定

模型输入

（1）模型输入　图 10-39 所示为项目文件打开方式，打开随书文件夹"Mastercam 多轴编程与加工基础 / 案例资源文档 / 第十章 医疗骨板加工案例"中的"医疗骨板反面加工案例练习文档"项目文件。

图 10-38　第二面编程毛坯存储建立

图 10-39　项目文件打开

（2）毛坯建立　如图 10-40 所示，单击进入【文件】菜单栏，单击【合并】功能。如图 10-41 所示，打开类型为"所有文件"，选中 10.2.2 步骤生成的"反面残料"STL 文件。

毛坯建立

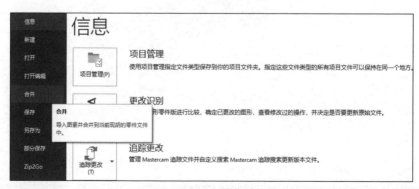

图 10-40　文件菜单栏

图 10-41　STL 文件打开

如图 10-42 所示，在【合并模型】控制面板中，单击选择【动态】并选中模型原点移动，如图 10-43 所示，将反面残料模型与反面模型移至重合，单击  图标确认合并。

图 10-42　合并模型控制面板

图 10-43　动态控制面板

【操作技巧】

1.实体切削仿真结果存储为独立 STL 工步毛坯模型的方式，需要二次合并导入毛坯模型，此例除上述毛坯合并调整流程，可以直接合并 STL 毛坯到原项目文件，将毛坯和模型同时进行编辑对齐凹曲面侧的 Z 轴。

2.此外上述合并操作也可以采用同一项目文件中，建立反面坐标系的方式进行反面程序编写，此例仅用于介绍合并方式解决反面程序编写的问题。

在【刀路】管理面板中单击【毛坯设置】选项，打开【机床群组设置】对话框中的【毛坯设置】选项卡，单击【从选择】添加图标。在图 10-44 所示【层别】管理面板中，单击选择"10 号"层至高亮状态，显示实体，单击选择实体用作毛坯，单击确定图标完成毛坯设置。

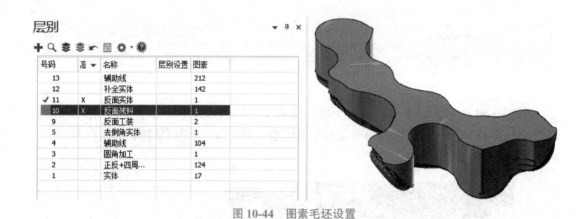

图 10-44　图素毛坯设置

（3）刀具平面建立　本例中的加工内容包含了定轴加工，如图 10-45 所示，以下列出不同加工部位对应的刀具平面。

刀具平面建立

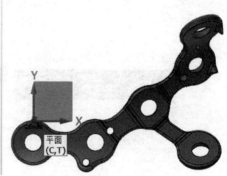

图 10-45　刀具平面建立

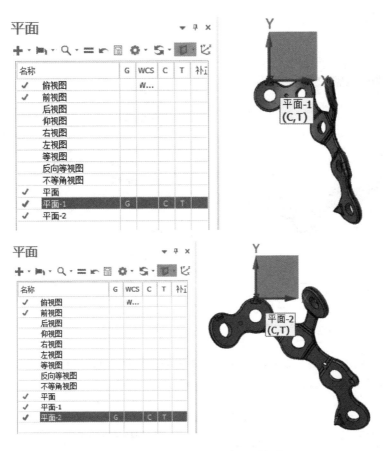

图 10-45　刀具平面建立 ( 续 )

## 10.2.4　反面加工过程实施

曲面特征加工

（1）曲面特征加工

1）打开【平面】管理面板，激活"俯视图"坐标系。

2）单击【3D】选项卡中的【优化动态粗切】选项。

3）在图 10-46 所示【3D 高速曲面刀路—优化动态粗切】对话框中，对【模型图形】进行设置，单击【加工图形】选项右下方的"图素选取"图标 ，如图窗选整个骨板，并单击【结束选择】，设置【壁边预留量】与【底面预留量】均为［0.5］。

4）在【3D 高速曲面刀路—优化动态粗切】对话框中，对【刀路控制】选项进行设置，设置【自动边界】为"轮廓"，勾选【包括毛坯】，设置【策略】为【开放】。

5）在【3D 高速曲面刀路—优化动态粗切】对话框中，对【刀具】选项进行选择设置，单击选择"5 号"刀具。

6）在图 10-47 所示【3D 高速曲面刀路—优化动态粗切】对话框中，对【切削参数】进行设置，设置【步进量】下【距离】为［15.0］，勾选【步进量】，其余参数设置如图所示。

7）在【3D 高速曲面刀路—优化动态粗切】对话框中，对【陡斜 / 浅滩】进行设置，勾选【最高位置】并设置为［9.5］。

图 10-46　加工图形图素选取

图 10-47　优化动态粗切切削参数设置

8）在图 10-48 所示【3D 高速曲面刀路—优化动态粗切】对话框中，对【连接参数】进行设置，参数设置如图所示。

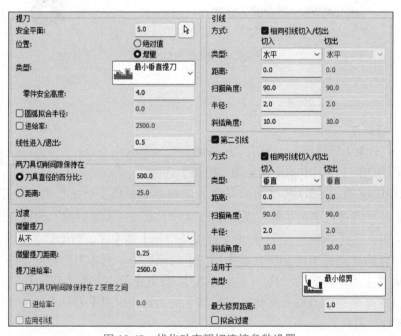

图 10-48　优化动态粗切连接参数设置

9）在【3D 高速曲面刀路—优化动态粗切】对话框中完成以上设置后，单击确定图标 ✅ ，计算并生成如图 10-49 所示的骨板凹面粗加工刀具路径。

10）单击【多轴加工】选项中的【智能综合】刀路策略选项。

11）在【多轴刀路—智能综合】对话框中，对【刀具】选项进行选择设置，单击选择"10 号"刀具。

12）在图 10-50 所示【多轴刀路—智能综合】对话框中，对【切削方式】选项进行设置，在【模式】选项下，单击添加曲线行图标 ，【样式】选项设置为"垂直"，单击其右下方的选择图素图标，打开层别 13，选【线框模式】点选【串连】，如图选择导线图素，单击【结束选择】。在【加工】选项下对【加工几何图形】进行选择，单击其右侧的选择图素图标，打开层别 12，如图选择上表面，单击【结束选择】，其余参数设置如图所示。

图 10-49　骨板凹面粗加工刀具路径

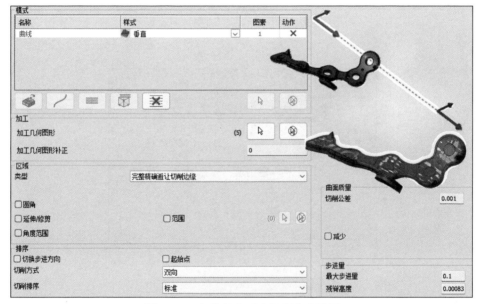

图 10-50　智能综合垂直切削方式设置

13）在【多轴刀路—智能综合】对话框中，对【刀轴控制】进行设置，将【刀轴控制】选为"固定轴角度"，勾选【平滑】。

14）在图 10-51 所示【多轴刀路—智能综合】对话框中，对【碰撞控制】进行设置，将【1】号【策略与参数】选择为"修剪和重新连接刀路""仅修剪碰撞"，并勾选【避让几何图形】，如图所示选择三个尖角部分进行避让，其余参数设置如图所示。

15）在图 10-52 所示【多轴刀路—智能综合】对话框中，对【连接方式】进行设置，设置【进 / 退刀】选项下【开始点】为"使用切入"，其余参数设置如图所示。

16）在图 10-53 所示【多轴刀路—智能综合】对话框中，对【连接方式】选项下【默认切入 / 切出】进行设置，参数设置如图所示。

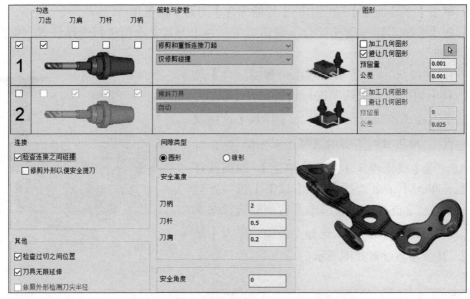

图 10-51　智能综合垂直碰撞控制设置

图 10-52　智能综合垂直连接方式设置

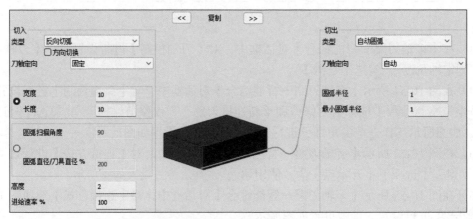

图 10-53　智能综合垂直默认切入／切出设置

17）在【多轴刀路—智能综合】对话框中完成以上设置后，单击确定图标 ，计算并生成如图 10-54 所示的骨板凹面上表面部分精加工刀具路径。

图 10-54　骨板凹面上表面部分精加工刀具路径

【操作技巧】

如图 10-55 所示，圈中的三个区域凹曲面，其最小凹弧均为 R1，需使用 D2_R1 小直径球头铣刀进行切削，效率较低。故此处采用补曲面的方式，首先使用大直径球头铣刀进行整体大凹曲面精加工，忽略三个区域凹曲面特征，然后使用 D2_R1 球头铣刀进行三个区域凹曲面精加工，以此方式提高加工效率，降低小直径铣刀的磨损。

图 10-55　凹曲面凹弧位置

18）重新点选策略，在【多轴刀路—智能综合】对话框中，对【刀具】选项进行选择设置，点选"9 号"刀具。

19）在图 10-56 所示【多轴刀路—智能综合】对话框中，对【切削方式】选项进行设置，

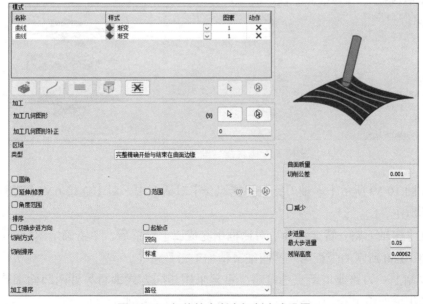

图 10-56　智能综合渐变切削方式设置

在【模式】选项下，单击添加曲线行图标 ，单击其右侧的选择图素图标 ，如图 10-57 所示选择第一凹面左边缘，作为第一导线，单击【结束选择】；重复上述步骤，如图所示选取第一凹面右边缘，作为第二导线，重新点选【样式】选项设置为【渐变】。在【加工】选项下对【加工几何图形】进行选择，单击其右侧的选择图素图标 ，如图选择骨板第一凹曲面，单击【结束选择】，其余参数设置如图所示。

图 10-57　曲线图素及加工几何图形选择

20）在图 10-58 所示【多轴刀路—智能综合】对话框中，对【碰撞控制】进行设置，参数设置如图所示。

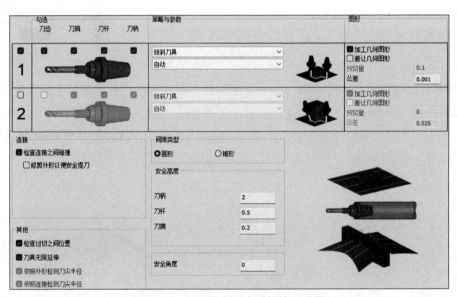

图 10-58　智能综合渐变碰撞控制设置

21）在图 10-59 所示【多轴刀路—智能综合】对话框中，对【连接方式】进行设置，参数设置如图所示。

22）在【多轴刀路—智能综合】对话框中完成以上设置后，单击确定图标 ，计算并生成如图 10-60 所示的骨板第一凹面细节精加工刀具路径。

23）复制上一刀路或重新点选策略，重复采用相同方式编写另外两凹面细节特征。最终，计算并生成如图 10-61 所示的骨板凹面其余细节特征精加工刀具路径。

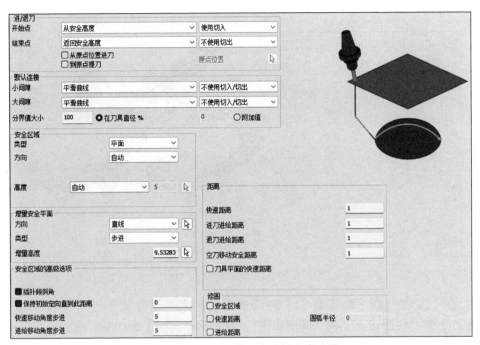

图 10-59　智能综合渐变连接方式设置

图 10-60　骨板第一凹面细节精加工刀具路径

图 10-61　骨板凹面其余细节特征精加工刀具路径

24）单击图 10-62 所示【多轴加工】选项中的【侧刃铣削】刀路策略选项。

25）在【多轴刀路—侧刃铣削】对话框中，对【刀具】选项进行选择设置，单击选择 "2 号" 刀具。

26）在图 10-63 所示【多轴刀路—侧刃铣削】对话框中，对【切削方式】选项进行设置。在【选择图形】选项下，勾选【沿边几何图形】，单击其右侧的选择图素图标 ，打开层别 12，选取如图所示补全实体周侧加工面。勾选【引导曲线】，单击【上轨道】右侧的选择图素图标 ，打开层别 13，选取如图所示上引导线；单击【下轨道】右侧的选择图素图标 ，选取如图所示下引导线，其余参数设置如图所示。

图 10-62　多轴加工选项

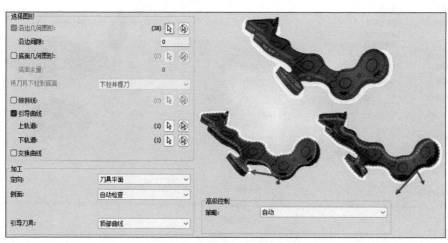

图 10-63　侧刃铣削切削方式设置

27）在【多轴刀路—侧刃铣削】对话框中，对【连接方式】选项进行设置，选择【进／退刀】为"使用切入"和"使用切出"，设置【小间隙】为"平滑曲线"，其余参数设置默认。

28）在【多轴刀路—侧刃铣削】对话框中，对【分层切削】选项进行设置，选择【深度切削步进】为"按距离分层"并设置为［3］，将【模式】设置为"渐变"，【方向】设置为"沿刀轴"，其余参数设置默认。

29）在【多轴刀路—侧刃铣削】对话框中完成以上设置后，单击确定图标 ，计算并生成如图 10-64 所示的骨板侧面精加工刀具路径。

30）再次点选【智能综合】策略，进入【多轴刀路—智能综合】对话框，对【刀具】选项进行选择设置，单击选择"9 号"刀具。

31）在图 10-65 所示【多轴刀路—智能综合】对话框中，对【切削方式】选项进行设置，在【模式】选项下，单击添加曲线行图标 ⟋，将【样式】选项设置为【导线】，单击其右下方的选择图素图标 ⩗，如图 10-66 所

图 10-64　骨板侧面精加工刀具路径

示，选择圆角上边缘，作为第一导线，单击【结束选择】，重复上述步骤，打开层别 4，如图选取毛坯下边缘，作为第二导线。在【加工】选项下对【加工几何图形】进行选择，单击其右侧的选择图素图标 ⩗，如图选择骨板凸面圆角面，单击【结束选择】，其余参数设置如图所示。

32）在图 10-67 所示【多轴刀路—智能综合】对话框中，对【碰撞控制】进行设置，勾选【1】号【避让几何图形】，如图所示选择上表面及侧面进行避让，其余参数设置如图所示。

33）在【多轴刀路—智能综合】对话框中，对【连接方式】进行设置，将【默认连接】选项下【大间隙】选为"返回提刀高度"，其余参数设置不变。

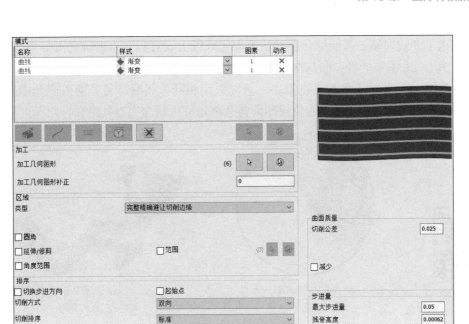

图 10-65　智能综合导线切削方式设置

图 10-66　曲线图素及加工几何图形选择

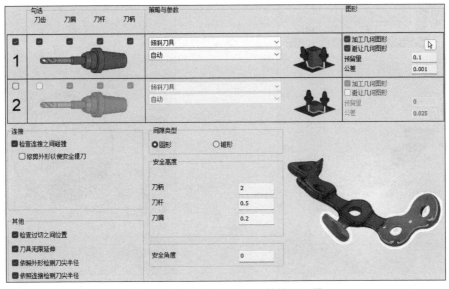

图 10-67　智能综合导线碰撞控制设置

34）在【多轴刀路—智能综合】对话框中完成以上设置后，单击确定图标 ，计算并生成如图10-68所示的骨板凹面部分圆角面精加工刀具路径。

35）复制上一刀路或重新点选策略，重复采用相同方式编写另外两段圆角面特征。最终，计算并生成如图10-69所示的骨板凹面其余圆角特征精加工刀具路径。

尖角特征加工

图10-68　骨板凹面部分圆角面
精加工刀具路径

图10-69　骨板凹面其余圆角特征
精加工刀具路径

（2）尖角特征加工

1）打开【平面】管理面板，激活"平面"坐标系。单击如图10-70所示【3D】选项卡中的【等距环绕】选项。

2）在图10-71所示【3D高速曲面刀路—等距环绕】对话框中，对【模型图形】进行设置，单击【加工图形】选项右下方的"图素选取"图标 ，如图所示选取第一尖角部分加工面，并单击【结束选择】，设置【壁边预留量】与【底面预留量】均为［0.0］。

3）在图10-72所示【3D高速曲面刀路—等距环绕】对话框中，对【刀路控制】选项进行设置，单击【边界串连】选项右侧的"图素选取"图标 ，打开层别13，如图选取边界。设置【策略】为【关闭补正】，其余参数设置如图所示。

图10-70　铣削3D选项卡

图10-71　等距环绕模型图形设置

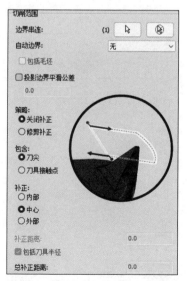

图10-72　等距环绕刀路控制设置

4）在【3D 高速曲面刀路—等距环绕】对话框中，对【刀具】选项进行选择设置，单击选择"9 号"刀具。

5）在图 10-73 所示【3D 高速曲面刀路—等距环绕】对话框中，对【切削参数】进行设置，参数设置如图所示。

6）在图 10-74 所示【3D 高速曲面刀路—等距环绕】对话框中，对【陡斜 / 浅滩】进行设置，单击【Z 深度】右侧的【检查深度】和【检测限制】，其余参数设置如图所示。

图 10-73　等距环绕切削参数设置

图 10-74　等距环绕陡斜 / 浅滩设置

7）在图 10-75 所示【3D 高速曲面刀路—等距环绕】对话框中，对【连接参数】进行设置，参数设置如图所示。

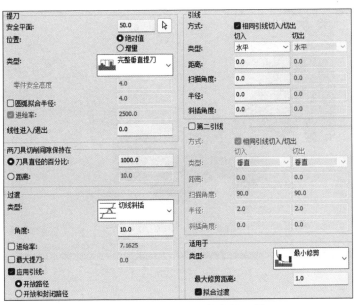

图 10-75　等距环绕连接参数设置

8）在【3D 高速曲面刀路—等距环绕】对话框中完成以上设置后，单击确定图标 ，计算并生成如图 10-76 所示的骨板凹面第一尖角处特征精加工刀具路径。

9）复制上一刀路或重新点选策略，重复采用相同方式编写另外两处尖角特征（需在

【平面】选项下分别更换坐标系"平面 –1"、"平面 –2")。最终，计算并生成如图 10-77 所示的骨板凹面其余尖角特征精加工刀具路径。

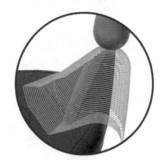
图 10-76　骨板凹面第一尖角处
特征精加工刀具路径

图 10-77　骨板凹面其余尖角
特征精加工刀具路径

## 10.2.5　反面实体切削验证

单击【刀路】面板所示的"实体仿真所选操作"图标 🔳，打开如图 10-78 所示实体仿真窗口，单击图示"播放"按键，执行切削仿真，得到如图 10-79 所示实体切削仿真验证结果，实体切削验证可以验证刀具系统于工件之间的过切、碰撞和干涉情况。

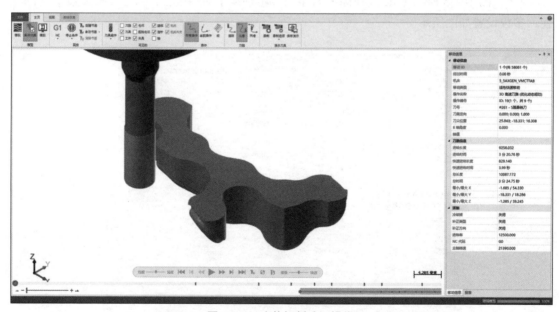
图 10-78　实体切削验证操作

图 10-79　实体切削仿真验证结果

# 参考文献

［1］贺琼义，杨轶峰，等.五轴数控系统加工编程与操作［M］.北京：机械工业出版社，2019.

［2］高淑娟.中文版 Mastercam2022 数控加工从入门到精通［M］.北京：机械工业出版社，2022.

［3］李杰，马苏常，等.MastercamX7 建模与数控加工实例［M］.北京：国防工业出版社，2016.